U0416887

# 内容简介

本教材是宠物专业系列教材之一，是重要的专业基础课教材。编写中始终遵循职业教育“以能力为本位，以岗位为目标”的原则，淡化学科体系，重视能力培养。

本教材除绪论外，共分为6章，即宠物有机体的基本结构及其生理学基础、犬解剖生理、猫解剖生理特征、宠物鸟的解剖生理特征、宠物鱼的解剖生理特征、宠物鼠的解剖生理特征。

本教材对宠物有机体基本结构及其生理学基础作了一般介绍，重点介绍犬各个系统的解剖构造和生理机能，而对猫和其他宠物，则侧重于介绍其解剖生理特征。把实验实习和技能训练作为教学内容的重要组成部分。通过本教材的学习，学生将获得宠物疫病防治人员、防疫检疫人员、饲养、驯养、美容及管理人员应具备的解剖生理方面的基础知识和基本技能，为继续学习宠物专业课打下坚实的基础。

本教材适于高职高专宠物保健和相关专业使用，也可供广大畜牧、兽医、实验动物、特产科学等方面的科技人员和广大宠物饲养者阅读参考。

21世纪农业部高职高专规划教材

# 宠物解剖生理

李　静　主编

中国农业出版社

**主　编**　李　静（江苏农林职业技术学院）

**副主编**　王会香（江苏畜牧兽医职业技术学院）

　　　　　黄　辉（上海农林职业技术学院）

**参　编**　盖晋宏（山东畜牧兽医职业学院）

　　　　　王　兵（徐州生物工程高等职业学院）

　　　　　刘庆新（江苏农林职业技术学院）

**审　稿**　熊喜龙（扬州大学）

　　　　　周其虎（山东畜牧兽医职业学院）

# 前　言

本教材是根据教育部《关于加强高职高专教育人才培养工作的意见》和《关于加强高职高专教育教材的若干意见》及《关于全面提高高等职业教育教学质量的若干意见》的精神编写的，供全国高等农业职业院校宠物保健类专业使用。

宠物解剖生理是高等农业职业院校宠物保健专业的一门专业基础课。编写中始终遵循职业教育“以能力为本位，以岗位为目标”的原则，淡化学科体系，重视能力培养。教材具有如下特点：

第一，以小动物为主线设计教材结构，即把各种常见小动物（以犬、猫为主）的解剖生理内容分开讲授。详细讲授犬、猫的解剖结构及生理特征，其他动物则只讲解剖生理特征。

第二，以常见小动物的消化、呼吸、泌尿、生殖为重点，讲述运动系统、神经系统、免疫系统的重点内容。突出教材适用、够用、实用的特点。

第三，强调实践教学和技能训练，把实验实习和技能训练作为教学内容的重要组成部分，使知识教学和技能教学紧密结合，融为一体。便于教师在教学过程中根据本校的实际来灵活安排教学内容。

第四，为了方便教师把握教学重点和学生自学。教材中每一章前面都有学习目标，后面附有技能训练和复习思考题。

在组织教学的过程中，可根据教学大纲和当地生产实际制定出实施性教学计划，对各部分内容的讲授可有所侧重，但大纲要求掌握的教学内容必须保质保量地完成。实验实习、技能训练、技能考核，既可在该章（节）理论知识讲完之后立即进行，亦可在教学实习周集中进行。

本教材是在充分领会教学大纲精神的基础上，经过认真讨论，制定出了编写提纲，并分工编写。参加编写的人员是：李静、王会香、黄辉、盖晋宏、王兵、刘庆新。最后由熊喜龙、周其虎审定。

本教材内容充实简要，理论联系实际，在内容编排上也做了大胆的尝试。但由于编写时间仓促，编者水平有限，不足之处恳请广大读者提出宝贵意见。

编　者

2007年5月

# 目　　录

# 绪　论

## 一、宠物解剖生理的学习内容

宠物解剖生理是研究正常常见宠物有机体的形态结构、器官位置关系、色泽、硬度及其发生的基本生命活动的科学，包括宠物解剖学和宠物生理学两部分。

### （一）宠物解剖学

是研究正常常见宠物有机体各器官的形态结构、位置、色泽、硬度及其发生发展规律的科学。根据对其研究方法的不同，可分为大体解剖学、组织学和胚胎学。

1. **大体解剖学**　主要通过肉眼借助于刀、剪等解剖器械，以切割的方法来观察宠物有机体各器官的形态、位置关系、色泽、硬度。因叙述的方法和研究目的不同，可分为系统解剖学、局部解剖学、比较解剖学和X射线解剖学。

（1）系统解剖学　是按照宠物有机体的功能系统（如运动系统、消化系统、呼吸系统、泌尿系统等）来阐述各器官的形态结构和位置关系的科学。

（2）局部解剖学　是按照宠物有机体各个部位（如头、颈、胸、腹等）进行解剖，以观察其各器官形态结构和位置关系的科学。

（3）比较解剖学　是用比较的方法，来研究各种常见宠物同类器官的形态结构、位置之异同点的科学。

（4）X射线解剖学　是采用X射线来研究宠物有机体各器官的形态结构及其位置关系的科学。

2. **组织学**　又称显微解剖学，主要是采用切片、染色等技术在显微镜下研究宠物有机体各部微细结构及其与功能关系的学科。

3. **胚胎学**　是研究从受精到出生的胚胎期组织器官的形态结构发生、发展的科学。即一个新个体从受精卵开始通过细胞分裂、分化，逐步发育成熟的过程。

### （二）宠物生理学

是研究宠物有机体内基本生命活动和规律的科学。

## 二、学习宠物解剖生理的意义

随着人民生活水平的提高，宠物数量的剧增，宠物美容、宠物保健行业在我国悄然兴起，宠物保健专业的人才需求日益增大。宠物解剖生理是学习宠物保健专业的必修课程。

宠物解剖生理是宠物保健专业及其相关专业的一门重要的专业基础课，是学习宠物保健专业基础课和专业课的前提。只有正确地认识并掌握常见宠物各器官的形态结构、位置关系、功能及其之间的关系，才能学好宠物驯养、宠物美容和宠物疾病的诊断和治疗等课程，培养合格的宠物保健专业人才。

## 三、学习本门课程的方法

宠物的种类很多，宠物有机体的形态、结构比较复杂，学好宠物解剖生理要做好以下几点：

1. **形态结构和机能的统一**　宠物有机体器官的形态结构和生理功能有着密切的联系。形态结构和器官的功能相适应，形态结构是器官功能的活动基础，器官的功能活动反过来又影响着器官形态结构的变化。器官形态结构和生理功能之间是相互统一、互相制约的。掌握这一规律，人们可以在生理限度范围内，有意识地改变生活条件和功能活动，使器官形态结构向有利于人类需要的方向改变。

2. **局部和整体的统一**　宠物有机体是一个有机的统一整体。要用辩证唯物主义的观点来认识局部和整体的关系，系统相对于器官来讲是整体，但相对于机体来讲是其一部分。系统整体的变化要体现在具体的器官上，器官的变化是系统整体变化的反映。学习宠物解剖生理要有局部和整体的观念，在看到局部现象变化时要考虑整体的变化，充分认识局部和整体的关系，理解其相互协调、相互影响的关系。

3. **外界环境和宠物有机体之间的统一**　宠物有机体是在外界环境中生存、发育、繁殖的。外界环境对宠物的生长、发育等有着密切的联系。宠物有机体的变化是在外界环境变化的基础上形成的；外界环境的变化必然使宠物有机体发生相应的改变，来适应不断变化的外界环境。

4. **理论联系实际**　宠物解剖生理是宠物保健专业的专业基础课，为专业课学习奠定基础。该课程名词、专业术语、概念多，难理解，难记忆。要学好本门课程就要理论联系实际，除课程上的学习外，还要多看标本、挂图、反复记忆，将形态结构和生理功能联系起来，并借助多媒体课件加深理解。学习时还要多动手、多动脑、多用心，结合实物标本，加深理解，避免死啃书本。

宠物解剖生理是一门实践性很强的课程。根据培养高素质高职高专人才的要求，从事本课程教学的教师要打破传统教学思维，合理安排授课计划的顺序，做到一节理论课、一节实践课；并在理论教学中充分利用标本、挂图、模型、多媒体幻灯片等教学工具，培养学生学习的兴趣，锻炼学生的动手能力。

# 第一章　宠物有机体的基本结构和生理学基础

**【学习目标】**理解细胞、组织、器官、系统等基本概念；掌握细胞的构造和机能，了解细胞的生命活动；掌握组织的分类、分布和机能，了解组织的构造；具备显微镜的使用、保养技能和较熟练地在活体上指出宠物（犬）机体各主要部位的技能。

一切生物体都是由细胞和细胞间质构成的。宠物种类繁多，器官组织形态多样，但都是多细胞生物。其中一些来源相同、形态功能相似的细胞和细胞间质组成各种组织；几种不同组织按照一定的规律有机结合在一起构成器官；若干个形态结构不同、功能相关的器官联合在一起构成系统；许多系统构成一个完整的有机体。

## 第一节　细　　胞

有机体形态结构、生理功能和生长发育最基本的单位是细胞。有机体的代谢过程和生理功能的体现都是以细胞为结构基础的。

### 一、细胞的形态

细胞的形态多样，功能不同，大小不一（图1-1）。细胞主要有卵圆形、立方形、圆形、柱状、扁平形等，这和细胞所处的环境及所执行的功能相关。例如，流动在血管内的红细胞呈卵圆形；传导神经冲动的神经细胞具有很长的突起，呈星状；肌细胞执行舒缩功能呈细长纤维状。

### 二、细胞的大小

细胞的大小与生物体的大小没有相关性，而是与细胞机能相适应的。细胞的直径一般在十几微米左右，直径较小的细胞是小脑颗粒细胞，较大的细胞是禽的卵细胞。

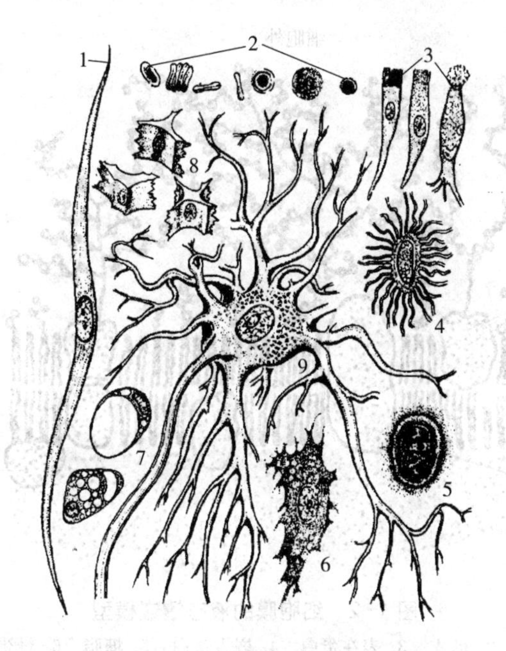


图 1-1　细胞的形态和大小

1. 平滑肌细胞　2. 血细胞　3. 上皮细胞
4. 骨细胞　5. 软骨细胞　6. 成纤维细胞
7. 脂肪细胞　8. 腱细胞　9. 神经细胞
（马仲华，家畜解剖学及组织胚胎学，第三版，2002）

## 三、细胞的结构和功能

细胞由细胞膜、细胞质和细胞核三部分组成的。

### (一) 细胞膜

**1. 细胞膜的结构**　细胞膜（图 1-2）也叫质膜，是细胞外表面具有通透性的一层薄膜。细胞膜的分子结构是 Singer 等提出的液态镶嵌模型。在电镜下，细胞膜可分为三层结构：中间层电子密度低，色亮，内外两层电子密度高，色暗。

具有暗明暗三层结构的膜又称为单位膜或生物膜。

细胞膜主要由类脂、蛋白质和糖类组成。其中类脂分子排列成规则的双层，蛋白质镶嵌其中，糖类存在于细胞膜的外表面。磷脂分子是类脂分子的主要组成部分，磷脂分子呈长杆状，是极性分子。磷脂分子头部具有亲水的特性，称为亲水端；尾部具有疏水的特性，称为疏水端。亲水端朝向细胞膜外表

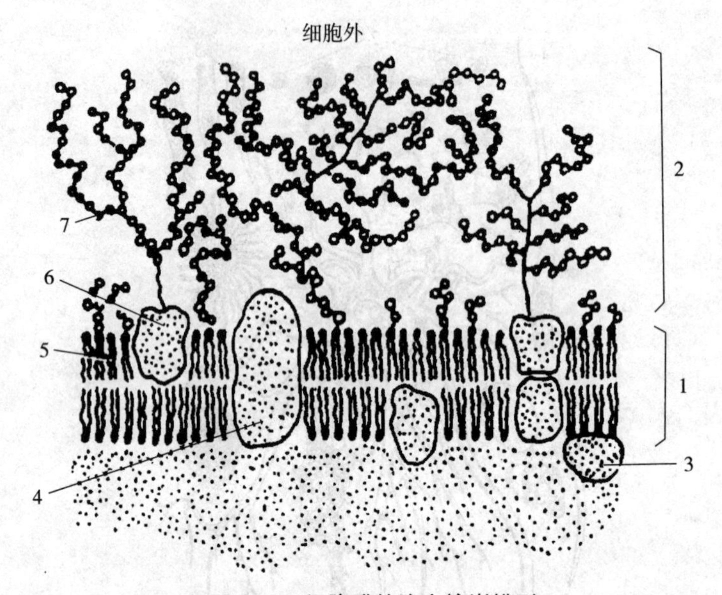


图 1-2　细胞膜的液态镶嵌模型

1. 脂质双层　2. 糖衣　3. 表在蛋白　4. 嵌入蛋白　5. 糖脂　6. 糖蛋白　7. 糖链

（马仲华，家畜解剖学及组织胚胎学，第三版，2002）

面，疏水端朝向细胞膜的内部。细胞膜内镶嵌的蛋白质多为球状蛋白质，又称为膜蛋白。根据膜蛋白的分布形式不同，可分为表在蛋白和嵌入蛋白两类；根据膜蛋白功能的不同，可分为受体蛋白和载体蛋白等。功能强的细胞膜嵌入蛋白的含量就高。膜糖多是一些多糖，与膜脂、膜蛋白分别结合为糖脂、糖蛋白，其糖链常常突出于细胞膜外表面，形成致密丛状的细胞衣或称为糖衣。

**2. 细胞膜的功能**　细胞膜对细胞而言，除具有保护作用外，还和细胞之间的物质运输、信息传递、细胞识别、细胞运动、免疫作用有着密切的关系。

（1）细胞膜构成细胞支架，维持细胞一定的形态结构，保证细胞内生命活动的正常进行，防止细胞内物质的散失。

（2）细胞膜具有物质运输的功能，运输的方式主要有被动运输、主动运输、胞吞作用和胞吐作用。

被动运输分为单纯扩散和易化扩散两种。单纯扩散是指在不需要消耗能量、不需要载体蛋白（膜蛋白）的情况下，物质顺着浓度差由高浓度向低浓度运输的方式。如水、氧气、乙醇等脂溶性分子和不带电荷的极性小分子，可以直接从浓度高的一侧透过细胞膜向浓度低的一侧移动；易化扩散是指在不需要消耗能量、需要载体蛋白（膜蛋白）的前提下，物质从高浓度一侧向低浓度一侧移动的运输方式。如糖、氨基酸等水溶性物质。

主动运输是指在膜蛋白的协助下，消耗一定的能量，物质从浓度低的一侧移动到高浓度一侧的运输方式。如 $Na^+$、$Ca^{2+}$ 的运输。通常把运输 $Na^+$ 的膜蛋白称为 Na 泵，运输 $Ca^{2+}$ 的称为 Ca 泵。

胞吞作用和胞吐作用都是主动运输过程。胞吞作用是指细胞摄入大分子或颗粒的方式，可分为内吞固体物质的吞噬作用和内吞液体物质的吞饮作用。胞吐作用和吞饮作用的过程相反，常见于细胞内合成激素、消化酶的分泌过程。

（3）细胞膜参与细胞之间信息传递、细胞识别、细胞运动、免疫反应等。

**（二）细胞质**

细胞质又称为胞浆，呈均匀的半透明胶状物。细胞质由基质、内含物和细胞器组成。

**1. 基质**　由水、蛋白质、脂类等组成，是细胞质中的液体部分，呈无定形的均匀透明的胶样。

**2. 内含物**　是细胞质中一些具有一定形态的代谢产物和贮存物质，如脂肪细胞内的脂肪滴、肝细胞的糖原、黑色素细胞产生的黑色素颗粒等。

**3. 细胞器**　是指悬浮在细胞质内具有特定形态结构并执行一定生理功能的有形成分。下面简述主要细胞器的结构和功能（图 1 - 3）：

（1）核糖体　又称核蛋白体或核糖核蛋白体，呈颗粒状，主要由核糖核酸（RNA）和蛋白质构成。核糖体分为附着核糖体和游离核糖体，都是合成蛋白质的基地。附着核糖体附着在内质网的外表面，主要合成抗体、消化酶等分泌蛋白；游离核糖体游离在细胞基质中，主要合成膜蛋白、基质蛋白等合成自身的结构蛋白。

（2）线粒体　在电镜下，线粒体是由内、外两层单位膜叠套而成的圆形或椭圆形小体。线粒体嵴是由内膜向内折叠形成的，是线粒体的特征性结构；外膜表面光滑。线粒体内含有 120 多种酶，可将动物细胞摄取的糖、脂肪等营养物质彻底地分解为水和二氧化碳，释放出能量，供细胞利用。故线粒体被人形象地称为细胞内的“能量站”。

（3）内质网　是由单位膜构成的扁平囊状或管泡状膜性结构。根据其形态和结构，将其分为粗面内质网和滑面内质网。粗面内质网呈扁平囊状，膜上附着有核糖体，其主要功能是合成分泌蛋白；滑面内质网多呈小泡状或分支小管状，膜上无核糖体附着，据其所含的酶不同，具有不同的功能。

（4）中心体　位于细胞核附近或细胞中央，由一对互相垂直的中心粒组成。在细胞进行有丝分裂时易见到，被称为“细胞分裂的推进器”。

（5）高尔基复合体　位于细胞核附近，在光镜下，呈网状，故又被称为内网器；在电镜下，高尔基复合体被分为三部分，即扁平囊泡、小泡和大泡，故

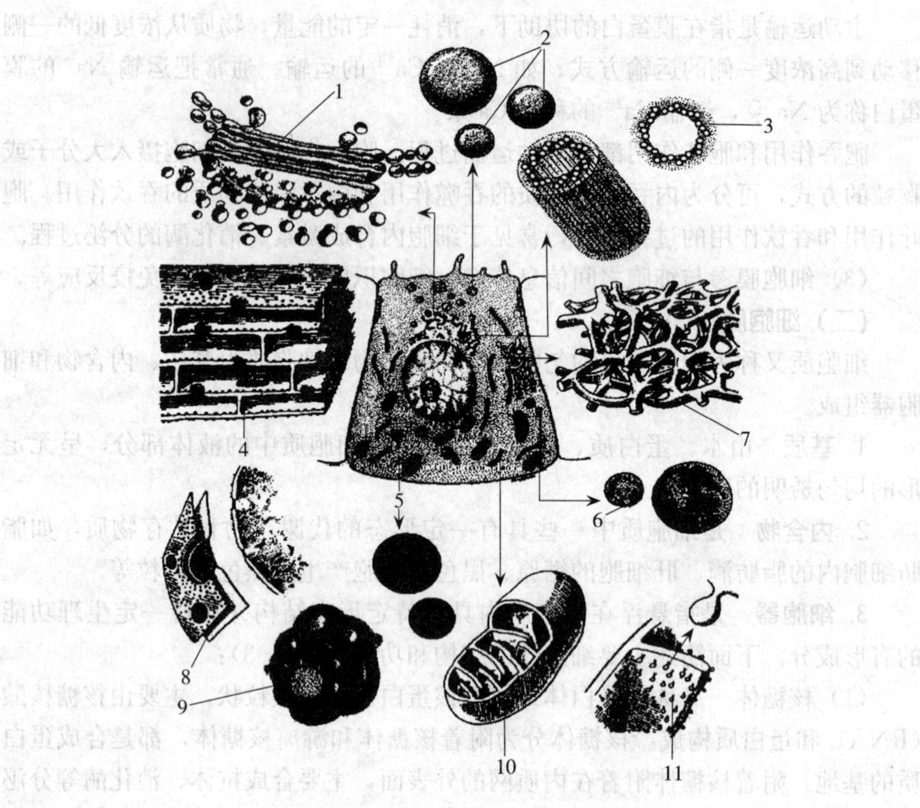


图 1-3 细胞的构造模式图

1. 高尔基复合体 2. 分泌颗粒 3. 中心粒 4. 粗面内质网 5. 脂滴 6. 溶酶体 7. 滑面内质网 8. 核膜 9. 核仁 10. 线粒体 11. 基粒

（滕可导，家畜解剖学与组织胚胎学，2006）

被称为复合体。其主要功能是参与细胞内合成物质的浓缩、加工、包装，经细胞膜排出到细胞外。高尔基复合体被称为细胞的“加工厂”。

（6）溶酶体 是由一层单位膜围成的卵圆形或圆形小体，内含磷酸酶、核酸酶、蛋白酶等水解酶。其主要功能是清除细胞内的残余物（退变、衰老、死亡的细胞器）和进入细胞内的外源性异物（病毒、细菌等）。

（7）微管 是细而长的中空管状结构。微管蛋白先串连成纤维状结构——原丝，再由 13 条原丝环列而成微管。其主要功能是维持细胞形态、参与细胞的运动和运输某些大分子或颗粒物质的“轨道”等。

（8）微丝 普遍存在于多种细胞内，是直径为 5～6 nm 的细丝，其化学成分主要是肌动蛋白。微丝的主要功能除和其他成分参与组成细胞骨架外，还与细胞的运动、吞噬、分泌颗粒的移动和排出等功能有关。

### （三）细胞核

细胞核是细胞中最大的细胞器，是细胞的重要组成部分，是细胞遗传和代谢活动的控制中心。每个细胞一般有一个细胞核，只有少数细胞无核（如哺乳动物的成熟红细胞），也有两个核（如肝细胞）或有多个核（如骨骼肌细胞）。细胞核的形状有椭圆形、圆形、分叶形等，如扁平细胞的核为扁平形、白细胞为分叶型核等。细胞核多位于细胞的中央，也有位于细胞偏基底一侧的，如大部分上皮细胞，有的甚至被挤向细胞的一侧，如脂肪细胞。

**1. 核膜**　由两层单位膜构成，是包在细胞核外面的一层界膜。核膜上有许多小孔，称为核孔。核孔是细胞核和细胞质进行物质交换的通道。核膜的主要功能是包围染色体及核仁，构成核内微环境，保证遗传物质的稳定性和细胞核的各种生理机能的完成。

**2. 核仁**　是细胞核内的细胞器，一般呈圆球形，细胞核内核仁的大小变化随细胞类型而异。核仁的主要化学成分是核糖核酸（RNA）和蛋白质。核仁是合成核糖体的场所。

**3. 染色质**　是指间期细胞核内能被碱性染料着色的物质，高倍镜下呈长纤维状，由DNA、RNA、组蛋白和非组蛋白构成，含有大量的遗传信息，控制着细胞的代谢、生长、分化和繁殖，决定着子代细胞的遗传性状。在HE染色的切片上，着色浅淡的是有转录活性的染色质，称为常染色质；染色深的是转录不活跃或不转录染色质，称为异染色质，故可以根据核的染色状态推测其功能活跃程度。染色体是细胞在分裂时，染色质复制加倍，发生高度螺旋化，变短变粗，形成棒状的物质。由此可见，染色质和染色体实际上是同一物质的不同功能状态。染色体具有种属特异性，同种生物细胞的染色体具有特定的数目和形态。一些常见宠物的染色体数目是：犬78、兔44、猫38、豚鼠64、小白鼠40。

**4. 核基质和核内骨架**　核基质是指细胞核内无定形的液态基质，又叫核液。近年来发现，核基质内除含水、蛋白质、无机盐和酶外，还有形态与细胞质骨架相似的蛋白质纤维，即所谓的核内骨架。核内骨架与核纤层、核孔复合体相连，一起构成核骨架。核骨架可能参与了DNA复制、RNA转录、染色质的有序空间排列及染色体的构建等。

## 四、细胞的生命活动

### （一）新陈代谢

新陈代谢包括合成代谢和分解代谢。合成代谢是指细胞从外界摄入营养物质，在细胞内经过加工、合成自身所需要的物质的过程；分解代谢是指细胞不断分解、释放能量供其各种功能活动的需要，并把代谢产物排出细胞外的过程。新陈代谢是细胞生命活动的标志，细胞死亡意味着新陈代谢的停止。

**（二）感应性**

活细胞都能在受到外界适宜刺激时产生相应的反应，来适应环境的变化。感应性是指细胞对外界刺激产生反应的特性。

**（三）运动**

机体内的一些细胞在不同环境下，可表现不同的运动形式。常见的运动形式为：舒缩运动（骨骼肌）、纤毛运动（气管上皮细胞）、鞭毛运动（精细胞）。

**（四）细胞的生长和繁殖**

细胞的生长是指细胞内的合成代谢大于分解代谢，细胞体积增大的过程；细胞繁殖是指在一定的条件下，细胞生长到一定的阶段以分裂的方式进行增殖，产生新细胞的过程。总之，细胞生长是细胞个体体积的增大；细胞繁殖是细胞数量的增多。细胞分裂分为有丝分裂和无丝分裂。

**（五）细胞的分化、衰老和死亡**

细胞分化存在于动物体的整个生命过程中。细胞分化是指未分化细胞或胚胎细胞转变为形态各异、功能不同细胞的过程。在胚胎发育早期，随着细胞的增殖，细胞形态、功能和生化特性逐渐发生差异，发育成形态各异、功能不同的成熟细胞。在一定条件下，动物机体内的未分化细胞具有分裂增殖能力，转变为成熟的细胞。

细胞衰老是细胞正常发育的过程。衰老细胞结构的主要变化是核固缩、染色加深、细胞器减少、色素、脂褐素等沉积于细胞内；衰老细胞主要表现为代谢活动降低、生理功能减弱，同时出现以上形态结构的改变。细胞衰老的进程依其不同类型而有所不同。

细胞死亡是细胞发育的必然结果，是不可逆的。细胞意外性死亡和细胞自然死亡是细胞死亡的两种不同方式。细胞意外性死亡又称为细胞坏死，是由于在某些外界因素如高热、化学性的损伤等造成的细胞急速死亡；细胞自然死亡又称为细胞凋亡或细胞编程性死亡，它是多细胞动物生命活动中不可缺少的组成部分。如细胞凋亡发生紊乱，则会出现多种疾病（白血病、自身免疫病等）。

## 第二节　组　织

组织是由一些来源相同、形态功能相似的细胞群和细胞间质构成的。组织可分为四种：上皮组织、结缔组织、肌组织和神经组织。

## 一、上皮组织

上皮组织简称上皮，是由大量排列的细胞和少量的细胞间质构成的。上皮组织主要有吸收、保护、分泌等功能，主要分布在动物体表、内脏器官的表面和腔性器官的内表面。

上皮组织在形态和结构上具有以下特点：

（1）细胞排列紧密，呈层状或薄膜状分布，细胞间质少。

（2）上皮细胞呈极性分布，分为基底面和游离面。基底面依靠一层薄的基膜与结缔组织相连，游离面朝向管腔或体表。

（3）上皮组织无血管分布，其营养主要靠深部结缔组织透过基膜供应。

（4）上皮细胞间有丰富的神经末梢分布。

根据上皮组织形态和功能的不同，可分为被覆上皮、腺上皮和特殊上皮。

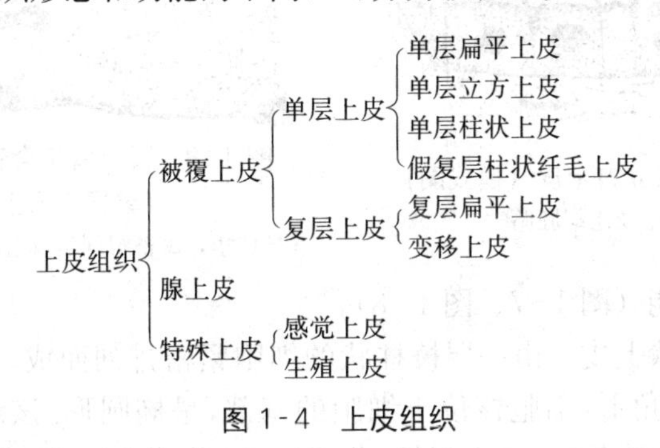


图 1-4　上皮组织

### （一）被覆上皮

被覆上皮根据其细胞层数的多少，可分为单层上皮和复层上皮。被覆上皮主要覆盖于身体的表面和衬于体内各种有腔器官的腔面，分布十分广泛。

**1. 单层上皮**　仅由一层上皮细胞构成，每个细胞都呈极性分布。根据其细胞形态的不同，单层上皮可分为：单层扁平上皮、单层立方上皮、单层柱状上皮、假复层柱状纤毛上皮。

（1）单层扁平上皮　由一层不规则的上皮细胞排列而成。从侧面看细胞呈梭形，正面看呈不规则的多边形，细胞核呈卵圆形。分布在腹膜、胸膜、心包膜或某些脏器表面的单层扁平上皮称为间皮，表面湿润而光滑，有减小摩擦的作用；衬在心、血管、淋巴管内表面的单层扁平上皮细胞称为内皮，表面薄而光滑，便于液体的流动（图 1-5、图 1-6）。

（2）单层立方上皮　由一层立方细胞紧密排列而成。细胞核圆，位于细胞的中央。侧面观，细胞呈正方形。主要分布在腺导管、甲状腺滤泡等处，具有

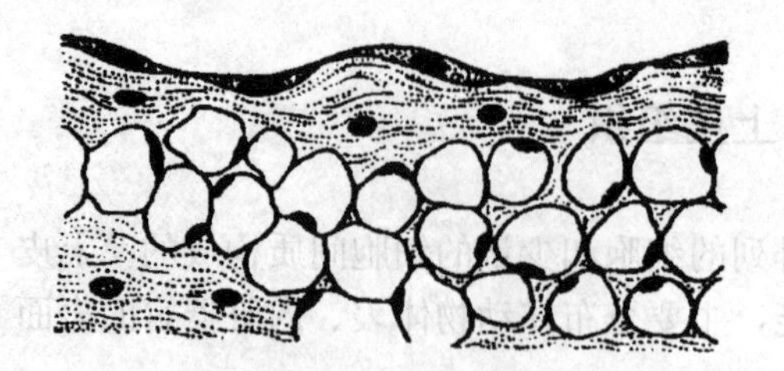

图 1-5 单层扁平上皮（浆膜切面）
（马仲华，家畜解剖学及组织胚胎学，2002）

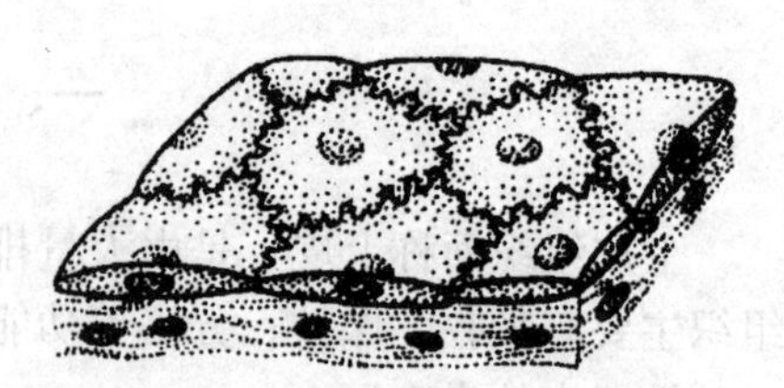

图 1-6 单层扁平上皮（模式图）
（马仲华，家畜解剖学及组织胚胎学，2002）

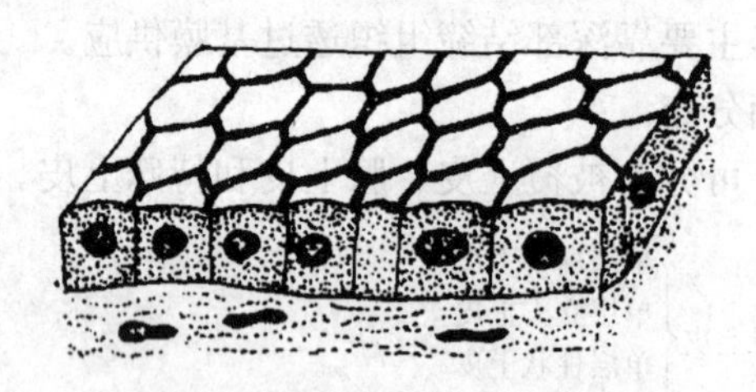

图 1-7 单层立方上皮（模式图）
（马仲华，家畜解剖学及组织胚胎学，2002）

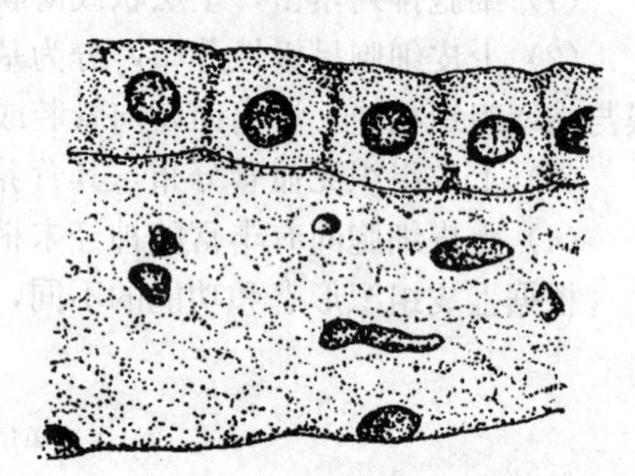

图 1-8 肾小管集合管上皮侧面观
（单层立方上皮）
（马仲华，家畜解剖学及组织胚胎学，2002）

分泌和吸收的功能（图 1-7、图 1-8）。

（3）单层柱状上皮　由一层棱柱状的细胞紧密排列而成。细胞侧面看呈长方形，正面看呈六角形，细胞核位于细胞的基部，呈椭圆形。该细胞主要分布在胃、肠黏膜、子宫内膜等处，具有保护、分泌和吸收的作用（图 1-9、图 1-10）。

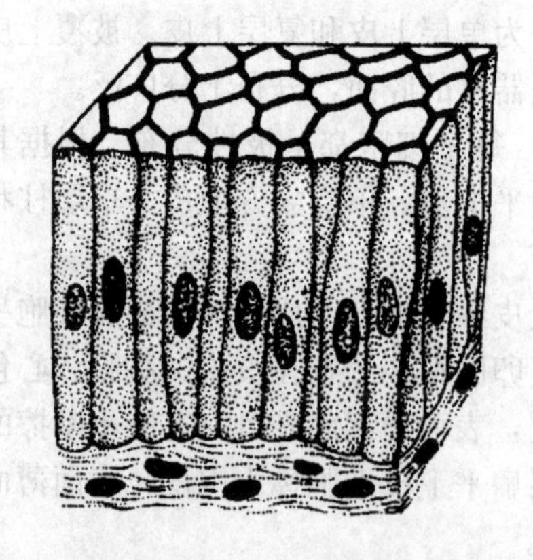

图 1-9 单层柱状上皮模式图
（马仲华，家畜解剖学及组织胚胎学，2002）

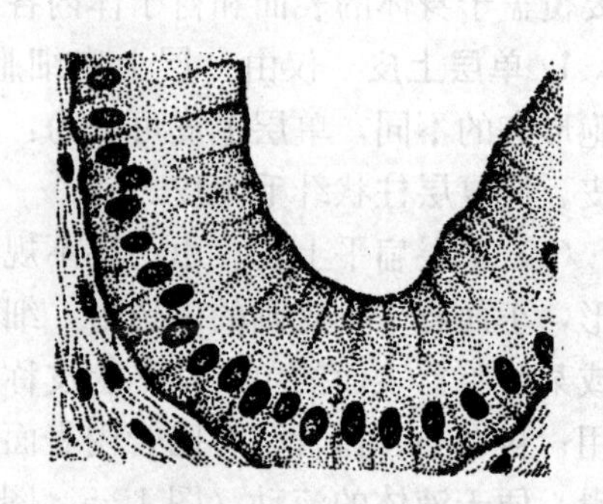

图 1-10 小肠黏膜上皮切片（单层柱状上皮）
（马仲华，家畜解剖学及组织胚胎学，2002）

（4）假复层柱状纤毛上皮　由一层形态不同、高矮不等的上皮细胞构成。由于细胞高低不同，细胞核不在同一水平面，从侧面看起来很像多层，但每个细胞的底部都附于基膜，实为一层，表面有纤毛，故称为假复层柱状纤毛上皮。典型的假复层柱状纤毛上皮的细胞有柱状上皮细胞、杯状细胞、梭形细胞和锥形细胞。此种上皮主要分布在各级呼吸道黏膜，具有保护和分泌的功能（图1-11、图1-12）。

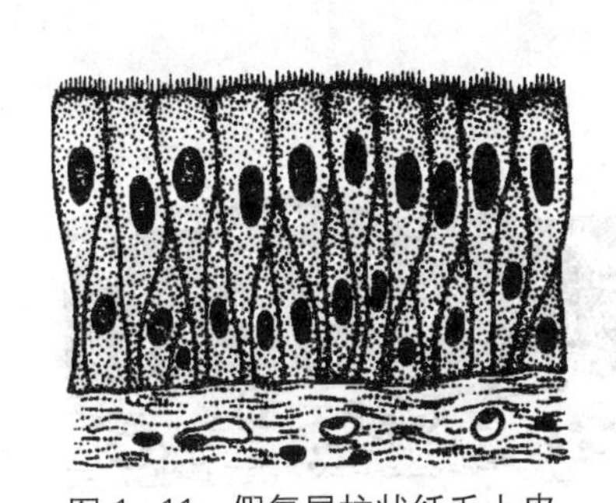

图1-11　假复层柱状纤毛上皮模式图

（马仲华，家畜解剖学及组织胚胎学，2002）

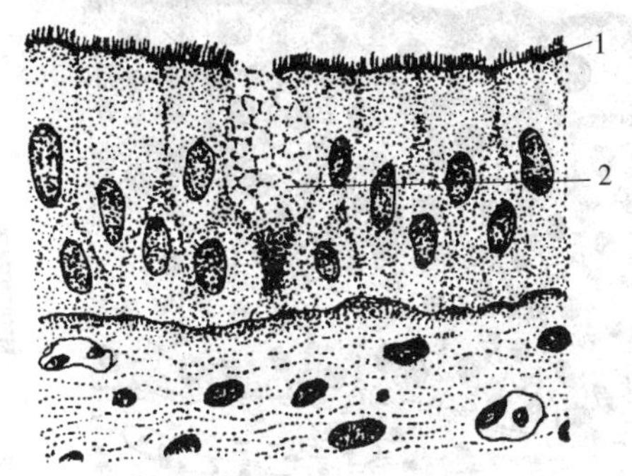


图1-12　气管黏膜上皮切片（假复层柱状纤毛上皮）

1. 纤毛　2. 杯状细胞

（马仲华，家畜解剖学及组织胚胎学，2002）

**2. 复层上皮**　是上皮中最厚的一种，由多层细胞紧密排列而成，只有基底层细胞与基膜相连。根据复层上皮表层细胞的形态特点主要分为复层扁平上皮和变移上皮。

（1）复层扁平上皮　由多层细胞紧密排列而成，表层细胞扁平，中间层细胞体积大呈多边形，基底层细胞呈立方形或低柱状，有分裂繁殖的能力，可以补充衰老死亡的表皮细胞。该细胞主要起保护的作用，多分布在皮肤表面和口腔、食道、阴道的内表面（图1-13、图1-14）。

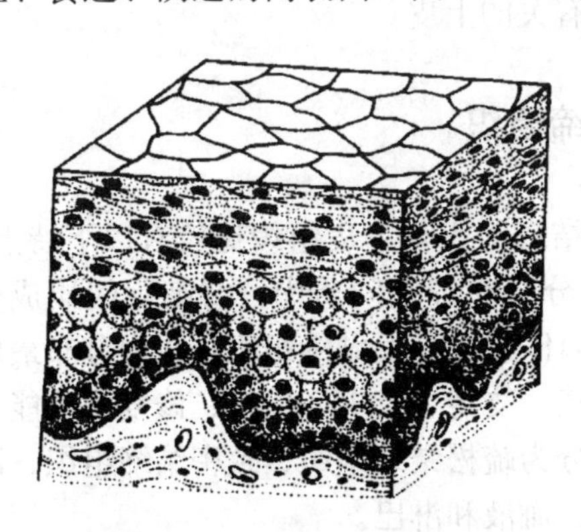

图1-13　复层扁平上皮模式图

（马仲华，家畜解剖学及组织胚胎学，2002）

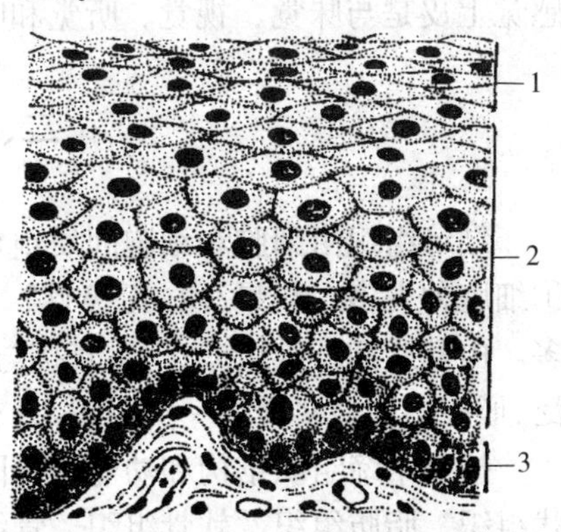


图1-14　表皮切片（复层扁平上皮）

1. 表层　2. 中间层　3. 深层

（马仲华，家畜解剖学及组织胚胎学，2002）

(2) 变移上皮　该上皮细胞多分布在肾盂、输尿管和膀胱等处，其特点是随着器官的涨缩上皮细胞形态、层数可发生改变。如当膀胱充盈时，其所在的上皮细胞层数可达2～3层，表层细胞扁平；当膀胱空虚时，其所在的上皮细胞层数可达5～6层，表层细胞呈立方形，体积较大（图1-15、图1-16）。

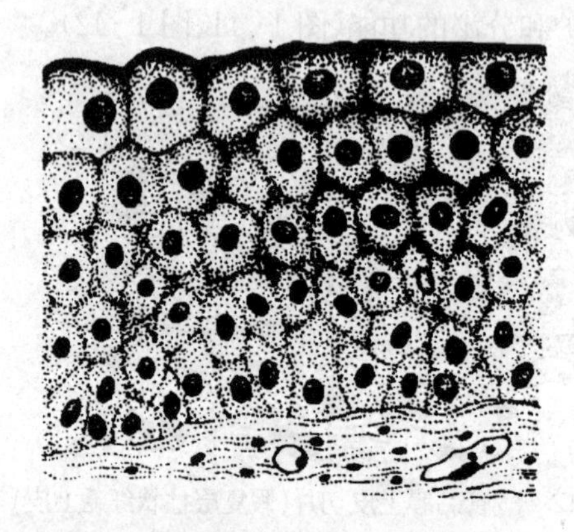

图1-15　变移上皮（膀胱收缩状态）
（马仲华，家畜解剖学及组织胚胎学，2002）

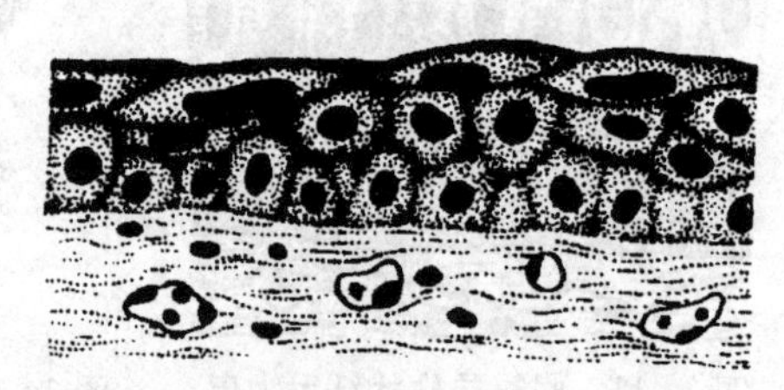

图1-16　变移上皮（膀胱扩张状态）
（马仲华，家畜解剖学及组织胚胎学，2002）

### （二）腺上皮

具有分泌功能的上皮称为腺上皮。腺细胞多呈立方形，细胞核位于细胞中央，体积较大。以腺上皮为主要成分构成的器官，称为腺体。根据腺体分泌排出方式不同，可分为内分泌腺和外分泌腺。

### （三）特殊上皮

特殊上皮主要包括生殖上皮和感觉上皮。生殖上皮是和生殖相关的上皮；感觉上皮是与味觉、视觉、听觉和嗅觉有关的上皮。

## 二、结缔组织

结缔组织由细胞和细胞间质组成。结缔组织与上皮组织比较有以下特点：①细胞种类多、数量少，无极性、散落分布在细胞间质中；②细胞间质成分多，由基质和纤维组成；③不直接与外界环境相接触。结缔组织是体内分布最广泛、形态结构最多样的一类组织，具有连接、支持、营养、保护、修复等功能。

按照结缔组织结构和功能的不同可分为疏松结缔组织、致密结缔组织、网状组织、脂肪组织、软骨组织、骨组织、血液和淋巴。

**1. 疏松结缔组织**　又称为蜂窝组织（图1-17）。其特点是纤维排列松散，含量少，基质含量较多，主要分布在皮下和器官内，具有连接、支持、保护和

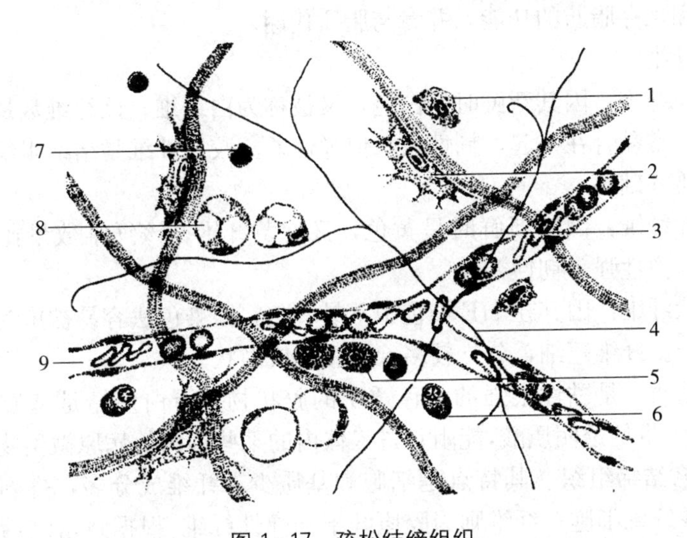


图 1-17　疏松结缔组织
1. 巨噬细胞　2. 成纤维细胞　3. 胶原纤维　4. 弹性纤维　5. 肥大细胞　6. 浆细胞　7. 淋巴细胞　8. 脂肪细胞　9. 毛细血管
（马仲华，家畜解剖学及组织胚胎学，第三版，2002）

创伤修复等功能。

（1）细胞

①成纤维细胞：是疏松结缔组织中最常见的一种细胞，体积较大，形态不规则，呈梭形或星形，核呈椭圆形。其功能是可以合成纤维和分泌基质，具有较强的再生能力。

②组织细胞：是指存在于疏松结缔组织内的巨噬细胞。细胞数量多，形态多样，呈椭圆形、圆形、不规则形等。组织细胞具有保护和防御的作用，有很强的吞噬能力，能吞噬机体内衰老、死亡的细胞和侵入机体的异物等。组织细胞还能合成和分泌溶酶体、干扰素等生物活性物质。

③浆细胞：细胞大小不一、数量不定，细胞呈球形或卵圆形，细胞核呈圆形，偏于细胞的一侧。浆细胞常存在于消化道、呼吸道等病原微生物易侵入的部位。浆细胞具有合成与分泌免疫球蛋白的功能，参与机体的体液免疫。

④肥大细胞：胞体较大，呈圆形或卵圆形，细胞核较小，呈圆形。细胞质内含有大量的嗜碱性颗粒，颗粒内含有肝素、组织胺等生物活性物质。肥大细胞常成群分布在小血管的周围，有抗凝血、增强毛细血管通透性、扩张毛细血管的功能。

⑤脂肪细胞：体积较大，呈球形，细胞核被细胞质内的脂滴挤到细胞的一侧。在 HE 染色切片上，细胞质内的脂肪滴被溶解，使细胞呈空泡状。脂肪细

胞有合成和贮存脂肪的功能，并参与脂质代谢。

(2) 纤维

①胶原纤维：因其新鲜时呈白色，又被称为白纤维。该纤维数量多，互相交织分布，常黏合在一起，韧性大，但弹性差。胶原纤维是结缔组织具有支持作用的物质基础。

②弹性纤维：因其新鲜时呈黄色，又称黄纤维。该纤维数量比胶原纤维少，较细，弹性强，韧性差。

③网状纤维：因其在 HE 染色中不易着色，银染色法容易被染为黑色，又称嗜银纤维。纤维短细，分支较多，常交互成网状。

(3) 基质　是黏性很强的无色透明的胶状物。蛋白多糖是基质的主要成分,内含有大量的透明质酸,能阻止进入体内的某些细菌等病原微生物的扩散。

**2. 致密结缔组织**　其特点是细胞和基质少，纤维成分多，排列紧密。细胞主要是成纤维细胞；纤维则为胶原纤维和弹性纤维。根据致密结缔组织中的纤维成分和排列方式的不同,可分为规则致密结缔组织和不规则致密结缔组织。

(1) 规则致密结缔组织　纤维成行排列，成纤维细胞成行的排列在纤维间。主要见于肌腱、项韧带等（图 1-18）。

(2) 不规则致密结缔组织　纤维排列不规则，相互交织成致密的网，主要分布在皮肤的真皮层，具有支持和保护的功能（图 1-19）。

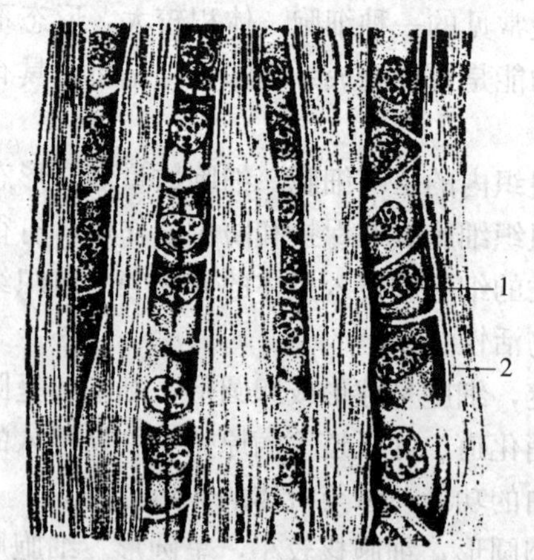


图 1-18　致密结缔组织切片（规则）

1. 腱细胞　2. 弹性纤维束

（范作良，家畜解剖，2001）

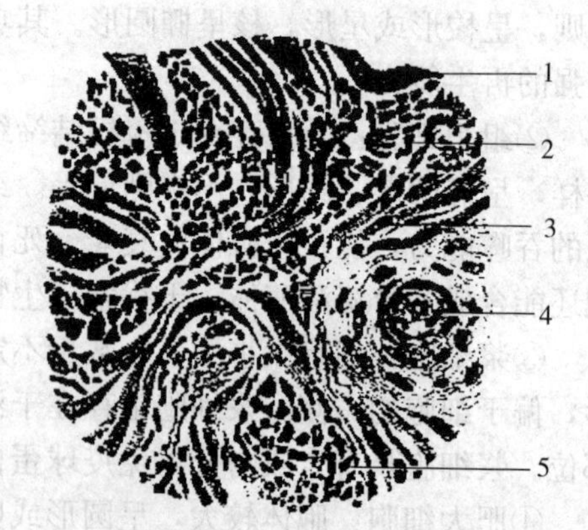


图 1-19　不规则的致密结缔组织（真皮）

1. 胶原纤维（纵切）　2. 弹性纤维

3. 成纤维细胞核　4. 血管

5. 胶原纤维（横切）

（沈霞芬，家畜组织学与胚胎学，2001）

**3. 脂肪组织**　是由大量脂肪细胞聚集的疏松结缔组织。在富含血管的疏松结缔组织中，将成群的脂肪细胞分隔成许多脂肪小叶。脂肪组织主要起支持、储脂、保温、缓冲等功能，主要分布在皮下、肠系膜和大网膜等处（图1-20）。

4. **网状组织**　主要由网状细胞、网状纤维、基质和少量的巨噬细胞组成。网状细胞胞突彼此连接，网状纤维沿网状细胞分布，形成网状。这是淋巴组织、淋巴器官及骨髓的结构基础，主要分布在骨髓、淋巴结、胸腺、脾等器官内（图1-21）。

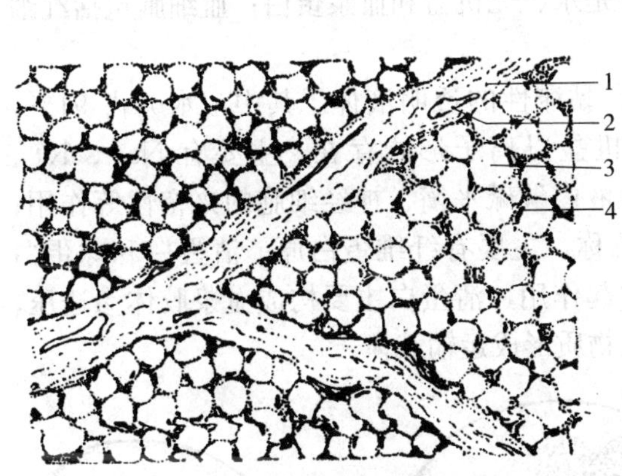


图1-20　脂肪组织

1. 小叶间结缔组织　2. 毛细血管　3. 脂肪细胞　4. 脂肪细胞核

（马仲华，家畜解剖学及组织胚胎学，第三版，2002）

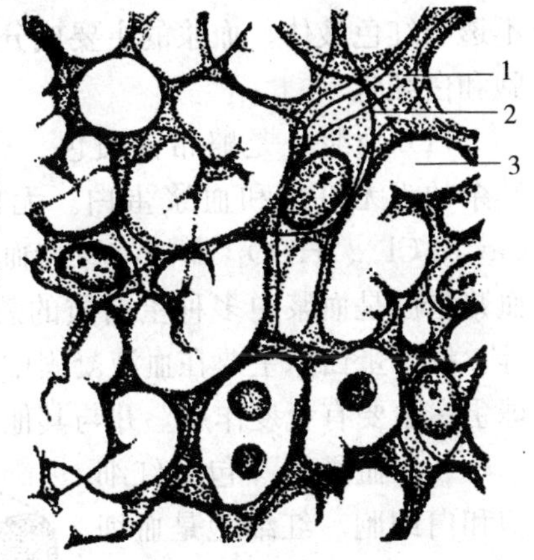


图1-21　网状组织

1. 网状细胞　2. 网状纤维　3. 网眼

（马仲华，家畜解剖学及组织胚胎学，第三版，2002）

5. **软骨组织**　软骨组织，由软骨细胞和间质构成。软骨细胞数量少，埋藏在由间质形成的软骨陷窝内；间质数量多，由纤维和基质构成，基质呈固体的凝胶状。

软骨由软骨组织和软骨膜构成。软骨膜是包绕在软骨表面的纤维结缔组织膜，外层是结缔组织，含有少量的血管；内层含有较多的血管和细胞，其中的成骨细胞对软骨的生长和发育有重要作用。根据纤维的性质、数量的不同，可将软骨分为三种类型：透明软骨、纤维软骨和弹性软骨。

（1）透明软骨　主要分布在气管、鼻、喉、肋软骨等处，其基质内含有的纤维主要是胶原纤维，坚韧有弹性，呈半透明状。

（2）弹性软骨　主要分布在会厌、耳廓等处，其基质中主要含有的纤维是弹性纤维，具有较强的弹性，不透明。

（3）纤维软骨　主要分布在椎间盘、半月板和耻骨联合等处，其基质内含有的纤维蛋白，呈平行或交错排列，具有较强的韧性。

6. **骨组织** 骨组织由骨细胞和坚硬的基质构成。骨细胞位于骨陷窝内，呈扁椭圆形，突起多，突起通过骨小管与其他细胞形成缝隙连接，与陷窝及小管中的组织液进行物质交换。骨基质由无机物和有机物两种成分构成。无机物较多，主要是钙盐，如碳酸钙、磷酸钙等，它决定骨组织的硬度；有机物比较少，主要是胶原纤维（又称骨胶原），它决定骨组织的韧性。动物体内90%的钙以钙盐的形式贮存于骨内。

7. **血液** 是循环流动的液态结缔组织。由血浆、血细胞和血小板组成的不透明红色液体。血浆的主要成分是水、无机盐和血浆蛋白；血细胞包括红细胞和白细胞。

（1）血浆 是略带浅黄色、有黏滞性的透明液体。其中，水分占91%，其余的为无机盐和血浆蛋白。无机盐以离子形式存在，主要有$Na^+$、$K^+$、$Ca^{2+}$、$Cl^-$、$HCO_3^-$等，有维持血液内酸碱平衡、神经细胞的兴奋性等作用；血浆蛋白是血浆中多种蛋白质的总称，主要有纤维蛋白原、清蛋白和球蛋白等。纤维蛋白原主要在血液凝固中起作用，清蛋白主要构成血浆胶体渗透压，球蛋白主要有免疫作用，并与其他物质形成运输载体。

（2）血细胞 包括红细胞和白细胞。红细胞是血细胞中数量最多的一种细胞，一般呈双凹的圆盘状，无细胞核（图1-22）。红细胞中含有大量的血红蛋白，血红蛋白能与氧气、二氧化碳结合，有运输氧气和二氧化碳的功能。

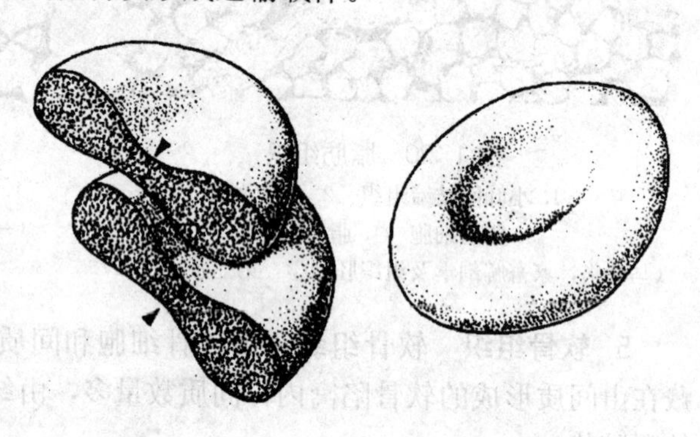

图1-22 红细胞立体结构模式图
（沈霞芬，家畜组织学与胚胎学，2001）

白细胞是一类胞体多呈球形、体积比红细胞大的有核细胞。根据胞质内有无特殊颗粒，可将其分为有粒白细胞和无粒白细胞两种。有粒白细胞主要有嗜中性粒细胞、嗜酸性粒细胞和嗜碱性粒细胞三种；无粒白细胞可分为单核细胞和淋巴细胞。

（3）血小板 为扁平不规则的圆形小体，无细胞核。

## 三、肌组织

肌组织由肌细胞和肌细胞之间少量的结缔组织、血管和神经组成。肌细胞又称为肌纤维，呈长纤维状。肌细胞膜称为肌膜，肌细胞的细胞质称为肌浆。肌细胞内的肌丝是其收缩和舒张的物质基础。机体的各种运动均是肌细胞收缩和舒张的结果。根据其结构和功能的特点，将肌组织分为三类：骨骼肌、心肌和平滑肌。

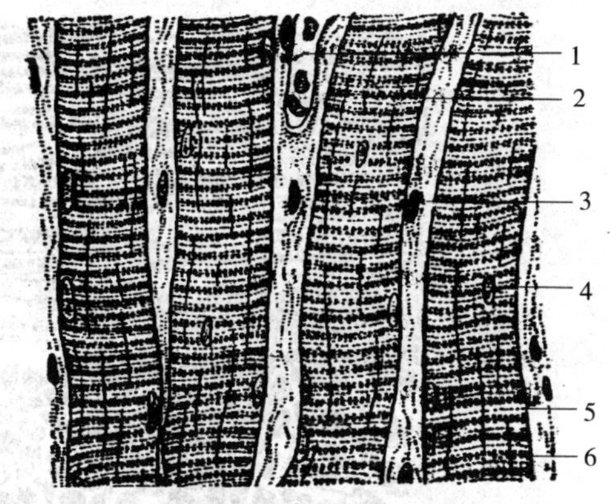


图 1-23　骨骼肌纤维纵切

1. 毛细血管　2. 肌纤维膜　3. 成纤维细胞　4. 肌细胞核　5. 明带（I 带）　6. 暗带（A 带）

（马仲华，家畜解剖学及组织胚胎学，第三版，2002）

1. **骨骼肌**　骨骼肌细胞为长圆柱状的多核细胞，细胞核位于细胞边缘。在显微镜下可见明暗相间的横纹，所以被称为横纹肌。其活动受意识支配，又称为随意肌。骨骼肌大多借肌腱附着在骨骼上，收缩有力，作用快，但持久性差（图 1-23）。

2. **心肌**　由心肌细胞组成。细胞呈短柱状，有分支，彼此连接成网，其连接处染色较深，称为闰盘；细胞核 1～2 个，位于细胞中央。心肌分布在心脏，心肌细胞在显微镜下可见横纹，属于横纹肌。心肌细胞收缩具有一定的节律性，属不随意肌（图 1-24）。

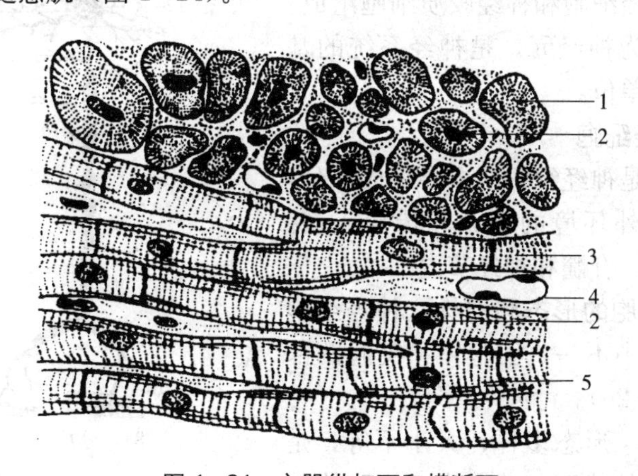


图 1-24　心肌纵切面和横断面

1. 肌纤维横断面　2. 肌细胞核　3. 肌纤维纵切面　4. 毛细血管　5. 闰盘

（马仲华，家畜解剖学及组织胚胎学，第三版，2002）

3. **平滑肌**　由成束或成层的平滑肌细胞组成。平滑肌细胞排列整齐，呈长梭状，细胞核只有一个，位于细胞中央。肌细胞不显横纹，收缩缓慢而持久，不受意识支配，属不随意肌，主要分布在血管和内脏器官内（图 1-25）。

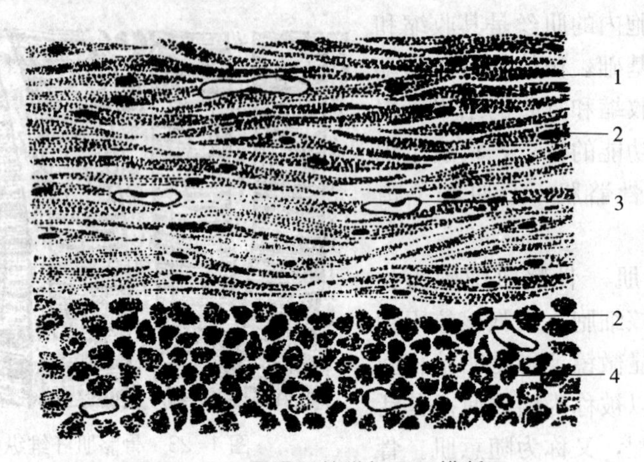


图 1-25　平滑肌的纵切面及横断面

1. 肌纤维纵切面　2. 肌细胞核　3. 毛细血管　4. 肌纤维横断面

（马仲华，家畜解剖学及组织胚胎学，第三版，2002）

## 四、神经组织

神经系统的主要组成部分是神经组织。神经组织由神经细胞和神经胶质细胞组成。神经细胞又称为神经元，是神经系统的基本结构和功能单位。

### （一）神经细胞

神经细胞是神经组织的主要组成部分，能感受体内、外环境的刺激和传导兴奋。主要分布在脑、脊髓和神经节内。

**1. 神经细胞的形态和结构**　神经细胞形态多样，大小不一，由胞体和突起两部分组成（图 1-26）。

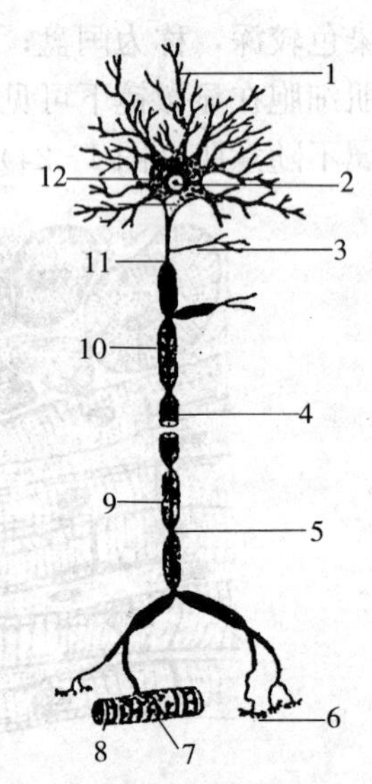


图 1-26　运动神经细胞模式图

1. 树突　2. 神经细胞核　3. 侧枝　4. 雪旺氏细胞　5. 郎飞氏结　6. 神经末梢　7. 运动终板　8. 肌纤维　9. 雪旺氏细胞核　10. 髓鞘　11. 轴突　12. 尼氏小体

（范作良，家畜解剖，2001）

（1）胞体　形态多样，大小不等，是整个神经细胞的代谢、营养中心。胞体包括细胞膜、细胞质和细胞核。

①细胞膜：也是生物膜结构，具有接受刺激和传导兴奋的作用。

②细胞质：又称为核周体，除与一般

细胞的细胞质相同外，还有尼氏小体和神经原纤维。尼氏小体是一种在显微镜下呈颗粒状或小块状的嗜碱性物质，如虎斑上的花纹，称为虎斑小体，神经原纤维在胞体内交织成网，起细胞骨架支持作用并参与神经细胞内物质运输。

③细胞核：大而圆，位于细胞中央，核膜清楚，核仁明显。

（2）突起　分树突和轴突。树突较短，呈树枝状分支，可以接受刺激、传导冲动。轴突细而长，每个神经细胞只有一根轴突，起传递神经冲动的作用。

2. 神经细胞的类型

（1）根据神经细胞突起的数目，可将神经细胞分为三种：假单极神经细胞、双极神经细胞和多极神经细胞（图 1-27）。

①假单极神经细胞：见于脑神经节和脊神经节的感觉神经细胞，其特点是从胞体只发出一个突起，但在离其胞体不远处，即发生分支，分为中枢突和外周突。

②双极神经细胞：见于视网膜和嗅觉中的双极神经细胞。其特点是从胞体发出一个轴突、一个树突，方向相反。

③多极神经细胞：见于机体内大部分神经细胞。其特点是从胞体发出一个轴突和多个树突。

（2）根据神经细胞在反射弧中的功能，可将其分为感觉神经细胞、中间神经细胞和运动神经细胞。

①感觉神经细胞：又称为传入神经细胞，其胞体位于外周神经的神经节内，能接受体内外环境的各种刺激，并传入中枢。

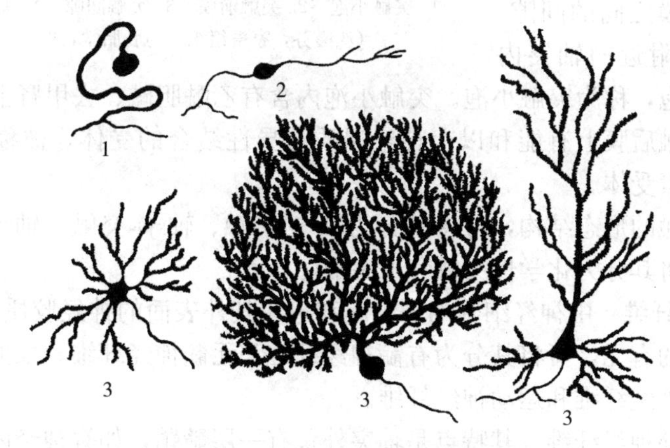


图 1-27　神经元的类型

1. 假单极神经元　2. 双极神经元　3. 多极神经元

（马仲华，家畜解剖学及组织胚胎学，第三版，2002）

②中间神经细胞：又称为联络神经细胞，起联络作用，主要分布在脑和脊髓内。

③运动神经细胞：又称为传出神经细胞，胞体位于脑、脊髓和自主神经节内，能传导神经冲动到外周器官，支配肌肉、腺体等。

(3) 根据神经细胞分泌神经递质的不同，可将其分为胆碱能神经细胞、肾上腺素能神经细胞等。

**3. 神经细胞之间的联系结构——突触**

突触是指神经细胞之间或神经细胞和效应器细胞之间的接触部位。突触由突触前膜、突触后膜和突触间隙三部分组成（图1-28）。

突触前膜是由前一个神经细胞的轴突末端与另一个神经细胞相接触处胞膜特化增厚的部分。突触后膜是指后一神经细胞胞体或树突胞膜特化增厚的部分。突触间隙是突触前膜和突触后膜之间的间隙。在突触前膜附近的轴突内有很多的小泡，称为突触小泡。突触小泡内含有乙酰胆碱、去甲肾上腺素等化学递质，突触后膜上有能和以上神经递质特异性结合的受体，被称为胆碱受体、肾上腺素受体。

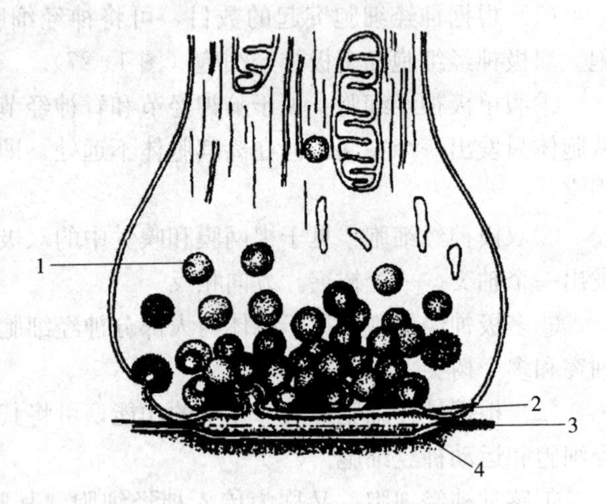

图1-28 化学性突触结构模式图

1. 突触小泡 2. 突触前膜 3. 突触间隙 4. 突触后膜

（沈霞芬，家畜组织学与胚胎学，2001）

按照突触的形态结构，可将其分为轴-树突触、轴-体突触、轴-轴突触等。按其功能，将其分为化学性突触和电突触。

**4. 神经纤维** 由神经细胞的长突起和包在其外表面的神经胶质细胞组成。根据其髓鞘的有无，可将其分为有髓神经纤维和无髓神经纤维。根据其功能将其分为感觉神经纤维和运动神经纤维。

(1) 有髓神经纤维 其特点是轴突外包有一层髓鞘，如脊神经内的神经纤维。髓鞘是神经角质细胞卷绕轴突构成的层板状结构，是绝缘物质，能防止神经冲动从一个轴突扩散到邻近的轴突。

(2) 无髓神经纤维 其特点是神经纤维无髓鞘包裹，如植物性神经的节后纤维。其传导神经冲动的速度比有髓神经纤维要慢。

5. **神经末梢**　是外周神经纤维的末端部分，在组织器官内形成特殊的结构，分为感觉神经末梢和运动神经末梢两种。感觉神经末梢主要分布在皮肤、肌肉和内脏器官内，又称为感受器，能感受痛觉、压觉等感受；运动神经末梢是运动神经轴突末端和骨骼肌、平滑肌等形成的结构，又称为效应器。

**（二）神经胶质细胞**

神经胶质细胞体积比神经细胞小，但数量多。其特点是无树突和轴突之分，与相邻的细胞不形成突触样结构，无感受刺激和传导冲动的功能。神经胶质细胞主要分为星形胶质细胞、小胶质细胞、室管膜细胞等，主要分布在中枢和周围神经系统内，对神经细胞起支持、营养、隔离、保护和修复的功能。

## 第三节　器官、系统和有机体

### 一、器　　官

器官是由不同的组织按照一定的规律有机结合而成,具有特定形态、结构并完成特定的功能。根据组织结构的不同,可将其分为中空性器官和实质性器官。

中空性器官是指内部有较大空腔的器官，其特点是管壁分层，由不同的组织构成，如膀胱、气管、血管、食管、胃等。实质性器官是指内部无大空腔的器官，一般由实质和间质两部分组成，如脾、肝、肾等。

### 二、系　　统

系统由若干个功能密切相关的器官联系在一起，完成机体某一方面的生理机能。如肾、输尿管、膀胱、尿道等器官组成泌尿系统，共同完成排泄废物的功能。

根据机体的不同功能，将其分为：运动系统、被皮系统、消化系统、呼吸系统、泌尿系统、生殖系统、心血管系统、免疫系统、神经系统和内分泌系统。内脏由消化系统、呼吸系统、泌尿系统和生殖系统组成。4 个系统的器官被称为内脏器官，简称脏器。

### 三、有机体及生理学基础

有机体是由许多系统、器官构成的一个完整的统一体。各系统之间相互协调、相互制约、相互依存，同时有机体还要和外界环境保持相对的平衡，这些都是在神经调节、体液调节和自身调节下共同完成的。

1. **神经调节** 神经调节是指通过神经系统的活动对机体各组织、器官和系统生理功能所发挥的调节作用。反射是神经调节的基本方式。反射是指在神经系统的参与下，机体对内外环境变化产生的有规律的适应性反应。例如犬看到主人回家，兴奋地绕着主人转；经过系统训练，犬能完成各种复杂的活动，等等。反射弧是反射的结构基础。感受器、传入神经、反射中枢、传出神经、效应器是反射弧的五个组成部分。反射弧各部分有重要的作用，其中任一环节被破坏，就将使反射活动不能完成。

神经调节的主要特点是：反应迅速、准确、作用范围局限、作用时间短暂。

2. **体液调节** 体液调节是指有机体内内分泌腺和一些具有分泌功能的细胞合成并分泌的激素对某些特定器官的生理机能进行的调节。例如脑垂体分泌的生长激素对机体代谢活动的调节；胰岛素对维持血浆葡萄糖浓度的稳定起重要的作用，等等。

体液调节的特点：作用出现的时间比较缓慢、作用范围比较广泛、作用维持时间较长。

体液调节和神经调节有着密切的关系，两者相互协调、相互作用、相互影响，使机体内环境保持稳定。

3. **自身调节** 自身调节是组织细胞本身的生理特性，是对全身性神经调节和体液调节的补充。自身调节是指在外界环境变化时组织细胞不依赖神经调节和体液调节而产生的适应性反应。例如在血浆中碘的浓度发生变化时，甲状腺有自身调节对碘的摄取以及合成和释放甲状腺激素的能力。

## 第四节 犬（猫）体表主要部位名称及方位术语

### 一、犬（猫）体表主要部位的名称

为了便于说明犬（猫）各部位的名称，将其分为头部、躯干部和四肢三大部分。以骨骼为基础进行各部分的划分（图1-29）。

**（一）头部**

1. **颅部** 位于颅腔的周围。可分为枕部、顶部、额部、颞部和腮腺部等。

2. **面部** 位于口、鼻腔周围。分为眼部、鼻部、眶下部、咬肌部、唇部、

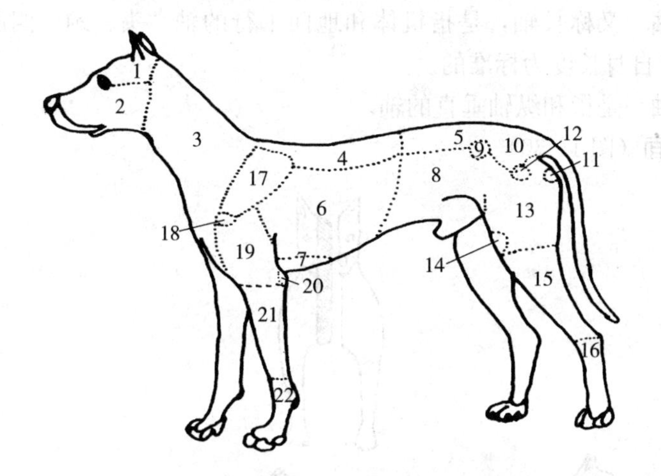


图 1-29　犬体各部位名称

1. 颅部　2. 面部　3. 颈部　4. 背部　5. 腰部　6. 胸侧部(肋部)　7. 胸骨部　8. 腹部　9. 髋结节　10. 荐臀部　11. 坐骨结节　12. 髋关节　13. 大腿部（股部）　14. 膝关节　15. 小腿部　16. 后脚部　17. 肩带部　18. 肩关节　19. 臂部　20. 肘关节　21. 前臂部　22. 前脚部

（安铁洙，犬解剖学，2003）

颊部、下颌间隙部等。

### （二）躯干部

1. **颈部**　又分为颈背侧部、颈侧部和颈腹侧部，以颈椎为基础。

2. **背胸部**　分为背部、胸侧部和胸腹侧部，主要以胸椎为基础。

3. **腰腹部**　分为腰部和腹部。以腰椎为基础，上方为腰部，两侧和下方为腹部。

4. **荐臀部**　分为荐部和臀部。位于腰腹部的后方，上方为荐部；侧面为臀部。

5. **尾部**　位于荐部之后，分为尾根、尾体和尾尖。

### （三）四肢

1. **前肢**　分为肩胛部、臂部、前臂部和前脚部。

2. **后肢**　分为股部、小腿部和后脚部。

## 二、解剖学方位术语

### （一）轴

轴分为纵轴和横轴。

1. **纵轴** 又称长轴，是指机体和地面平行的轴。头、颈、四肢和各器官的长轴是以自身长度为标准的。

2. **横轴** 是指和纵轴垂直的轴。

**(二) 面**（图 1-30）

图 1-30 三个基本切面

A. 正中矢状面 B. 额面 C. 横断面

1. **矢状面** 又称纵切面，是与纵轴平行且垂直于地面的切面。分为正中矢状面和侧矢状面。

（1）正中矢状面 只有一个，位于机体正中，将其分为左右对称两半的矢状面。

（2）侧矢状面 有多个，是位于正中矢状面两侧的矢状面。

2. **横断面** 是指与机体纵轴相垂直的切面，将机体分为前、后两部分。

3. **额面** 称为水平面，是指与身体长轴平行且和矢状面、横断面相垂直的切面，可将机体分为背、腹两部分。

**(三) 方位术语**

**1. 用于躯干的术语**

（1）头侧 又称为前，是指靠近犬体的头端。

（2）尾侧 又称为后，是指靠近犬体的尾端。

（3）背侧 是指额面上方的部分。

（4）腹侧 是指额面下方的部分。

（5）内侧　是指靠近正中矢状面的一侧。

（6）外侧　是指离正中矢状面远的一侧。

**2. 用于四肢的方位术语**

（1）近端　是指近躯干的一端。

（2）远端　是指离躯干较远的一端。

（3）背侧　是指四肢的前面。

（4）掌侧　是指前肢的后面。

（5）跖侧　是指后肢的后面。

（6）尺侧　是指前肢的外侧。

（7）胫侧　是指后肢的内侧。

（8）腓侧　是指后肢的外侧。

## 【技能训练】

## 一、显微镜构造、使用和保养

**【目的要求】**了解显微镜的基本构造，掌握显微镜的使用方法和保养方法。

**【材料设备】**显微镜、组织切片、擦镜纸等

**【方法步骤】**

**1. 显微镜的构造**　生物显微镜种类比较多，主要有光学显微镜，其基本构造主要分机械部分和光学部分。

（1）机械部分　有镜座、镜柱、镜臂、镜筒、活动关节、粗调节螺旋、细调节器、载物台、推进尺、压夹、转换器、聚光器、聚光器升降螺旋等。

① 镜座：呈方形或马蹄铁形，是直接和实验台接触的部分。

② 镜柱：是与镜座相连接的部分，与其一起支持和稳定整个显微镜。在斜行的显微镜的镜柱内有细调节器的螺旋。

③ 镜臂：与镜柱连接的弯曲部分，握持移动显微镜时使用。

④ 镜筒：是附着于镜臂上端前方的圆筒。

⑤ 活动关节：可使镜臂倾斜，用于调节镜柱和镜臂之间的角度。

⑥ 粗调节器：可调节物镜与组织切片之间的距离。

⑦ 细调节器：可调节切片中物体的清晰度，用于精确调节焦距。旋转一周，可使镜筒升降 0.1mm。

⑧ 载物台：是放组织切片的平台，中央有圆形的通光孔。载物台有圆形和方形。

⑨ 压夹：用于固定切片。

⑩推进器：用于移动切片，可使切片前、后、左、右移动。

⑪转换器：在镜筒下部，有不同倍数的物镜，用于转换物镜。

⑫聚光器升降螺旋：能使聚光器升降，从而调节光线的强弱。

（2）光学部分　主要包括目镜、物镜、反光镜和聚光器。

① 目镜：在镜筒的上方，其上标有不同的放大倍数，有5×、8×、10×、16×、18×等不同的倍数。

② 物镜：安装在转换器上，是显微镜最贵重的部分。主要包括低倍镜、高倍镜、油镜三种。低倍镜有 8×、10×、20×、25×。高倍镜有40×、60×。油镜一般为100×。显微镜的放大倍数是目镜和物镜倍数的乘积。

③ 反光镜：分平面和凹面。大多数显微镜无反光镜，直接安装灯泡作为光源。

④ 聚光器：在载物台的下方，内装有光圈。

**2. 显微镜的使用方法**

（1）显微镜的取放　取放显微镜时，必须右手握镜臂，左手托镜座，靠在胸前，轻轻地将其放在实验台或显微镜箱内。

（2）先用低倍镜对光（避免光线直射），直至获得清晰、均匀、明亮的视野为止。如用自然光源（阳光），可用反射镜的平面；如用点状光源（灯光）可用反光镜的凹面。

（3）置组织切片于载物台上，将欲观察的组织切片中的组织块，对准通光孔的中央，用压夹压好。

（4）旋动粗调节器，使显微镜筒徐徐下降，将头偏于一侧，用眼睛注视显微镜的下降程度，防止压碎组织切片，当转换高倍镜时更要注意。

（5）观察切片时，身体要坐直，胸部挺直，用双眼向目镜观察，同时旋动粗调节器，物镜上升到一定程度，即可出现物像；再慢慢调节细调节器，直至物像清晰。

（6）油镜的使用　如果要观察细胞的结构，可转换用高倍镜观察。将观察的部位移至通光孔中央，在欲观察的切片上滴上香柏油，转换高倍镜与标本上的油滴接触，再轻轻转动细调节器，直到物像清晰为止。

（7）在调节光线时，可扩大或缩小光圈，也可调节聚光器的螺旋，使聚光器上升或下降；有的显微镜可直接调节灯光的强度来调节光线。

**3. 显微镜的保养方法**

（1）使用完显微镜后，取下组织切片，旋动转换器，使物镜呈八字形，转动粗调节器，使载物台下移，然后用绸布包好，放入显微镜箱内。

（2）若显微镜的目镜或物镜上落有灰尘时，要用擦镜纸擦净，不能用手抹或用口吹。

（3）严禁粗暴转动粗、细调节器，并保持该部的清洁。

（4）严禁将显微镜置于日光下或靠近热源处。

（5）严禁随意拆卸显微镜任何部件，以免损坏和丢失。

（6）不要随意弯曲显微镜的活动关节，防止机件因磨损而失灵。

（7）在显微镜的使用过程中，严禁用酒精或其他药品污染显微镜。一定将其保存在干燥处，不能受潮，否则会使机械部分生锈，光学部分发霉。

（8）用完油镜后，一定要立即用擦镜纸蘸取少量的二甲苯擦去镜头、标本的油滴，再用干的擦镜纸擦拭。

**【技能考核】**认识显微镜的主要构造，熟练使用显微镜。

## 二、主要组织的识别

**【目的要求】**掌握单层扁平上皮、单层柱状上皮、单层立方上皮、疏松结缔组织、骨骼肌、平滑肌、神经元的结构特点。

**【材料设备】**显微镜、单层扁平上皮、单层柱状上皮、单层立方上皮、疏松结缔组织铺片、骨骼肌、平滑肌、神经组织切片及相关的图。

**【方法步骤】**

1. **单层柱状上皮的观察**　先用低倍镜观察，找到比较典型的部位，再换高倍镜观察细胞的结构。细胞呈高柱状，核椭圆形，位于细胞的基底部，比较均匀地排列在同一水平线上。

2. **单层立方上皮的观察**　先用低倍镜观察，找到比较典型的部位，如肾集合管的纵切或横切，再用高倍镜。观察到呈立方形的细胞，核圆形，为于细胞的中央。

3. **单层扁平上皮**　先用低倍镜观察，找到典型的部位，再用高倍镜观察，从侧面看细胞呈梭形，正面看成不规则的多边形，细胞核呈卵圆形。

4. **疏松结缔组织的观察**　先用低倍镜，找到比较典型的部位，可见到交织成网的纤维，与许多散在分布与纤维之间的细胞，以及纤维与细胞间无定型的基质。再用高倍镜观察，可看见胶原纤维呈红色，粗细不等，呈索状或波浪状，数量多；还有细的弹性纤维。还可看到轮廓不清，具有突起的成纤维细胞、形态不固定的组织细胞；椭圆形、细胞质内有粗大颗粒的肥大细胞；细胞呈车轮状、偏于一侧的浆细胞。

5. **骨骼肌的观察**　用低倍镜观察呈圆柱状的骨骼肌细胞，换高倍镜，可看到在细胞膜的下方有许多卵圆形的细胞核，肌原纤维沿细胞的长轴排列，有清楚的横纹。

6. **神经元的观察**（示教） 可用脊髓的切片或运动神经元的切片，先用低倍镜，后用高倍镜，可清楚看到大而圆的核、清楚的核膜、核仁。细胞质内有细丝状的神经原纤维、尼氏小体。从细胞向四周发起突起，树突起，分支多。

7. **平滑肌的观察**（示教） 低倍镜下可看到红色的平滑肌纤维；高倍镜下可看到平滑肌纤维呈长梭形，两头尖，中央宽，有椭圆形的细胞核。

**【技能考核】**在显微镜下正确识别上述组织切片，并绘出结构图。

## 【复习思考题】

1. 简述细胞膜的构造和功能。
2. 宠物机体有几大组织组成？
3. 简述上皮组织的分类和形态特点、分布和功能。
4. 简述结缔组织的特点、分类、分布和功能。
5. 简述机体调节的种类和特点。
6. 绘制犬体表名称图。

# 第二章　犬解剖生理

## 第一节　运动系统

**【学习目标】** 了解犬运动系统的组成和机能；掌握骨的化学成分和物理特性；掌握犬全身主要骨、关节和肌肉的位置。具有在活体上识别犬全身主要骨、关节、肌肉和骨性、肌性标志的技能。

运动系统由骨、骨连结及肌肉组成。骨连结将全身骨相互连接成骨骼；肌肉附着于相邻的骨上，以骨连结为支点，收缩产生各种运动。运动系统构成了机体的支架和基本轮廓，执行着支持体重、保护内脏器官、产生运动等功能。

### 一、骨　骼

犬的每一块骨都是一个复杂的器官。骨由骨组织构成，坚韧而有弹性，有丰富的血管、神经及淋巴管，具有新陈代谢和生长发育的特点，并具有一定的再生能力。骨的基质中沉积有大量的钙盐和磷酸盐，是钙、磷贮存库，能参与体内钙、磷的代谢，调节钙、磷的平衡。

**(一) 骨**

**1. 骨的形态**　骨的形态多样，根据形状和功能可分为长骨、短骨、扁骨和不规则骨四类。

(1) 长骨　呈圆柱状，主要分布于四肢的游离部，起支持体重和形成运动杠杆的作用。长骨的两端膨大，称为骨骺；中部较细，称为骨干或骨体；骨干中的空腔为骨髓腔，容纳骨髓。

(2) 短骨　较短，呈不规则的立方形，主要分布在腕部、跗部及爪部，起支持和缓冲的作用。

(3) 扁骨　呈板状，主要分布于头部、胸腔周围及四肢的肩胛骨和髋骨，能保护脑等重要器官，增加肌肉的附着面。

(4) 不规则骨　形状不规则，主要分布在脊柱和头部，有利于相互连接牢固，起支架作用。

**2. 骨的构造**　骨由骨膜、骨质、骨髓、血管和神经等构成（图2-1）。

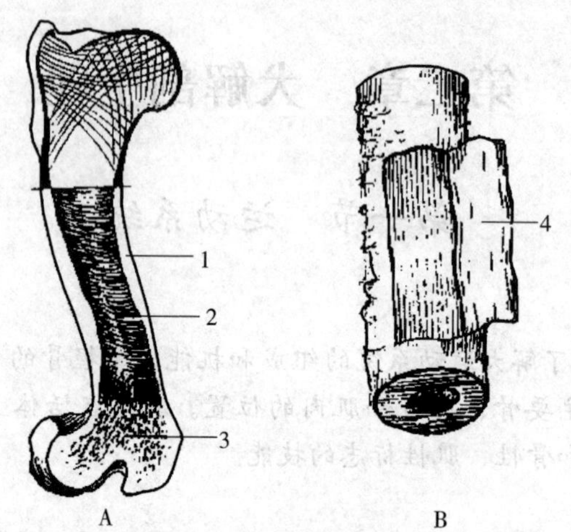


图2-1　骨的构造模式图

A. 臂骨纵切面　上端表示骨松质的结构　B. 长骨骨干示骨膜

1. 骨密质　2. 骨髓腔　3. 骨松质　4. 骨膜

（马仲华，家畜解剖学及组织胚胎学，第三版，2002）

（1）骨膜　由致密结缔组织构成，覆盖在除关节面以外的整个骨的表面，富有血管神经及成骨细胞。骨膜能为骨提供营养，参与骨的生长，当骨受伤时，能修补和再生骨质，促进骨骼的愈合。

（2）骨质　是构成骨的主要成分，分为骨密质和骨松质两种。骨密质由排列紧密的骨板构成，位于骨的表层，致密坚硬；骨松质呈海绵状，位于长骨骺和其他骨内。

（3）骨髓　位于长骨的骨髓腔和骨松质的间隙内。幼年犬为红骨髓，成年犬有红骨髓和黄骨髓两种。成年后的红骨髓主要分布在长骨两端及短骨、扁骨和不规则骨的骨松质内，体内的血细胞由红骨髓产生。

（4）血管和神经　骨的血液供应丰富，分布在骨膜上的小血管经骨表面的小孔进入并分布于骨密质；骨的神经分布丰富。

**3. 骨的化学成分及物理特性**　骨的坚韧与否，主要取决于骨中的有机质和无机质两种成分。有机质主要是骨胶原（蛋白质），它决定了骨的弹性和韧性；无机质主要是磷酸钙和碳酸钙，它决定了骨的坚固性。有机质和无机质的比例随年龄、营养及生活条件的不同而改变。幼年犬骨内有机质含量较多，骨柔软易变形；老年犬骨内则无机质含量多，骨硬而脆，易骨折。

### （二）骨连结

骨与骨之间借结缔组织、软骨或骨组织相连，称为骨连结。按机能和形式分为直接连结和间接连结。

1. **直接连结** 骨与骨之间借纤维结缔组织或软骨直接相连，其间无腔隙，活动能力差，主要起保护、支持作用，如颅骨间的连结。

2. **间接连结** 又称关节。骨与骨之间借助于韧带、关节囊等相连，运动灵活，如四肢的关节。

（1）关节的构造 由关节面、关节软骨、关节囊和关节腔构成，有的关节还有辅助结构（图 2-2）。

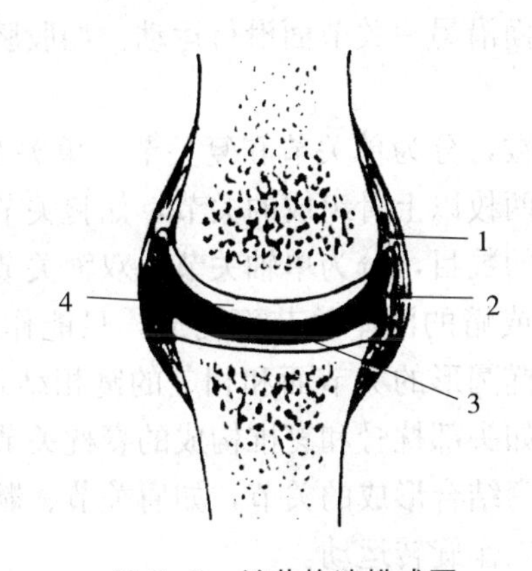


图 2-2 关节构造模式图

1. 关节囊纤维层 2. 关节囊滑膜层 3. 关节腔 4. 关节软骨

（马仲华，家畜解剖学及组织胚胎学，第三版，2002）

①关节面：是骨与骨相接触的面，致密而光滑，表面附有关节软骨，有利于活动时滑动。

②关节软骨：是附着在关节面上的一层透明软骨，光滑且具有弹性和韧性，可减少运动时的震动和摩擦。

③关节囊：是包在关节周围的结缔组织囊。外层为纤维层，厚而坚韧，有保护和连接作用；内层为滑膜层，紧贴于纤维层内面，薄而柔软，有丰富的血管，能分泌滑液。

④关节腔：是关节软骨与关节囊之间的密闭腔隙，内有少量滑液，有润滑关节、缓冲震动及营养关节的作用。

⑤关节的辅助结构：主要有韧带和关节盘。韧带是在关节囊外或内，连于相邻两骨间的致密结缔组织带，以加强关节的稳固性。关节盘是位于两关节面间的纤维软骨板，具有稳固关节、缓冲震动等作用，活动性大的关节内分布较多，如颞下颌关节、股胫关节、椎间盘等。有些犬易发生椎间盘突出疾病，造成犬的前、后肢机能障碍和排尿、排粪异常等现象，如腊肠犬、西施犬、北京

犬、小猎犬等。

(2) 关节的运动　与关节面的形状有密切关系。

①屈与伸：凡使形成关节的两骨接近，关节角变小的称屈；反之，关节角变大的称伸。

②内收与外展：凡向着正中矢状面方向的运动称为内收；相反，使骨远离正中矢状面的运动称为外展。

③旋转：环绕垂直轴转动角度的运动为旋转。

④滑动：一个关节面沿另一关节面滑行运动，如股膝关节。

(3) 关节的类型

①按构成关节的骨数，分为单关节和复关节。单关节由相邻两块骨构成，如肩关节；复关节指由两枚以上骨组成的关节，如腕关节。

②根据关节运动轴的数目，分为单轴关节、双轴关节和多轴关节三类。单轴关节一般由中间有沟或嵴的滑车关节面构成，只能作屈和伸运动，如肘关节；双轴关节由凸并呈椭圆形的关节面和相应的窝相结合形成的关节，除屈、伸外，还可沿轴摆动，如头部枕骨和寰椎构成的寰枕关节；多轴关节由半球形的关节头和相应的关节窝结合形成的关节，如肩关节、髋关节，除屈、伸、内收、外展运动外，还可以作旋转运动。

## (三) 全身骨骼组成

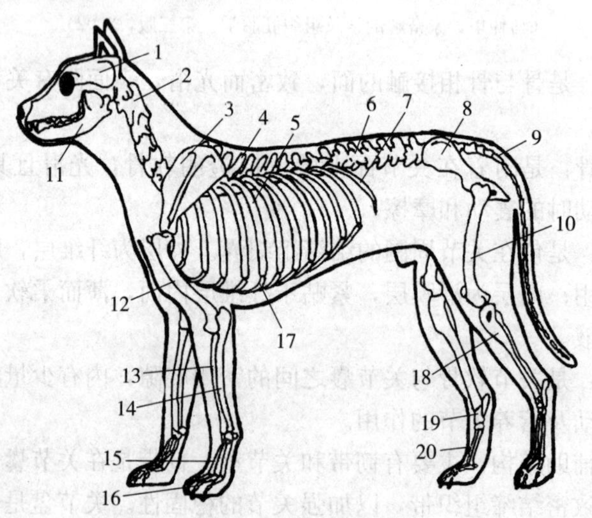


图2-3　犬全身骨骼

1. 颅骨　2. 第二颈椎　3. 肩胛骨　4. 胸椎　5. 肋骨　6. 腰椎　7. 浮肋　8. 髋骨　9. 尾椎　10. 股骨　11. 下颌骨　12. 臂骨　13. 桡骨　14. 尺骨　15. 掌骨　16. 指骨　17. 肋软骨　18. 胫骨　19. 跗骨　20. 跖骨

犬的全身骨骼，按其所在的部位可分为头部骨骼、躯干骨骼、前肢骨骼、后肢骨骼（图 2-3）和内脏骨（如阴茎骨）。

**1. 头部骨骼**

（1）头骨的组成　头骨多为扁骨和不规则骨，分为颅骨和面骨两部分（图 2-4）。

①颅骨：位于头部后上方，围成颅腔并形成位、听感觉器官的支架。主要由额骨、顶骨、颞骨、枕骨等组成。随着年龄的增长骨与骨之间发生愈合。

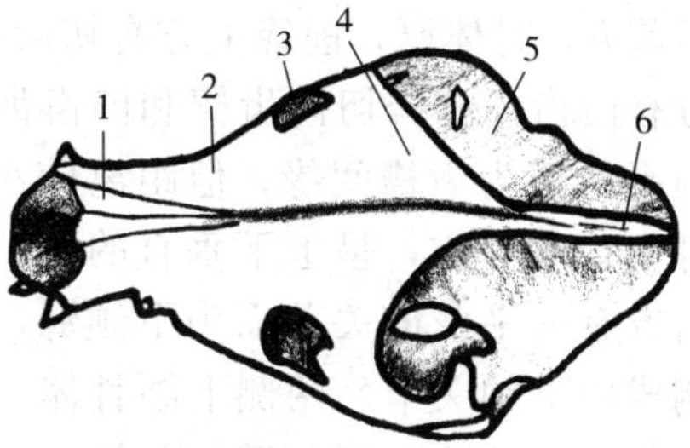

额骨：发达，构成颅腔的顶壁。前下方向两侧伸出眶上突，形成眼眶的上界。

顶骨：犬的顶骨较发达，位于额骨的后方，凹于额骨，构成颅腔后部的顶壁和侧壁。

图 2-4　犬头骨

1. 鼻骨　2. 上颌骨　3. 眼眶　4. 额骨　5. 顶骨　6. 顶间骨

颞骨：位于头骨的后外侧，形成颅腔侧壁。向外前方伸出的突起和颧骨向后伸出的突起连成颧弓。其腹侧有一光滑的横行关节面为颞髁，与下颌骨成关节。后方构成位听、感觉器官的支架。

枕骨：犬的枕骨较小，构成颅腔的后底壁，后方中部有枕骨大孔与椎管相通，孔的两侧有卵圆形的关节面为枕髁，与寰椎关节窝构成寰枕关节。寰枕关节是头部活动性较大的关节，可作抬头、低头、侧转运动。

②面骨：构成颜面的基础，形成口腔、鼻腔、眼眶的支架。主要由上颌骨、鼻骨、鼻甲骨、泪骨、颧骨和下颌骨等组成（图 2-5）。

上颌骨：较发达，构成鼻腔侧壁、底壁和口腔顶壁，其前端为颌前骨，腹外侧缘有臼齿齿槽，与第 4、5 臼齿相对的外上方有一粗糙隆起为面结节，面结节前下方有眶下孔，为面部神经的通道。

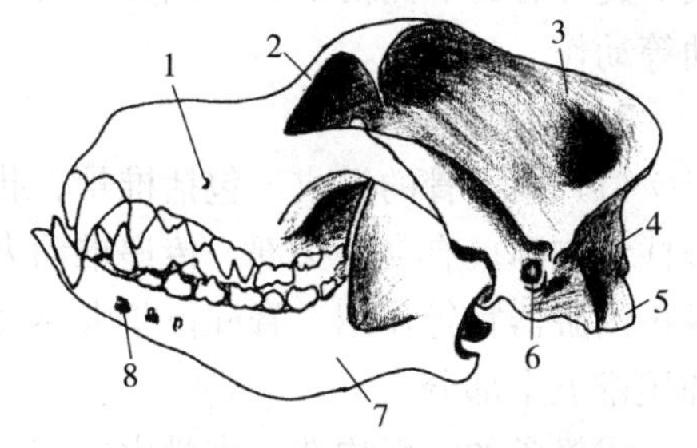

图 2-5　头侧面观

1. 眶下孔　2. 眼眶　3. 顶骨　4. 枕骨　5. 枕骨髁　6. 耳窝　7. 下颌骨　8. 颏孔

颌前骨：位于上颌骨前方，骨薄而扁平，前方中部有一裂缝为切齿裂。犬的切齿裂较小。

鼻骨：位于上颌骨的上方，是一成对骨，构成鼻腔的顶壁。

鼻甲骨：附于固有鼻腔侧壁上的两对卷曲的薄骨片，形成鼻腔黏膜的支架。

下颌骨：是面骨中最大的一块骨，分为下颌骨体和下颌骨支两部分。下颌骨体位于前方，骨体厚，前缘上方有切齿齿槽，后方有臼齿齿槽，切齿齿槽和臼齿齿槽之间的平滑区为齿槽间缘，但距离较小。下颌骨支位于后方，呈上下垂直的板状，上部后方有一平滑的关节面为下颌髁，与颞髁构成颞下颌关节。两侧下颌骨体及下颌骨支间的空隙为下颌间隙。下颌骨体与下颌骨支交界的腹侧略凹的部位为下颌骨血管切迹，供颌外动静脉通过。下颌骨前端外侧有三个孔，由前向后分别是颏前孔、颏中孔、颏后孔，是下颌神经的通道（图2-6）。

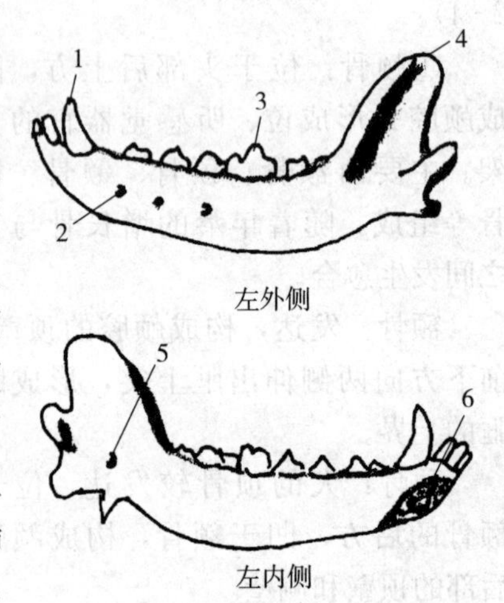


图2-6　下颌骨

1. 犬齿　2. 颏孔　3. 第一后臼齿　4. 下颌骨支　5. 下颌孔　6. 下颌联合

（2）鼻旁窦（副鼻窦）　是头骨中内外两层骨板间形成的腔洞，它可直接或间接与鼻腔相通，故统称为鼻旁窦。主要有额窦、上颌窦等。因鼻黏膜与鼻旁窦内的黏膜相延续，当鼻黏膜发炎时，可蔓延引起鼻旁窦炎。

（3）头骨的连结　头骨除颞骨和下颌骨构成颞下颌关节外，其余均为直接连结。颞下颌关节由颞髁和下颌髁构成，两关节面间垫有软骨垫（关节盘），关节囊外有关节侧韧带。下颌关节的活动性较大，主要进行开闭口腔和左右活动等动作。

2. 躯干骨骼

（1）躯干骨的组成　包括椎骨、肋和胸骨，借软骨、关节、韧带连结形成脊柱和胸廓，有支持头部，传递推动力，形成胸腔、腹腔的骨性支架，容纳和保护内脏器官等作用。脊柱位于犬体背侧正中，分为颈椎、胸椎、腰椎、荐椎和尾椎五个部分。

①椎骨的一般构造：椎骨由椎体、椎弓和突起三部分构成（图2-7）。

椎体：呈短柱状，位于椎骨腹侧，前凸为椎头，后凹为椎窝。

椎弓：是位于椎体背侧的拱形骨板。椎弓和椎体围成椎孔，所有椎骨的椎

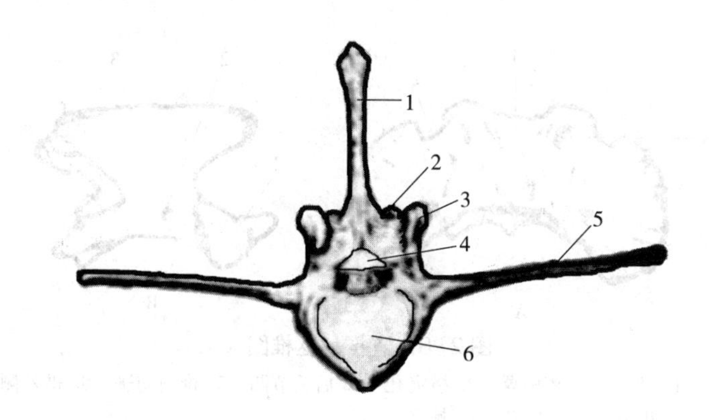


图2-7　椎骨的一般构造
1. 棘突　2. 后关节突　3. 前关节突
4. 椎孔　5. 横突　6. 椎头

孔相连形成椎管，内容纳脊髓。椎弓基部的前、后缘两侧各有一椎骨切迹，与相邻椎骨的椎切迹形成椎间孔，供脊神经和血管通过。

突起：由椎弓伸出，一般有棘突、横突和关节突三种。棘突是由椎弓背侧向上伸出的单支突起；横突是由椎弓、椎体交界处向两侧伸出的平行突起；关节突有前、后两对，分别位于椎弓背部前、后缘的两侧。如胸椎前关节突的关节面向前上方，后关节突的关节面向后下方，与相邻椎骨的关节突构成关节。

②脊柱各部椎骨的形态结构特征：

颈椎：犬共7枚。第1颈椎呈环状，故又称寰椎（图2-8 A），在构造和机能上均属非典型椎骨，由背侧弓和腹侧弓及其二者结合后向外突出的两个侧块构成。前端有成对的关节窝，与枕髁形成关节，后端有与第2颈椎成关节的鞍状关节面。板状的横突由侧块向外突出，称为寰椎翼，其外侧缘可在体表摸到。在背侧弓上可见与其他椎骨相一致的椎外侧孔和横突孔。第2颈椎又称枢椎（图2-8 B），其突出的特点是椎体前部突出形成齿突，齿突的腹侧为关节面，与寰椎的鞍状关节面相对，背侧和顶尖粗糙，供韧带附着。枢椎的椎体后部保留颈椎的一般特征。第3～6颈椎形态结构基本相似，越靠近胸椎其椎骨变的越短，椎体的两端较其他的椎骨更加弯曲倾斜。椎体的腹侧有明显的腹嵴。椎弓厚而广，棘突不发达，横突发达，分为背腹两支，其基部有横突孔。第7颈椎棘突最高，无横突孔，有一对后肋窝，与第1胸椎基本相似。

胸椎：有13枚。其特点是棘突高，第10胸椎之前，棘突向后倾斜，其高度和方向都变化不明显。自第11胸椎至第13胸椎棘突，则变矮并向前倾斜，

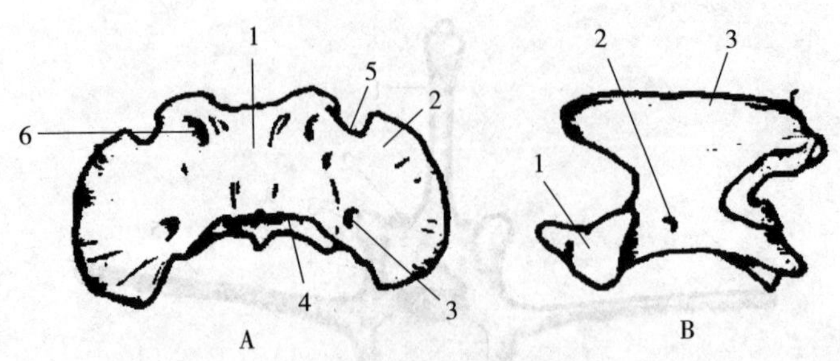


图2-8 寰椎、枢椎图

A. 寰椎 1. 椎弓 2. 寰椎翼 3. 横突孔 4. 后关节凹 5. 椎前切迹 6. 椎外侧孔
B. 枢椎 1. 齿突 2. 横突孔 3. 棘突

逐渐与腰椎的棘突相一致。横突短，钝而不规则，每个横突都有与肋骨结节成关节的横突肋窝。胸椎的椎体较短，前、后两侧有一个肋小窝（最后胸椎后侧无），相邻的两个肋小窝与肋骨的肋头成关节。

腰椎：有7枚。其特点是棘突短；横突长，并向腹外侧前方突出，是构成腹腔后部顶壁的骨质基础；腰椎椎体比胸椎长，每个腰椎的前关节突形成一凹窝，后关节突插入相邻的前关节突之间形成关节，第一腰椎的前关节突与第13胸椎的关节后突相吻合。椎弓前侧面与椎骨后侧面都有一凹窝，当椎骨连接后留有孔隙，供血管神经分支通过。

荐椎：共3枚，愈合成荐骨（图2-9），位于两髂骨之间。第1荐椎椎体最大，其腹侧部有一横嵴，称为荐骨嵴，与髂骨构成骨盆入口的背侧界。荐骨背侧的特点是3个棘突愈合形成了荐正中嵴；有供荐神经背侧支通过的两对荐背侧孔。骨盆面有两对荐腹侧孔，供第1、2荐神经的腹侧支通过。荐骨翼外侧膨大的粗糙面，称为耳状面，它与髂骨形成坚固的荐髂关节。

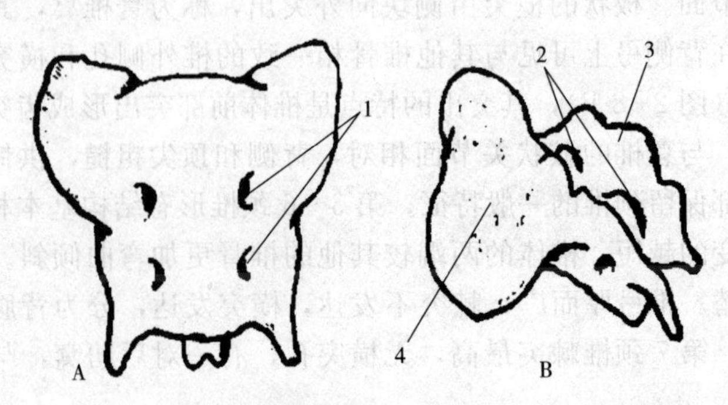


图2-9 荐 椎

A. 荐椎腹侧面 B. 荐椎侧面
1. 腹侧孔 2. 背侧孔 3. 棘突 4. 耳状面

尾椎：一般16～20块。前几个尾椎仍保留椎骨的一般特征，向后逐渐退化，并越来越小。

③肋：为左右成对的弓形长骨，其对数与胸椎数相同，连于胸椎和胸骨间，构成胸廓侧壁。每根肋包括肋骨和肋软骨。上端为肋骨，与胸椎成关节；下端为肋软骨与胸骨成关节。

肋骨的椎骨端为肋头，与两个相邻椎骨的肋小窝和介于之间的纤维软骨成关节，但第1对肋骨的肋头与第7颈椎和第1胸椎之间构成关节。肋结节位于肋头的后上方，与相应胸椎横突的肋小窝成关节。肋头和肋结节之间的缩细部分为肋颈。在肋体后缘内侧有供血管和神经通过的肋沟。

犬的肋骨都为13对。前9对肋的肋软骨直接与胸骨相连，称为真肋；10、11、12肋的肋软骨借结缔组织顺次连接，构成肋弓，这种肋称为假肋。最后1对肋骨的肋软骨不与前一根肋软骨相连，末端常呈游离状态称为浮肋（图2-10）。相邻二肋之间的空隙称为肋间隙。

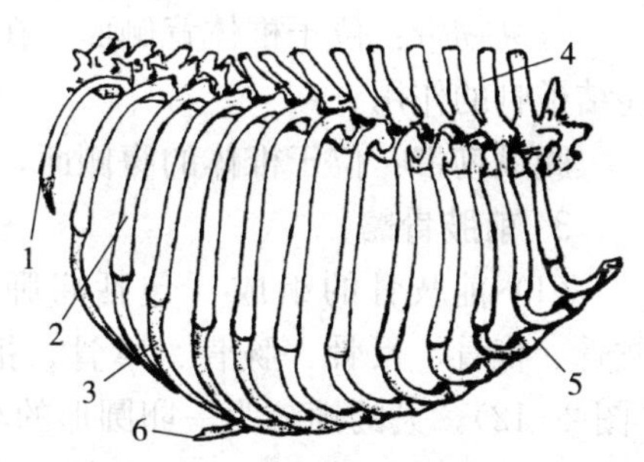

图2-10　肋　骨

1. 浮肋　2. 肋骨　3. 肋软骨
4. 棘突　5. 胸骨　6. 剑突软骨

④胸骨：位于胸廓底壁的正中，逐渐向后下倾斜，由不成对的8块（少数为9块）骨节组成，被胸骨节间软骨联成一个整体。第1胸骨节的前端扩大称为胸骨柄。最后胸骨节背腹扁平，称为剑状突。剑状突后端延接的薄软骨板，即剑突软骨（图2-11）。

（2）胸廓　犬的胸廓由胸椎、成对的肋和胸骨共同构成，形成胸腔和腹腔前部的支架，呈前小后大的截顶锥形。胸前口呈上宽下窄的椭圆形，由第一胸椎、第一对肋及胸骨柄围成；胸后口大，向前下倾斜，由最后一块胸椎、最后一对肋弓及剑突软骨围成。胸廓前部狭而坚固，以保护心、肺并连接前肢；后部宽大，具有较大的活动性，以适应呼吸运动。

（3）躯干骨的连结　包括脊柱连结、胸廓关节和脊柱总韧带。

①脊柱连结：可分为椎体间连结和椎弓间连结。椎体间连结是相邻椎骨的椎体间借椎间盘相连，活动性较小。椎弓间连结是相邻椎骨的前后

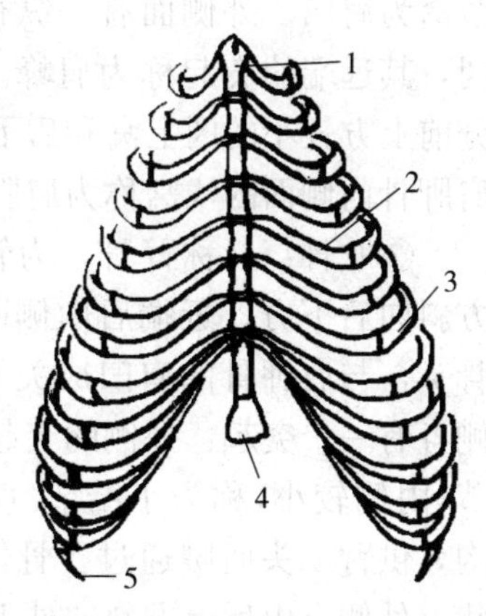

图2-11　胸　骨

1. 胸骨柄　2. 肋软骨
3. 肋骨　4. 剑突软骨　5. 浮肋

关节突间形成的滑动关节。

②胸廓关节：可分为肋椎关节和肋胸关节。肋椎关节是肋上端与胸椎椎体和横突连结成的关节。肋胸关节是真肋的肋软骨与胸骨两侧的肋窝间构成的关节。

③脊柱总韧带：是分布在脊柱上起连结加固作用的辅助结构，除椎骨间短的韧带外还有以下三条贯穿脊柱的长韧带。

棘上韧带：位于棘突顶端，由枕骨伸至荐骨。棘上韧带在颈部变得较发达，沿着颈背部的形态行走，与位于其腹侧部的颈椎保持一定的距离，称为项韧带。项韧带由弹件组织构成，具有很强的弹性。棘上韧带和项韧带的主要作用是连结和固定椎骨，协助头颈部肌肉支持头颈。

背纵韧带：位于椎体背侧面，在椎管的底壁上，起于枢椎，止于荐骨。起连结椎骨的作用。

腹纵韧带：位于椎体的腹侧面，起于后部胸椎腹侧面至荐骨。

**3. 前肢骨骼**

(1) 前肢骨的组成　包括肩胛骨、锁骨、肱骨、桡骨、尺骨、腕骨、掌骨、指骨和籽骨(图 2-12)。犬的锁骨为一卵圆形的小骨板，位于肩关节前方，臂头肌内，成年犬常软骨化或退化。桡骨和尺骨常合称前臂骨。

①肩胛骨：为三角形扁骨，位于胸廓两侧的前上部，由后上方斜向前下方。近端有一狭长的肩胛软骨与肩胛骨相连，远端有一浅的关节窝为肩臼。外侧面有一纵行的嵴，称为肩胛冈，其远端的突起称为肩峰。肩胛冈将肩胛骨分前上方较小的冈上窝和后下方较大的冈下窝。肩胛骨内侧面的浅窝称为肩胛下窝。

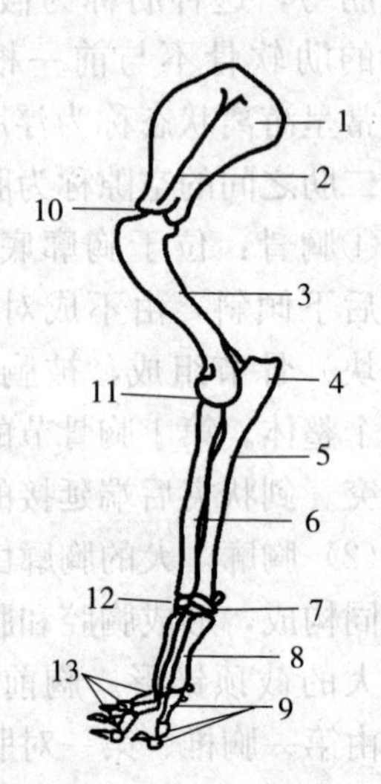

图 2-12　前肢外侧图

1. 肩胛骨　2. 肩胛冈　3. 肱骨　4. 肘突　5. 尺骨　6. 桡骨　7. 腕骨　8. 掌骨　9. 指骨　10. 肩关节　11. 肘关节　12. 腕关节　13. 指关节

②肱骨：又称臂骨，为管状长骨，由前上方斜向后下方。近端后内侧圆而光滑，称为肱骨头，与肩胛骨的肩臼成关节。近端前方内外侧各有一个突起：外侧的突起高而大，称为大结节；内侧较小，称为小结节。两结节间是结节间沟，供臂二头肌腱通过。骨体略呈扭曲的圆柱状，外侧有由后上方斜向外下方呈螺旋状的臂肌沟，供臂肌附着。肌沟的外上方有稍隆凸的三角肌粗隆，内侧中部有卵圆形粗糙面，称为大圆肌粗隆。远端前方内、外侧有 2 个滑车状关节面，分别称为内、外侧髁，与桡骨成关节。两

髁的后面形成宽深的鹰嘴窝，当肘关节伸展时容纳尺骨的肘突（图2-13）。

③前臂骨：包括桡骨和尺骨，成年后两骨彼此愈合。在近端，尺骨位于桡骨的后方；在远端，尺骨位于桡骨的外侧（图 2-14）。

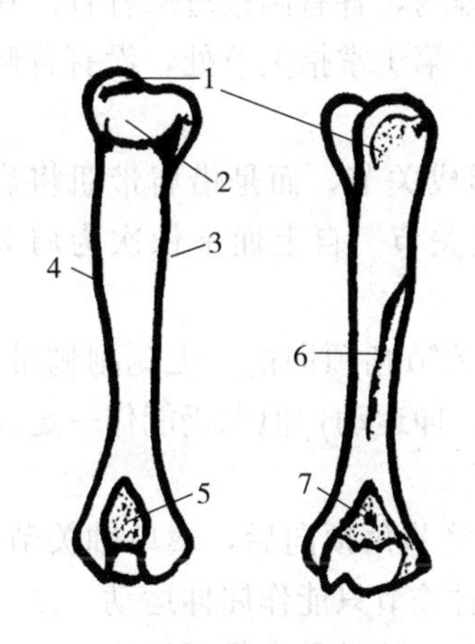


图2-13　肱　骨

1. 大结节　2. 肱骨头
3. 大圆肌粗隆　4. 三角肌粗隆
5. 鹰嘴窝　6. 臂肌沟　7. 髁上窝

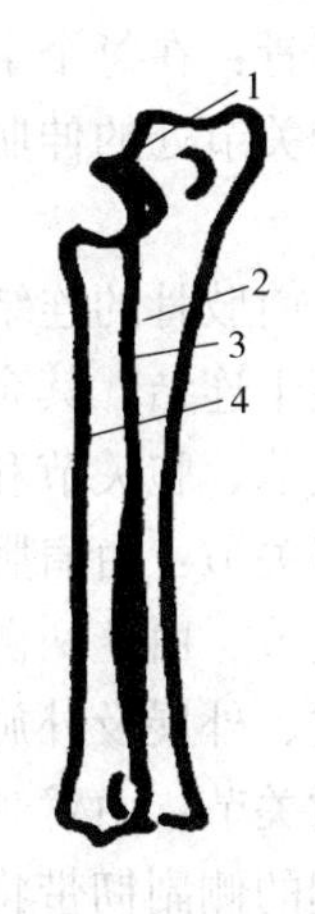


图2-14　前臂骨

1. 鹰嘴　2. 尺骨
3. 桡尺联合　4. 桡骨

桡骨：位于前内侧，比尺骨短，大而粗。近端有对应肱骨的关节面，远端有对腕骨的关节面。桡骨体前后压扁，前面稍隆起较平滑，后面凹陷较粗糙。

尺骨：位于后外侧，比桡骨长，由近端至远端逐渐变细。近端粗大，呈明显的钩状，称为鹰嘴，其下方有与桡骨成关节的关节面。远端尖细，有与桡骨远端相对的关节面，并有与尺腕骨成关节的茎突。

④腕骨：共 7 枚，排成 2 列。近列有 3 枚，即中间桡腕骨、尺侧腕骨和副腕骨；远列 4 枚，由内向外依次为第 1、2、3、4 腕骨（图 2-15）。

⑤掌骨：共 5 枚，由内向外依次为第 1、2、3、4、5 掌骨。其中，第一掌骨最短，第三、四掌骨最长（图 2-15）。

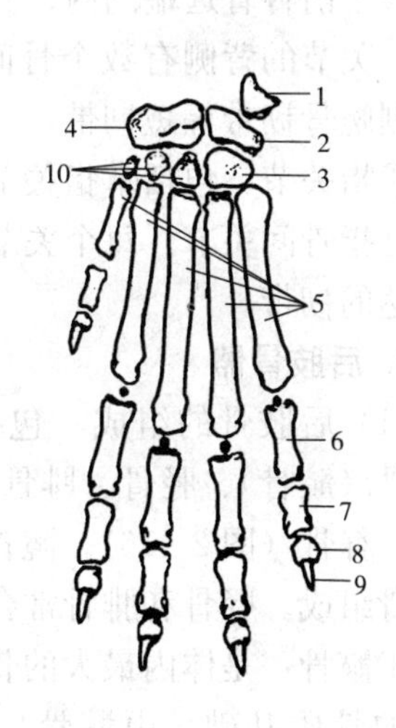


图2-15　左前脚部骨（背面观）

1. 副腕骨　2. 尺腕骨　3. 第四腕骨
4. 中间桡腕骨　5. 掌骨　6. 第一指节骨
7. 第二指节骨　8. 第三指节骨　9. 爪突
10. 第一、二、三腕骨

⑥指骨：犬有5个指，除第1指仅有2个指节骨外，其余均有3个指节骨。第1指指节骨最短，在行走时并不着地。第3指节骨的形态特殊，呈钩爪状，故又称爪骨（图2-15)。

⑦籽骨：在每个掌指关节的掌侧面的骨间肌腱内，各有两枚近侧籽骨。在越过掌指关节处的伸肌腱内，各有一枚背侧籽骨。第1掌指关节处，没有背侧籽骨。

(2) 前肢骨的连结　前肢骨与躯干之间不形成关节，而是借肩带肌将肩胛骨与躯干连结，其余的前肢各关节之间均形成关节。自上而下依次为肩关节、肘关节、腕关节和指关节。

①肩关节：由肩胛骨的肩臼和肱骨头构成，关节角顶向前，无侧副韧带，为多轴关节。由于两侧肌肉的限制，主要进行屈、伸运动，但犬仍能作一定程度的内收、外展及外旋运动。

②肘关节：由臂骨远端与前臂骨近端构成，关节角顶向后，属单轴关节。由于两侧的侧副韧带将关节牢固连结与限制，故肘关节只能作屈伸运动。

③腕关节：为单轴复关节，由桡骨和尺骨远端、腕骨及掌骨近端构成，关节角顶向前，有桡腕关节、尺碗关节、腕间关节、腕掌关节。桡腕关节和腕间关节共有一个关节腔。由于能够进行旋内或旋外运动，因此不发达的内、外侧韧带起于前臂骨远端的内、外侧，下部均分浅、深两层，止于掌骨近端的内、外侧。关节的背侧有数个骨间韧带，以连结相邻各骨。掌侧面也有掌侧深韧带、副腕骨韧带等短韧带。

④指关节：包括掌指关节、近指骨间关节和远指骨间关节。每个关节均有关节囊和不发达的韧带。

**4. 后肢骨骼**

(1) 后肢骨的组成　包括髋骨、股骨、膝盖骨（髌骨）、胫骨、腓骨、跗骨、跖骨、趾骨、籽骨（图2-16)。髋骨由髂骨、坐骨和耻骨组成。胫骨和腓骨常合称小腿骨。

①髋骨：是体内最大的骨，构成骨盆和臀部的骨质基础，由髂骨、耻骨和坐骨组成。髂骨位于外上方，耻骨位于前下方，坐骨位于后下方。

髂骨：由前部的髂骨翼和后部的髂骨体构成。髂骨翼呈不规则的三角形，其背外侧

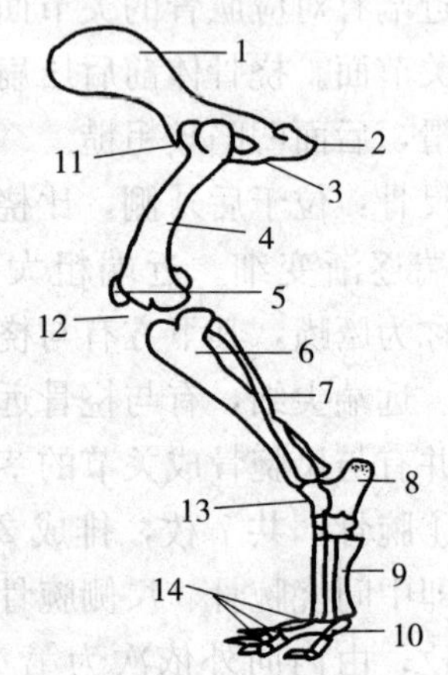


图2-16　后肢外侧图

1. 髂骨　2. 坐骨　3. 耻骨　4. 股骨　5. 膑骨　6. 胫骨　7. 腓骨　8. 跟骨　9. 跖骨　10. 趾骨　11. 髋关节　12. 膝关节　13. 跗关节　14. 趾关节

面为臀肌面，腹侧面为骨盆面。骨盆面平坦，是背最长肌和腰肌的起点，其上方有一粗糙的耳状关节面，与荐骨的耳状关节面成关节。翼的前外侧角为髋结节，内侧角为荐结节。髂骨体呈三棱柱形，其后下方与耻骨和坐骨共同形成髋臼。

耻骨：耻骨较小，形成骨盆底壁的前部，并参与构成髋臼。两侧耻骨在正中相结合，构成骨盆联合的前部。

坐骨：为不规则的四边形扁骨，在耻骨的后方，形成骨盆底壁后部，前外侧参与构成髋臼。其内侧缘与对侧的坐骨在正中相接，构成骨盆联合的后部。后外侧角粗大称为坐骨结节，左右坐骨后缘形成窄深的坐骨弓。

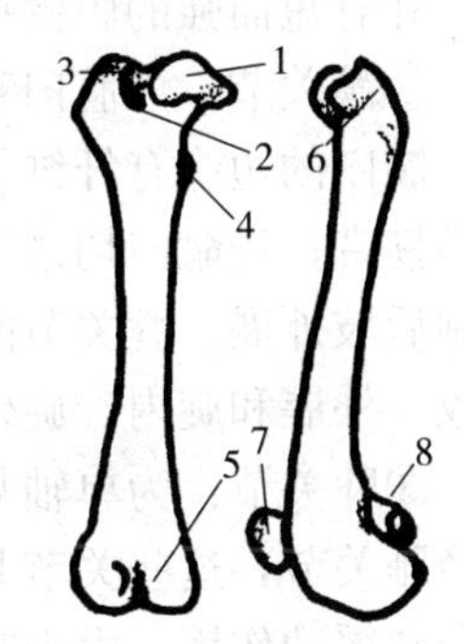

图 2-17　股　骨

1. 股骨头　2. 转子窝
3、6. 大转子　4. 小转子
5. 髁间窝　7. 膑骨
8. 髁上粗面

②股骨：为全身最大的长骨，由后上方斜向前下方。近端内侧有球形的股骨头，其中央有呈圆形的头凹，供圆韧带附着；外侧粗大的突起称为大转子。在骨体的近端内侧，有不明显的小转子。远端粗大，前方形成滑车关节面，与髌骨形成关节；后为内、外侧髁，与胫骨形成关节（图 2-17）。

③膝盖骨（髌骨）：略呈狭长的三角形，背侧粗糙，内侧有光滑的关节面与股骨远端的滑车关节面成关节。

④小腿骨：小腿骨由前上方斜向后下方，包括内、外侧并行排列的胫骨和腓骨。

胫骨：近端粗大，内、外侧分别有 2 个关节隆起，称为内侧髁和外侧髁，每一髁均有鞍状关节面，与相应的股骨髁及半月板形成关节。骨体近端呈三角形，背侧缘上 1/3 处有三角形隆起，称为胫骨粗隆，向内下方延续为胫骨嵴，可作为活体的骨性标志。胫骨粗隆远端与跗骨成关节。

腓骨：位于胫骨后外侧。细长，两端膨大。在中上部与胫骨间形成骨间隙。

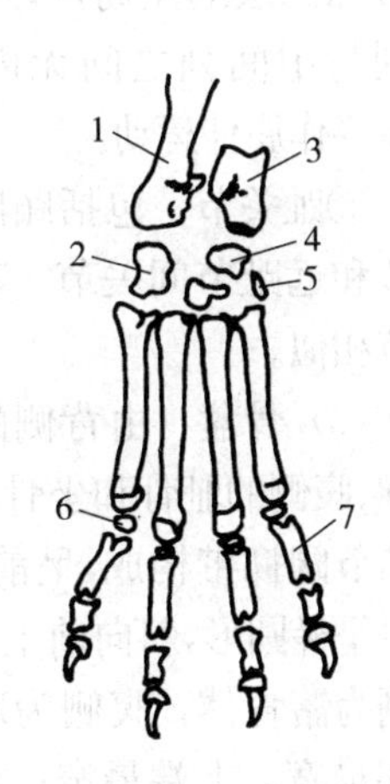

图 2-18　右后脚骨

1. 跟骨　2. 第四跗骨　3. 距骨
4. 中央跗骨　5. 第一跗骨
6. 背侧籽骨　7. 近趾节骨

⑤跗骨：共 7 枚，排成 3 列。近列 2 枚，即内侧的距骨（胫跗骨）和外侧的跟骨（腓跗骨），跟骨近端粗大为跟结节。中间列 1 枚，称为中央跗骨。远侧由内向外依次为第一、二、三、四跗骨（图 2-18）。

⑥跖骨：共5枚，第一跖骨很小，有的品种缺，其余4枚跖骨的形态与掌骨相似。

⑦趾骨和籽骨：犬无第一趾。其余4个趾及其籽骨的数目和形状与前肢相似。

（2）后肢骨的连结　后肢关节自上而下依次为荐髂关节、髋关节、膝关节、跗关节和趾关节。

①荐髂关节：由荐骨翼与髂骨的耳状面构成。关节面不平整，周围有关节囊，并有短而强的腹侧韧带加固，故关节几乎不活动。

②髋关节：为髋臼和股骨头构成的多轴关节。关节囊松大，外侧厚，内侧薄。髋臼的边缘有纤维软骨环形成的关节唇，起加固作用。在髋臼切迹处有髋臼横韧带；经髋臼切迹至股骨头凹间有短大的股骨头韧带（又称圆韧带），可限制后肢外展。髋关节能进行多向运动，但主要是屈伸运动，并可伴有轻微的内收、外展和旋内、旋外运动。

③膝关节：为单轴复关节，关节角顶向前。包括股胫关节和股髌关节及近端胫腓关节，这些关节共同具有一个关节囊。在股胫关节中有半月板，主要起吻合和缓冲作用。由于有内、外侧副韧带、直韧带和交叉韧带的限制，膝关节主要作屈伸运动。

④跗关节：由小腿骨远端、跗骨和跖骨近端形成的单轴复关节，包括小腿跗关节，跗骨间近、远关节和跗跖关节。其中小腿跗关节活动范围大，其余关节均连接紧密，仅可微动以起缓冲作用。跗关节的外侧副韧带均分为浅层的长韧带和深层的短韧带，附着于小腿骨远端和跖骨近端的内、外侧，但在跗骨的近列与中间列之间无内侧副韧带。跗关节主要作屈伸运动。

⑤趾关节：包括跖趾关节、近趾节间关节和远趾节间关节。其构造与前肢的指关节相似。

（3）骨盆　由背侧的荐骨和前位数个尾椎、腹侧的耻骨和坐骨以及侧面的髂骨和荐结节阔韧带构成，呈前宽后窄的椎形。其入口呈椭圆形，斜向前上方，背侧为荐骨岬，两侧为髂骨体，腹侧为耻骨，骨盆前口的中部最宽，上端最窄；出口较小，背侧为第一尾椎，腹侧为坐骨弓，两侧为荐结节阔韧带的后缘。骨盆后口的活动性比较强，当提举尾椎时，后口可以变大（图2-19）。

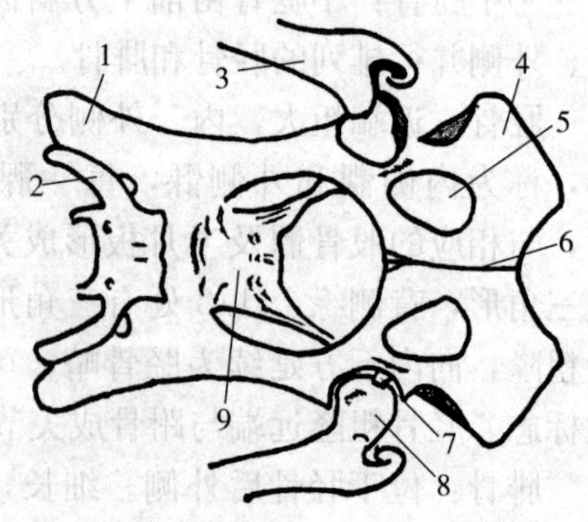


图2-19　髋骨腹侧观

1. 髋骨　2. 第六腰椎　3. 股骨　4. 坐骨　5. 闭孔　6. 耻骨　7. 圆韧带　8. 股骨头　9. 荐椎

## 二、肌　　肉

### （一）概述

**1. 肌肉的构造**　构成运动系统的每一块肌肉，都是一个复杂的器官，它们均由肌腹和肌腱构成。

（1）肌腹　是肌肉具有收缩能力的部分，由横纹肌（骨骼肌）纤维借助于结缔组织结合一起而构成。肌纤维属于肌肉的实质部分，结缔组织为间质部分。肌纤维被结缔组织包裹成小肌束，再集合成大的肌束，然后集合成肌肉块。包在肌束外的结缔组织称为肌束膜，包在肌纤维外的称为肌内膜，包于肌肉块外的结缔组织称为肌外膜。在肌肉间质内有丰富的血管、神经、脂肪，对肌肉起连接、保护、支持和营养等作用，对肌肉的代谢和机能调节有重要意义。由于脂肪组织在肌膜内蓄积，使肌肉横断面上呈大理石状花纹。

（2）肌腱　由致密结缔组织构成，位于肌腹的两端，它借肌内膜连接在肌纤维的端部或肌腹中，有的位于中间或某一部位。坚固而有韧性，有很强的抗拉力性，但无收缩能力。肌肉的收缩靠肌腹的肌纤维的作用完成。纺锤形或长肌的肌腱多呈圆索状，躯干部肌多呈薄板状。

**2. 肌肉的形态**　根据肌肉功能和分布位置不同呈现不同的形态。主要有阔肌、板状肌、长肌或带状肌、短肌、纺锤形肌、环形肌几种（图 2-20）。

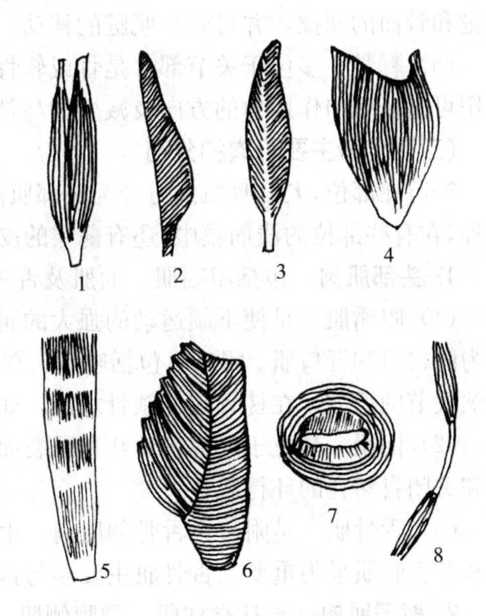

图 2-20　肌肉形态

1. 纺锤肌　2. 半羽状肌　3. 羽状肌　4. 阔肌　5. 带状肌　6. 薄肌　7. 环形肌　8. 二腹肌

**3. 肌肉的起止点**　每块肌肉一般都附着在两块或两块以上的骨骼上，跨越一个或两个以上关节，肌肉大多附着于骨、软骨、筋膜、韧带或皮肤上。如皮肌的两端附着于皮肤上。肌肉收缩时，不动的一端为起点，活动的一端为止点，但当运动状态改变时或活动量增大时，起止点也相应地产生改变。

**4. 肌肉的种类及命名**　肌肉一般按其作用、形态、位置、结构、起止点及肌纤维方向等特征命名。有的以单一特征命名，如按起止点命名的臂头肌、胸头肌；有的以几个特征综合命名，如腕桡侧伸肌，腹外斜肌等。肌肉按其收缩时对关节的作用分为伸肌、屈肌、内收肌、外展肌、旋肌等几种。

**5. 肌肉的辅助结构** 包括筋膜、黏液囊、腱鞘、滑车和籽骨等。

（1）筋膜 为被覆于肌肉表面的结缔组织膜，分为浅筋膜和深筋膜。浅筋膜位于皮下，由疏松结缔组织构成，覆盖在肌肉的表面。浅筋膜内有血管、神经、脂肪或皮肌分布，它有着联系深部组织，储存营养，保护及参与体温调节等作用。深筋膜由致密结缔组织构成，位于浅筋膜深面，包裹在肌群的表面，并伸入肌肉之间。

（2）黏液囊 是密闭的结缔组织囊，囊壁薄，内衬滑膜，囊内有少量黏液。黏液囊位于肌腱、韧带、皮肤与骨突起之间，分别称为肌下、腱下、韧带下和皮下黏液囊。关节附近的黏液囊常与关节腔相通，称为滑膜囊。

（3）腱鞘 呈长筒状，有内外两层，外层为纤维层，厚而坚固，是由深筋膜增厚而形成的纤维管道；内层为滑膜层，分壁层和脏层，壁层紧贴在纤维层的内面，脏层紧包在腱上，由壁层折转而来，壁层、脏层之间有少量的滑液，可减少腱活动时的摩擦。

（4）滑车 是关节处骨骼上附有软骨呈滑车状骨沟，供肌腱通过，可减少肌腱和骨面的摩擦，并可防止肌腱的移动。

（5）籽骨 多位于关节部，是骨或软骨，小，与指（趾骨）形成关节，其作用可改变肌肉作用力的方向及减少腱与骨或关节之间的摩擦。

### （二）全身主要肌肉的分布

按所在部位，犬全身肌肉可分为头部肌肉、躯干肌肉、前肢肌肉和后肢肌肉。此外，在有些部位的浅筋膜中，还有薄层的皮肌，如躯干皮肌、颈皮肌和面皮肌。

**1. 头部肌肉** 包括咀嚼肌、面肌及舌骨肌。

（1）咀嚼肌 是使下颌运动的强大的肌肉，均起于颅骨，止于下颌骨，可分为闭口肌和开口肌。闭口肌包括咬肌、翼肌和颞肌。开口肌不发达，位于颞下颌关节的后方，在枕骨和下颌骨之间，如二腹肌。

（2）面肌 是位于口腔、鼻孔和眼裂周围的肌肉，可分为开张自然孔的张肌和关闭自然孔的环行肌。

（3）舌骨肌 是附着于舌骨的肌肉，由许多小的肌肉组成，但以下颌舌骨肌和茎舌骨肌最为重要。舌骨肌主要参与舌的运动。

**2. 躯干肌肉** 包括脊柱肌、颈腹侧肌、胸壁肌和腹壁肌（图 2-21）。

（1）脊柱肌 分为脊柱背侧肌群和脊柱腹侧肌群。脊柱肌的作用强大而复杂，当两背侧肌群同时收缩时可伸脊柱并提举头颈和尾；一侧收缩时可使脊柱

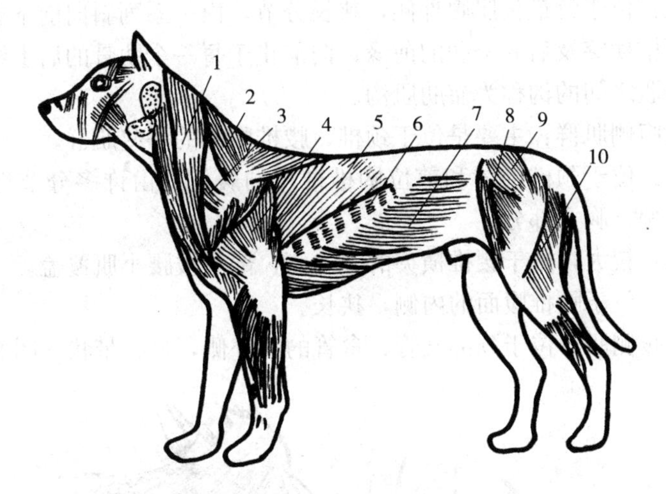


图 2-21　犬全身肌肉

1. 臂头肌　2. 斜方肌　3. 肩胛横突肌　4. 臂三头肌　5. 背阔肌
6. 肋间外肌　7. 腹外斜肌　8. 缝匠前肌　9. 臀中肌　10. 股二头肌

侧屈。而两腹侧肌群同时收缩时可屈头、颈、腰和尾部，一侧收缩时可使头、颈、尾偏向一侧。

①脊柱背侧肌群：主要有背腰最长肌和髂肋肌（图 2-22）。

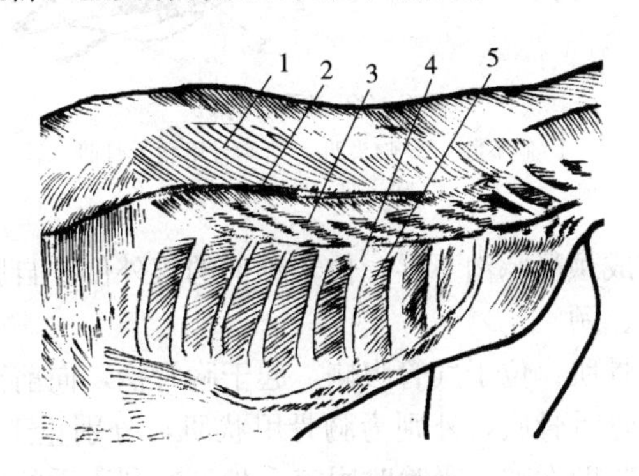


图 2-22　背最长肌

1. 背腰最长肌　2. 髂肋肌沟
3. 髂肋肌　4. 肋骨　5. 肋间外肌

背腰最长肌：是体内最大的肌肉，呈三棱形，位于胸腰椎棘突与肋的椎骨端、腰椎横突所形成的三角形沟内，起于髂骨前缘、荐骨、腰椎和后位胸椎棘突，向前止于最后颈椎及前部肋骨近端。背腰最长肌的肌纤维方向呈斜向，由后上方斜向前下方，上方为起点，附着于脊柱韧带。

髂肋肌：位于背最长肌腹外侧，狭长分节，由一系列斜向前下方的肌束组成，起于腰椎横突及后 8 个肋的前缘，向前止于每一个肋骨的后上缘。背腰最长肌与髂肋肌之间的沟称为髂肋肌沟。

②脊柱腹侧肌群：主要是位于颈椎、腰椎腹侧的一些肌群。

颈长肌：位于颈椎椎体和前位胸椎椎体的腹侧。由许多分节性的短肌组成。可分为颈、胸 2 部分。

腰大肌：较大，位于腰椎横突的腹外侧，部分被腰小肌覆盖。

腰小肌：位于腰椎腹面的内侧，狭长。

（2）颈腹侧肌　位于颈部气管、食管的腹外侧，呈长带状（图 2-23）。

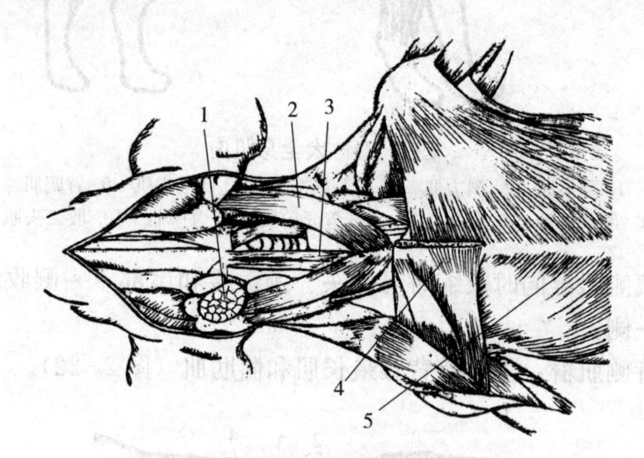


图 2-23　颈腹侧肌

1. 颌下腺　2. 胸头肌　3. 胸骨甲状舌骨肌　4. 胸浅肌　5. 胸深肌

①胸头肌：构成颈静脉沟下界，位于颈部的腹外侧，自胸骨伸至头部。当肌肉收缩时可屈头、颈。

②胸骨甲状舌骨肌：位于气管腹侧，起于胸骨柄，向前至颈中部分成两部分，内侧部分为胸骨舌骨肌，外则为胸骨甲状肌，分别止于舌骨和甲状软骨。向后牵引舌骨和喉，助吞咽。吸吮时固定舌骨，有利于舌的后缩。

③颈静脉沟：位于臂头肌与胸头肌之间，沟内有颈静脉通过。

（3）胸壁肌　分布于胸腔的侧壁肋骨之间及后壁上，参与构成胸腔壁，它们的舒缩可改变胸腔的容积，产生呼吸运动，故称呼吸肌。可分为吸气肌组和呼气肌组。

①吸气肌：主要有肋间外肌、膈等。

肋间外肌：位于肋间隙浅层，肌纤维由前上方斜向后下方，起于前一个肋骨后缘，止于后一肋骨前缘，收缩时使肋骨向前外牵引，胸腔横径扩大，以利吸气（图 2-24）。

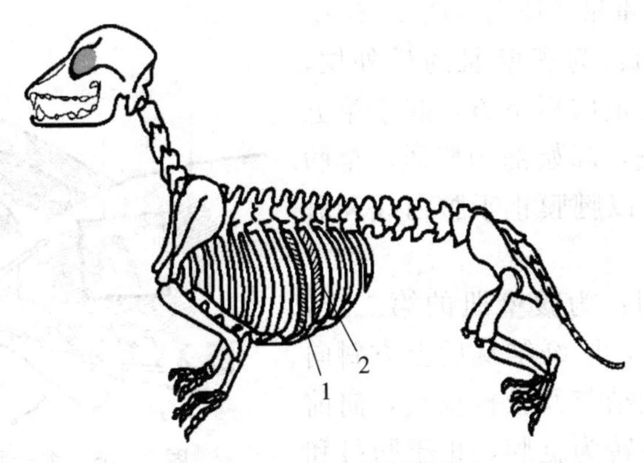


图 2-24　肋间肌模式图

1. 肋间外肌　2. 肋间内肌

膈：为一宽大的圆形肌，位于胸腹腔之间，由周围的肉质部和中央的腱质部组成。腱质部由强韧发亮的腱膜构成，凸向胸腔，称为中心腱。肉质部附着于剑突软骨背侧面及胸侧部的内侧面和前部腰椎的腹面，由肌腹构成，起收缩作用。膈上有三个孔，自上而下分别为：主动脉裂孔，位于左右膈肌脚之间，供主动脉等通过；食管裂孔，位于右膈脚中部，供食管通过；腔静脉孔，位于中心腱处，供后腔静脉通过（图 2-25）。膈收缩时，其凸度变小，胸腔纵径扩大，利于吸气。舒张时，腹壁肌回缩，腹腔内的器官向前压迫膈肌，使膈凸度增大，胸腔纵径变小，胸内压增高，利于呼气。

②呼气肌：主要为肋间内肌。位于肋间外肌的深面，肌纤维由后上方斜向前下方，起于后一肋前缘，止于前一肋后缘，它收缩时牵引肋向后内侧拉动，使胸廓横径变小，以利呼气（图 2-24）。

（4）腹壁肌　构成腹腔侧壁和底壁的薄板状肌，分为四层，各层肌纤维方向不同，由浅入深依次为：腹外斜肌、腹内斜肌、腹直肌和腹横肌。除腹直肌外，其余三层肌的上部均为肌腹，下部变为腱膜。两侧腹壁肌的腱膜在腹底壁正中线处相互交织增厚形成腹白线。腹壁肌肌纤维走向

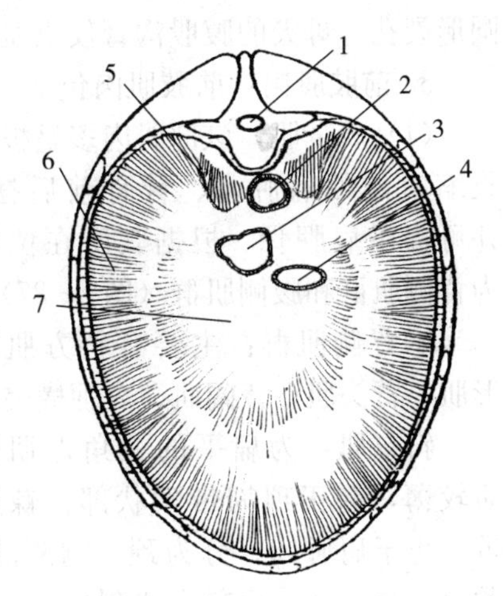


图 2-25　膈　肌

1. 椎孔　2. 主动脉裂孔　3. 食管裂孔　4. 腔静脉孔　5. 膈肌脚　6. 膈肌肉质部　7. 腱膜部

交错，浅层又被覆坚固的腹黄膜，使腹壁即坚固又富有柔韧性和弹性，能承受腹腔脏器的巨大重量及压力（图2-26）。

①腹外斜肌：为腹壁肌的最外层，肌纤维由前上方走向后下方，起于第五至最后肋的外侧，起始部为肌质，至肋弓下变为腱膜，以腱膜止于腹白线和耻前韧带。

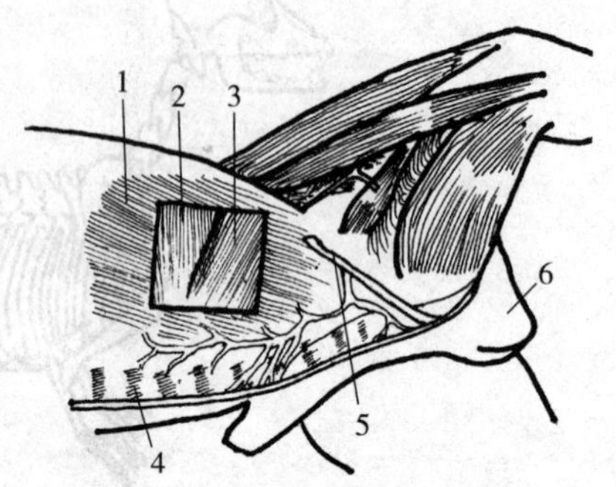


图2-26　腹壁肌模式图

1. 腹外斜肌　2. 腹横肌　3. 腹内斜肌
4. 腹直肌　5. 腹股沟管　6. 阴囊

②腹内斜肌：为腹壁肌的第二层，在腹外斜肌深层，肌纤维从后上方斜向前下方，起于髋结节及腰椎横突，向前下至腹侧壁下部转为腱膜，止于肋弓和腹白线上。

③腹直肌：为腹壁肌的第三层，呈带状，位于腹白线两侧的腹底壁内，起于胸骨和后部肋软骨，止于耻骨前缘。

④腹横肌：为腹壁肌的最内层，肌质较薄，以肉质起于腰椎横突及肋弓内侧，以腱膜止于腹白线，肌纤维上下行走。

⑤腹股沟管：位于腹股沟部，是腹外斜肌、腹内斜肌之间的楔形裂隙。它是胎儿时期睾丸及附睾从腹腔下降到阴囊的通道。有内外两个口，内口通腹腔称为腹股沟管腹环，外口称为腹股沟管浅环或皮下环，是腹外斜肌腱膜上的卵圆形裂孔。母犬的腹股沟管仅供血管神经通过。

**3. 前肢肌肉**　前肢肌肉包括肩带肌、肩部肌、臂部肌、前臂及前脚部肌。

（1）肩带肌　该部肌肉多呈板状。起于躯干骨，止于肩胛骨、臂骨，它们收缩时能使肩胛骨、臂骨前后摆动，并可提举肩胛骨。根据其所在位置分为背侧肌群和腹侧肌群（图2-27）。

①背侧肌群：主要有斜方肌、菱形肌、臂头肌、背阔肌、肩胛横突肌。

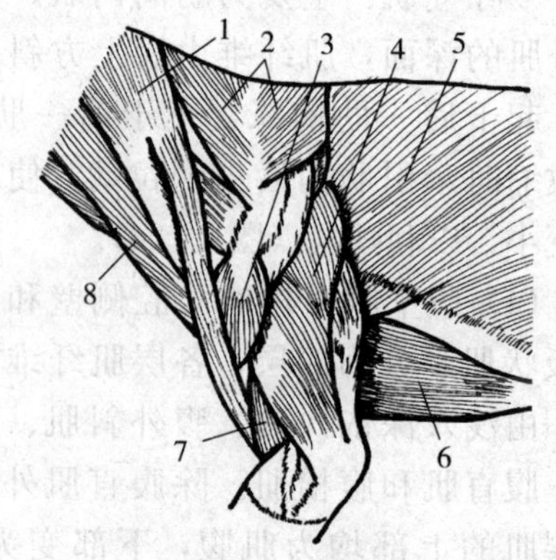


图2-27　肩带肌

1. 臂头肌　2. 斜方肌　3. 三角肌　4. 臂三头肌
5. 背阔肌　6. 胸肌　7. 臂肌　8. 胸头肌

斜方肌：为扁平的三角形肌，肌质较薄，起于项韧带索状部、棘上韧带，止于肩胛冈。分为颈、胸两部分，颈斜方肌肌纤维由前上方斜向后下方，止于肩胛冈。胸斜方肌肌纤维由后上方斜向前下方，止于肩胛冈。主要作用是提举前肢。

菱形肌：位于斜方肌深面，起自项嵴至第7胸椎之间的项韧带索状部、棘上韧带及胸椎棘突，止于肩胛骨背侧缘内侧面，分为颈胸两部，颈部的肌肉呈带状，胸部菱形肌呈四边形。主要是提前肢，固定肩胛骨。

臂头肌：犬的臂头肌呈前宽后窄带状，在颈侧部皮下浅层，构成颈静脉沟上界。起于枕骨、颞骨、颈正中缝，止于臂骨内侧。该肌可牵引前肢向前，起伸肩、提举或侧偏头颈的作用。

背阔肌：位于胸侧壁上部，呈扇形的板状肌，肌纤维由后上方斜向前下方。以宽阔的腱膜起于腰背筋膜，向下止于臂骨内侧的圆肌结节。该肌可向后上方牵引前肢并屈肩关节。

肩胛横突肌：起于寰椎翼，止于肩胛冈肩峰。起前拉肩胛骨作用。

②腹侧肌群：主要包括腹侧锯肌和胸肌。

腹侧锯肌：胸腹侧锯肌起于前7～8肋骨外侧，肌纤维斜向前上方；颈腹侧锯肌起于2～7颈椎横突，肌纤维斜向后上方，止于肩胛骨内侧上部锯肌面。腹侧锯肌起悬吊躯干的作用。

胸肌：分胸浅肌和胸深肌。胸浅肌位于臂部、前臂内侧与胸骨之间的皮下，分前部的胸降肌和后部的胸横肌，但两部分界限不明显。胸降肌起于胸骨柄，止于臂骨大结节嵴。胸横肌薄而宽，起自于胸骨腹侧面，止于前臂内侧筋膜。主要作用内收前肢。胸深肌分两部分，前部狭小的锁骨下肌和后部发达的胸升肌。胸升肌起于胸骨腹侧面及胸黄膜，止于臂骨内、外侧结节；锁骨下肌为一小肌肉，起于第一肋软骨，止于臂头肌的锁骨腱划。有内收、后退前肢；前肢踏地时，可牵引躯干向前。

(2) 肩部肌　分布于肩胛骨的外侧面及内侧面，可分为外侧肌群和内侧肌群(图2-28)。

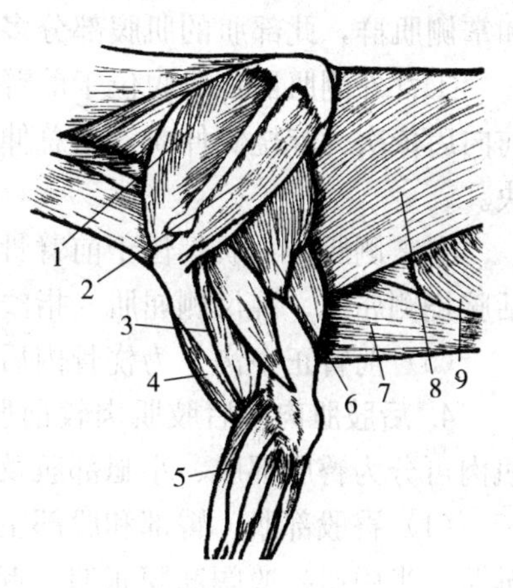

图2-28　肩部肌

1. 冈上肌　2. 冈下肌　3. 臂肌　4. 臂二头肌　5. 腕桡侧伸肌　6. 臂三头肌　7. 胸肌　8. 背阔肌　9. 腹外斜肌

①外侧肌群：包括冈上肌、冈下肌、三角肌。

冈上肌：位于冈上窝内，全为肌质，起于冈上窝，止于臂骨的内、外侧结节。该肌可伸张及固定肩关节。

冈下肌：位于冈下窝内，部分被三角肌覆盖，可屈肩关节并外展前肢。

三角肌：位于冈下肌浅层，呈三角形，以腱膜起于肩胛冈、肩胛骨后角及肩峰，止于臂骨外侧的三角肌结节。作用为屈肩关节。

②内侧肌群：包括肩胛下肌、大圆肌。

肩胛下肌：位于肩胛骨内侧的肩胛下窝内，起于肩胛骨内侧，止于臂骨近端内侧。可内收前肢。

大圆肌：呈带状，位于肩胛下肌后缘，起于肩胛骨后角，止于臂骨内侧的圆肌结节，可屈肩关节。

（3）臂部肌　主要作用于肘关节，分为屈肌群和伸肌群。

①屈肌群：有臂二头肌、臂肌，位于臂骨和肘关节前方，有屈肘关节的作用。

臂二头肌：呈纺锤形，起于肩臼前上方的肩胛结节，止于桡骨近端的前内侧。屈肘关节。

臂肌：位于臂骨的臂肌沟，起于臂骨后上部，止于桡骨近端内侧。屈肘关节。

②伸肌群：有臂三头肌、前臂筋膜张肌，可伸肘关节。

臂三头肌：犬的臂三头肌有四个头，共同止于鹰嘴。除长头起自肩胛骨外，其余三个头都起自臂骨的近端。起屈肩、伸肘关节的作用。

前臂筋膜张肌：位于臂三头肌后缘内侧，形成一狭长肌，起自肩胛骨后角，止于鹰嘴。

（4）前臂及前脚部肌　为作用于腕关节、指关节的肌肉，分为背外侧肌群和掌侧肌群，此部肌的肌腹部分多在前臂部，至腕关节附近则移为肌腱。

①背外侧肌群：肌腹位于前臂骨的背外侧，主要是腕、指关节的伸肌。由前向后依次为腕桡侧伸肌、指总伸肌、指外侧伸肌、腕尺侧伸肌和腕斜伸肌五块。

②掌侧肌群：肌腹位于前臂骨上部的后侧，是腕、指关节的屈肌。主要包括腕桡侧屈肌、腕尺侧屈肌、指浅屈肌、指深屈肌。

（5）前臂正中沟　为桡骨内后缘与腕桡侧屈肌之间的沟。

**4. 后肢肌肉**　后肢肌肉较前肢发达，是推动躯体前进的主要动力。后肢肌肉可分为臀股部肌、小腿部肌及后脚部肌。

（1）臀股部肌　臀部和股部主要有股二头肌、臀（中）肌、股四头肌、半腱肌、半膜肌、股阔筋膜张肌。起于荐骨、髂骨，止于股骨、小腿骨和跗骨。主要作用于髋关节、膝关节，对跗关节也有作用（图 2-29、图 2-30）。

①股二头肌：长而宽大，位于臀肌之后，起点有两个肌头，分别起自荐结节韧带及坐骨结节，向下以腱膜止于膝部，胫部及跟结节。该肌有伸髋关节、膝关节及跗关节的作用，亦可推进躯干，参与竖立与踢蹴运动。

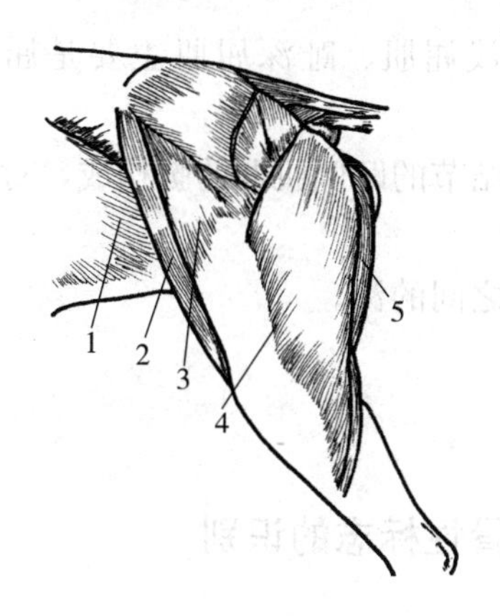


图 2-29　臀股部肌（浅层）

1. 腹外斜肌　2. 缝匠前肌
3. 股阔筋膜张肌
4. 股二头肌　5. 半腱肌

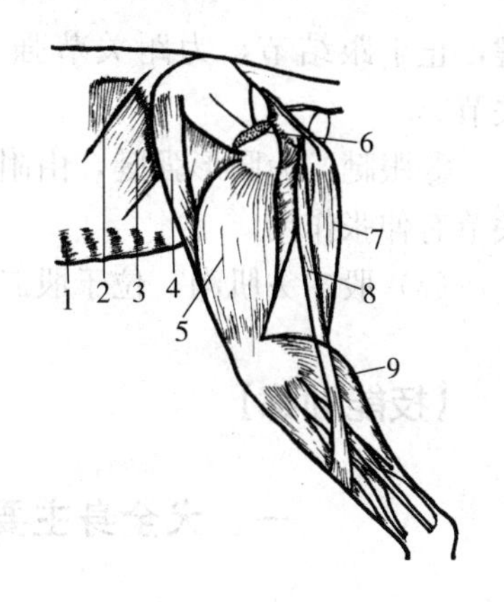


图 2-30　后肢肌

1. 腹直肌　2. 腹横肌　3. 腹内斜肌
4. 缝匠前肌　5. 股四头肌　6. 臀中肌
7. 半腱肌　8. 小腿后展肌　9. 腓肠肌

②臀中肌：起于髂骨翼和荐坐韧带，前与背最长肌筋膜相连，止于股骨大转子。臀肌有伸和外展髋关节作用。

③股四头肌：很强大，在股骨的前方和两侧，起点有四个肌头，分别起于髂骨体两侧和股骨近端内、外侧及前方，向下共同止于髌骨和胫骨近端。股四头肌富含肌质，是膝关节的强有力的伸肌。

④半腱肌：位于股二头肌之后，起自坐骨结节，以腱膜止于胫骨脊和跟结节。起伸髋关节、屈膝关节及伸跗关节的作用。

⑤半膜肌：位于半腱肌后内侧，起自坐骨结节，止于股骨远端、胫骨近端内侧。伸髋关节、屈膝关节；止于胫骨的部分，可屈膝关节。

⑥股阔筋膜张肌：位于股部前方浅层，起于髋结节，向下呈扇形展开，上部较厚属肌质部，向下则变为腱膜，止于髌骨和胫骨近端。它有屈髋关节伸膝关节的作用。

（2）小腿及后脚部肌　多为纺锤形肌，起自股骨、小腿骨，止于跗骨、跖骨和趾骨。肌腹在小腿上部，近跗关节处变为肌腱，有伸、屈跗、趾关节的作用。分为背外侧肌群和跖侧肌群。

①背外侧肌群：包括屈跗关节和伸趾关节的肌肉，肌腹位于小腿上部的背外侧。主要有：胫骨前肌、趾长伸肌、腓骨长肌、趾外侧伸肌和腓骨短肌等。

②跖侧肌群：肌腹位于小腿的跖侧，主要有腓肠肌，很发达，肌腹呈纺锤形，有内、外二个肌头分别起于股骨远端后面的两侧，在小腿中部合为一强

腱，止于跟结节，为跗关节强大的伸肌。趾浅屈肌、趾深屈肌主要是屈趾关节。

③跟腱：为圆形强腱，由附着于或通过跟结节的跖侧肌群的腱构成，对跗关节有伸张作用。

（3）股二头肌沟　位于股二头肌与半腱肌之间的沟。

## 【技能训练】

### 一、犬全身主要骨、关节和骨性标志的识别

**【目的要求】**在犬骨骼标本上识别各部位骨骼及骨性标志。

**【材料设备】**骨骼标本。

**【方法步骤】**

（1）脊柱骨的组成　颈椎、胸椎、腰椎、荐椎、尾椎的形态与连结。

（2）胸廓的组成　胸椎、肋骨、胸骨。

（3）骨盆腔构造　背侧荐骨、侧面髋骨、后侧坐骨、腹侧耻骨组成。

（4）四肢骨组成及分布　骨骼名称、形态、关节名称、关节角度。

（5）骨性标志　肩胛冈、大结节、髋结节、大转子、坐骨结节。

**【技能考核】**在标本和活体上识别主要骨、关节及骨性标志。

### 二、犬全身肌肉、肌沟的识别

**【目的要求】**在犬标本上识别主要肌肉及肌性标志。

**【材料设备】**犬肌肉标本、活犬。

**【方法步骤】**在标本上观察。

（1）颈部肌肉　胸头肌、胸骨甲状舌骨肌、肩胛舌骨肌。

（2）肩带部肌肉　臂头肌、斜方肌、菱形肌、背阔肌、肩胛横突肌、腹侧锯肌、胸肌。

（3）肩部肌肉　冈上肌、冈下肌、三角肌、肩胛下肌、大圆肌。

（4）臂部肌　臂三头肌、臂肌、臂二头肌。

（5）背部肌　背最长肌、髂肋肌、腰肌。

（6）腹壁肌　腹外斜肌、腹内斜肌、腹直肌、腹横肌。

（7）臀部肌　股二头肌、股阔筋膜张肌、臀中肌、股四头肌、股薄肌、缝匠肌、半腱肌、半膜肌。

（8）前臂正中沟　桡骨内后缘与腕桡侧屈肌之间的沟。

（9）股二头肌沟　由股二头肌与半腱肌之间的沟。

（10）颈静脉沟　由臂头肌与胸头肌构成。

**【技能考核】** 在骨骼标本、肌肉标本上识别主要的骨骼和肌肉，在活体上识别和临床上的有关的骨性、肌性标志。

**【复习思考题】**

1. 观察骨骼标本，指出四肢骨骼名称。
2. 犬的胸廓有哪些骨组成？
3. 犬的胸椎数、腰椎数、肋骨数？
4. 骨盆腔的构造。
5. 颈部和肩带部肌肉有哪些？
6. 屈肩关节、伸肘关节的肌肉有哪些？
7. 腹壁肌有哪几层？其各层肌纤维的走向如何？
8. 股二头肌、臀中肌、股四头肌的作用。

## 第二节　被皮系统

**【学习目标】** 掌握皮肤、毛和爪的构造，了解相应的机能，能在标本上识别皮肤、毛和爪的基本结构。

被皮系统由皮肤和皮肤的衍生物构成。皮肤衍生物是由皮肤演化而来的特殊器官，包括毛、皮肤腺、爪等。

### 一、皮　　肤

皮肤被覆于犬的体表，直接与外界接触，是一天然屏障。由复层扁平上皮和结缔组织构成，皮下有大量的血管、淋巴管、皮肤腺及丰富的感受器。

**（一）皮肤的构造**

皮肤由表皮、真皮和皮下组织构成（图 2-31）。

**1. 表皮**　为皮肤的最表层，由复层扁平上皮构成。表皮的厚薄因部位不同而异，如长期受磨压的部位较厚。表皮结构由内向外依次为生发层、颗粒层、透明层和角质层。

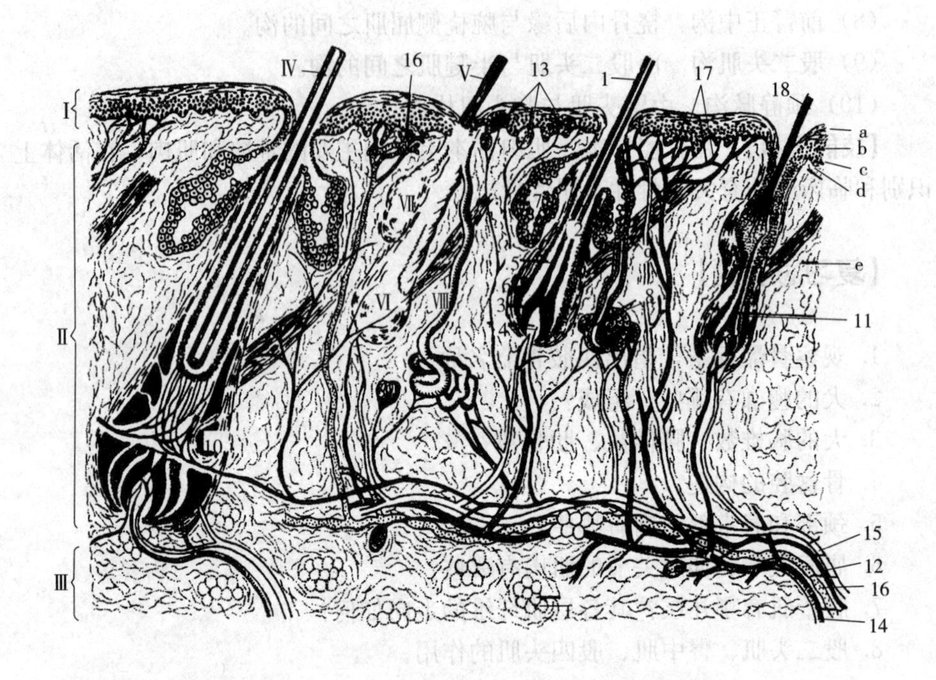


图2-31　皮肤模式图

Ⅰ. 表皮　Ⅱ. 真皮　Ⅲ. 皮下组织　Ⅳ. 触毛　Ⅴ. 被毛　Ⅵ. 毛囊　Ⅶ. 皮脂腺　Ⅷ. 汗腺
1. 毛干　2. 毛根　3. 毛球　4. 毛乳头　5. 毛囊　6. 根鞘　7. 皮脂腺断面　8. 汗腺的断面
9. 竖毛肌　10. 毛囊的血窦　11. 新毛　12. 神经　13. 皮肤的各种感受器　14. 动脉
15. 静脉　16. 淋巴管　17. 血管丛　18. 脱落的毛
a. 表皮角质层　b. 颗粒层　c. 生发层　d. 真皮乳头层　e. 网状层　f. 皮下组织层内的脂肪组织
（马仲华，家畜解剖学及组织胚胎学，第三版，2002）

（1）生发层　为表皮的最深层，由多层细胞构成，深层细胞直接与真皮相连。生发层细胞增殖能力很强，能不断分裂产生新的细胞，以补充表层角化脱落的细胞。

（2）颗粒层　位于生发层外，由1～5层梭形细胞构成。细胞界限不清，胞质内含有嗜碱性透明角质颗粒，颗粒的大小和数量向表层逐渐增加；胞核小，有退化趋向，表皮薄处此层薄或不连续。

（3）透明层　是无毛皮肤特有的一层，位于颗粒层之外，由数层互相密接的无核扁平细胞组成。胞质内有由透明蛋白颗粒液化生成的角母素，故细胞界限不清，形成均质透明的一层。该层在鼻镜、乳头、足垫等无毛区内明显，其他部位则薄或不存在。

（4）角质层　为表皮的最表层，是数层完全角质化了的扁平细胞，细胞内充满角蛋白，彼此紧密连接并继续向表层推移。老化的角质层形成皮屑而脱落。角质层对外界的物理、化学作用具有一定的抵抗能力。

2. **真皮** 位于表皮层下面，是皮肤中最主要、最厚的一层，由致密结缔组织构成，坚韧而有弹性。真皮内分布有毛、汗腺、皮脂腺、竖毛肌及丰富的血管、神经和淋巴管。真皮又分为乳头层和网状层，两层相互移行，无明显界限。

（1）乳头层 位于表皮之下，较薄，由纤细的胶原纤维和弹性纤维交织而成，形成许多圆锥状乳头伸入表皮的生发层内。乳头的高低与皮肤的厚薄有关，无毛或少毛的皮肤，乳头高而细；反之，乳头则少或没有。该层富有毛细血管、淋巴管和感觉神经末梢，起营养表皮和感受外界刺激的作用。

（2）网状层 在乳头层深面，较厚，由粗大的胶原纤维束和弹性纤维交织而成，细胞比乳头层少，内含较大的血管、神经和淋巴管，并分布有汗腺、皮脂腺和毛囊等。

3. **皮下组织** 又称浅筋膜，位于真皮之下，主要由疏松结缔组织构成。皮肤借皮下组织与深部的肌肉或骨相连，并使皮肤有一定的活动性。皮下组织中有大量脂肪沉积，脂肪组织具有贮藏能量和缓冲外界压力的作用。有的部位的脂肪变成富有弹力的纤维，形成犬指（趾）的枕。

### （二）皮肤的机能

皮肤位于犬体的最表面，其表面的毛、爪和表皮的角化层，对位于它下面的组织和器官具有机械性保护的作用。同时，皮肤既能防护或限制各种有害因素的穿透，又能有效防止水分过多蒸发。犬皮肤的厚薄随品种、年龄、性别以及身体的不同部位而异。老龄犬皮肤比幼犬的厚；最易遭受外界因子损伤的部位，如背部和四肢外侧比腹部和四肢内侧的厚；寒冷地区的犬皮肤比温暖地区的犬皮肤厚。被毛对各种物理和化学的刺激有很强的防护力。

皮肤是重要的感觉器官，能感受温、冷、触、压、痛等刺激。同时，皮肤还通过汗腺和皮脂腺的分泌，排泄体内的代谢废物，参与体温调节。

皮肤内的血管系统是机体的重要储血库之一，最多可容纳循环总血量的10%～30%。皮肤中的维生素 D 原经日光照射生成维生素 D。

皮肤表面经常保持着酸性反应，在皮肤代谢过程中，又不断生成溶菌酶和免疫抗体，从而增强皮肤对微生物的抵抗力。

## 二、皮肤的衍生物

**（一）毛** 毛由表皮衍化而来，坚韧而有弹性，是温度的不良导体，具有保温作用。

**1. 毛的形态和分布**　犬唇部的触毛在毛根部富有神经末梢，为感觉触毛。犬的被毛可分为粗毛、细毛和绒毛三种。

(1) 粗毛　是被毛中较粗而直的毛。弹性好，它与神经触觉小体密接，故在犬体上起着传导感觉和定向的作用。

(2) 细毛　毛的直径小，长度介于粗毛和绒毛之间，弹性好，色泽明显。有的细毛具有一定的色节，使毛被呈特殊的颜色。细毛起着防湿和保护绒毛及使绒毛不易黏结的作用，关系到毛被的美观及耐磨性。

(3) 绒毛　是毛被中最短、最细、最柔软，数量最多的毛。占毛被总量的95%～98%。分为直形、弯曲形、卷曲形、螺旋形等形态。在毛被中形成一个空气不易流通的保温层，以减少机体的热量散失。但对犬来说，绒毛和细毛在夏天散热困难。

毛在犬体上按一定方向排列为毛流。毛的尖端向一点集合的为点状集合性毛流；尖端从一点向周围分散为点状分散性毛流；尖端从两侧集中为一条线的为线状集合性毛流；如线状向两侧分散的为线状分散性毛流；毛干围绕一个中心点成旋转方式向四周放射状排列的为旋毛。毛流排列形式因犬体部位不同而异，一般地说它与外界气流和雨水在体表流动的方向相适应（图2-32）。

**2. 毛的构造**　毛由角化的上皮细胞构成，分为毛干和毛根两部分。毛干露于皮肤外，毛根则埋于真皮或皮下组织内。毛根的基部膨大，称为毛球，其细胞分裂能力很强，是毛的生长点。毛球的底缘凹陷，内有真皮伸入，称为毛乳头，富含血管和神经，供应毛球的营养。毛根周围有由表皮组织和结缔组织构成的毛囊，在毛囊的一侧有一条平滑肌束，称为立毛肌，受交感神经支配，收缩时使毛竖立。

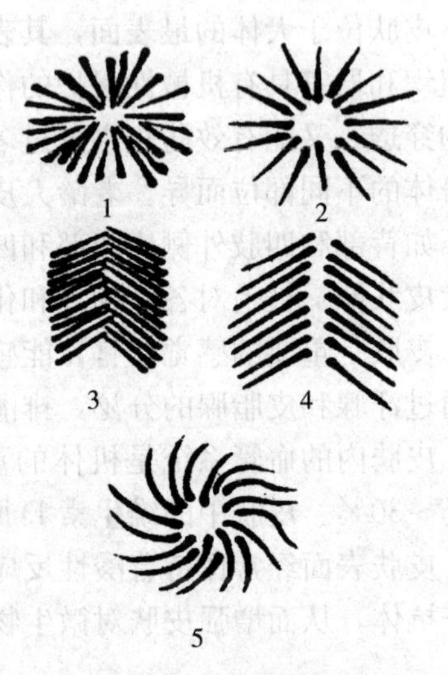


图2-32　毛流模式图

1. 集合性毛流　2. 点状分散性毛流　3. 线状集合性毛流　4. 线状分散性毛流　5. 旋状毛流

**3. 换毛**　当毛长到一定时期，毛乳头的血管衰退，血流停止，毛球的细胞也停止生长，逐渐角化，而失去活力，毛根即脱离毛囊。当毛囊长出新毛时，又将旧毛推出而脱落，这个过程称为换毛。户外犬一般每年春秋换毛两次；户内犬因长时间不曝露于日光，整年都会脱毛，但以春秋两季脱毛较多。

### （二）皮肤腺

皮肤腺包括汗腺、皮脂腺和乳腺等，位于真皮或皮下组织内。

1. **汗腺**　汗腺为盘曲的单管腺，由分泌部和导管部构成。分泌部蜷曲成小球状，位于真皮的深部；导管部细长而扭曲，多数开口于毛囊（在皮脂腺开口部的上方），少数开口于皮肤表面的汗孔。犬的汗腺不发达，只在鼻和指的掌侧有较大的汗腺，所以散热量很少，调节体温的作用不强。

2. **皮脂腺**　为分支的泡状腺，位于真皮内，近毛囊处。分为分泌部和导管部：分泌部呈囊状，但几乎没有腺腔；导管部短，管壁由复层扁平上皮构成，开口于毛囊，极少数开口于皮肤表面。皮脂腺分泌皮脂，可润滑皮肤和被毛，以使皮肤和被毛保持柔韧，并防止干燥和水分的渗入。犬皮脂腺发达，其中唇部、肛门部、躯干背侧和胸骨部分泌油脂最多。大多数适应水中工作的犬都有一身油性皮毛，在水中游泳时，能保持皮毛的干燥。

3. **特殊的皮肤腺**　是汗腺和皮脂腺变型的腺体。由汗腺衍生的，如鼻镜腺；由皮脂腺衍生的有肛门腺（犬的肛门腺发达，位于肛门两侧）、包皮腺、阴唇腺、睑板腺等。

4. **乳腺**　见生殖系统。

### （三）枕和爪

1. **枕**　犬的枕很发达，可分为腕（跗）枕、掌（跖）枕和指（趾）枕，分别位于腕（跗）、掌（跖）和指（趾）部的掌（跖）侧面（图 2-33）。枕的结构与皮肤相同，分为枕表皮、枕真皮和枕皮下组织。枕表皮角质化，柔韧而有弹性；枕真皮有发达乳头和丰富的血管、神经；枕皮下组织发达，由胶原纤维、弹性纤维和脂肪组织构成。枕主要起缓冲作用。

2. **爪**　犬的远指（趾）骨末端附有爪，相当坚硬，具有防御、捕食、挖掘等功能。可分为爪轴、爪冠、爪壁和爪底，均由表皮、真皮和皮下组织构成（图 2-34）。

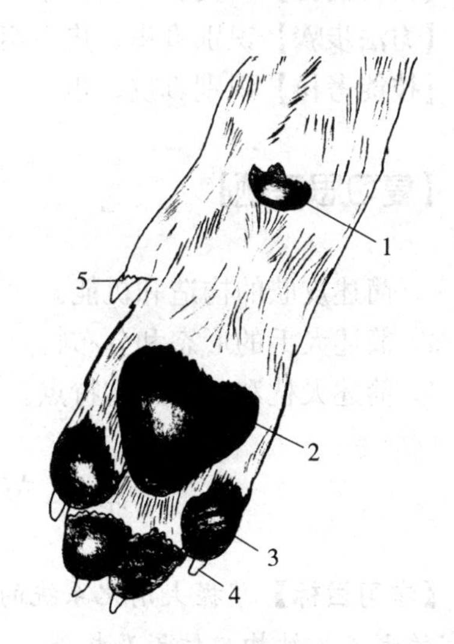


图 2-33　枕（前脚）
1. 腕枕　2. 掌枕
3. 指枕　4. 爪　5. 悬指

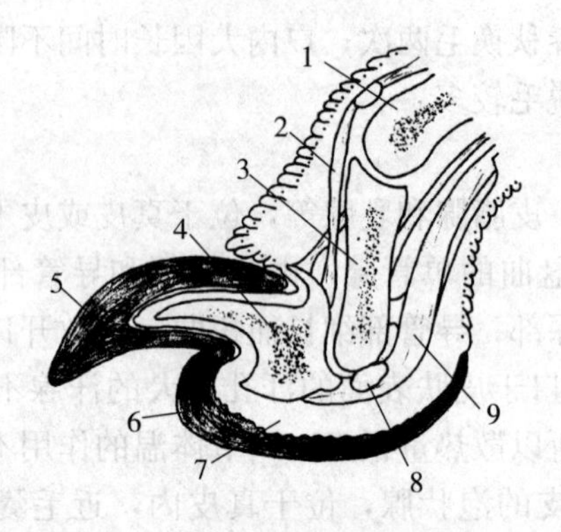


图 2-34　爪

1. 近指（趾）节骨　2. 指（趾）伸肌腱　3. 中指（趾）节骨
4. 远指(趾)节骨　5. 爪　6. 指枕　7. 真皮　8. 远籽骨　9. 指（趾）屈肌腱

## 【技能训练】

### 皮肤、爪形态构造的识别

**【目的要求】** 掌握皮肤、爪的形态和构造

**【材料设备】** 犬皮肤、爪标本

**【方法步骤】** 识别真皮、皮下组织、毛

**【技能考核】** 识别真皮、爪

## 【复习思考题】

1. 简述皮肤的构造和机能。
2. 简述犬毛的形态和分布特点。
3. 简述犬枕和爪的结构特点。

# 第三节　消化系统

**【学习目标】** 掌握犬消化系统的组成，理解消化、吸收的概念；掌握消化器官的形态、结构、位置及机能；了解三大营养物质消化吸收的机理和过程。具有在犬新鲜标本上识别主要消化器官形态结构的技能；在显微镜下识别胃、肠、肝组织构造的技能；在活体上识别胃、肠的体表投影的技能。

## 一、概　　述

### （一）消化、吸收的概念

消化是指食物在消化道内被分解成为能吸收的小分子物质的过程。吸收是指食物经消化后，其分解产物及其他小分子物质通过肠道上皮细胞进入血液或淋巴的过程。吸收的营养物质运输到机体各部位，供机体新陈代谢的需要。

### （二）消化系统的组成

消化系统由消化管和消化腺两部分组成。消化管为食物通过的管道，起于口腔，经咽、食管、胃、小肠和大肠，止于肛门。消化腺为分泌消化液的腺体，可分为壁内腺和壁外腺。胃腺和肠腺等位于消化管的管壁内，称为壁内腺；而唾液腺、肝和胰则在消化管外单独形成腺体，由导管将分泌的消化液排入消化管，故称为壁外腺（图 2-35）。

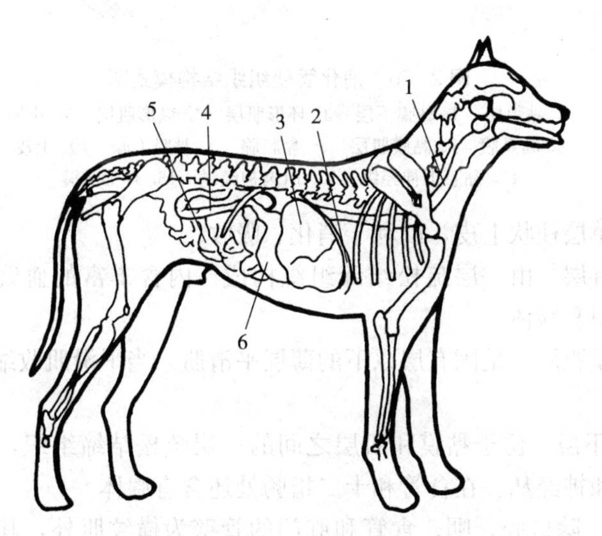


图 2-35　犬消化系统模式图（右侧）

1. 食管　2. 膈　3. 肝脏　4. 十二指肠　5. 空肠　6. 胃

### （三）消化管的一般组织结构

消化管各段在形态、机能上各有特点，但其管壁的组织结构，除口腔外，一般由内向外分为四层：黏膜、黏膜下层、肌层、外膜（浆膜）（图 2-36）。

1. **黏膜**　为消化管道的最内层，当管腔内空虚时，常形成皱褶。黏膜具有保护、吸收和分泌等功能。黏膜又分为以下三层：

（1）黏膜上皮　除口腔、咽、食管的无腺部及肛门为复层扁平上皮外，其

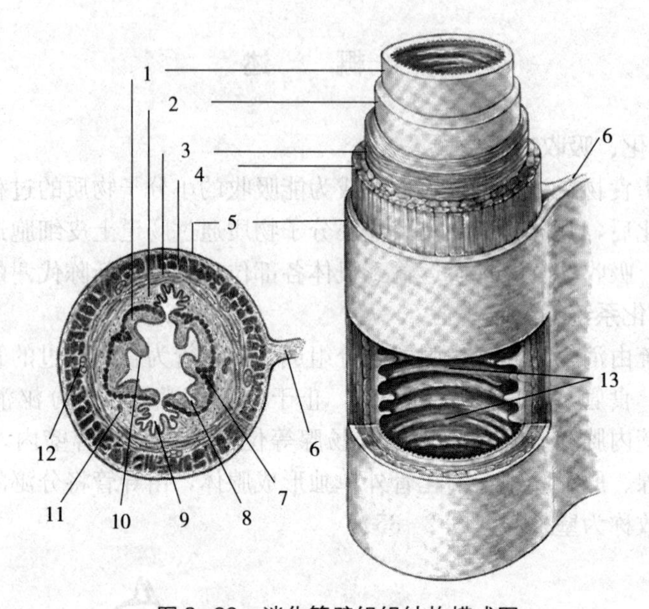


图2-36　消化管壁组织结构模式图

1. 黏膜层　2. 黏膜下层　3. 环形肌层　4. 纵形肌层　5. 外膜
6. 肠系膜　7. 黏膜肌层　8. 黏膜腺　9. 黏膜下腺　10. 上皮
11. 黏膜下神经纵　12. 肌肉神经纵　13. 环形皱襞

余部分均为单层柱状上皮，以利于消化、吸收。

（2）固有层　由一层疏松结缔组织构成。内含丰富的血管、神经、淋巴管、淋巴组织和腺体。

（3）黏膜肌层　是固有层以下的薄层平滑肌。当平滑肌收缩时可使黏膜形成皱褶。

**2. 黏膜下层**　位于黏膜和肌层之间的一层疏松结缔组织，内含较大的血管、淋巴管和神经丛。在食管和十二指肠处还含有腺体。

**3. 肌层**　除口腔、咽、食管和肛门的管壁为横纹肌外，其余各段均由平滑肌构成。一般可分为内层的环行肌和外层的纵行肌，两层之间有肌间神经丛和结缔组织。肌层收缩，可使消化管产生运动。

**4. 外膜**　为富有弹性纤维的疏松结缔组织层，位于管壁的最表面。在食管前部、直肠后部与周围器官相连接处称为外膜；而在胃、肠外膜表面尚有一层间皮覆盖，称为浆膜。

### （四）腹腔、骨盆腔和腹膜

**1. 腹腔**　腹腔是体内最大的体腔，其前壁为膈，后通骨盆腔，两侧和底壁为腹肌与腱膜，顶壁为腰椎和腰肌。

为了准确地表述各器官的位置，可将腹腔划分为10个部分。具体划分方法见图2-37：

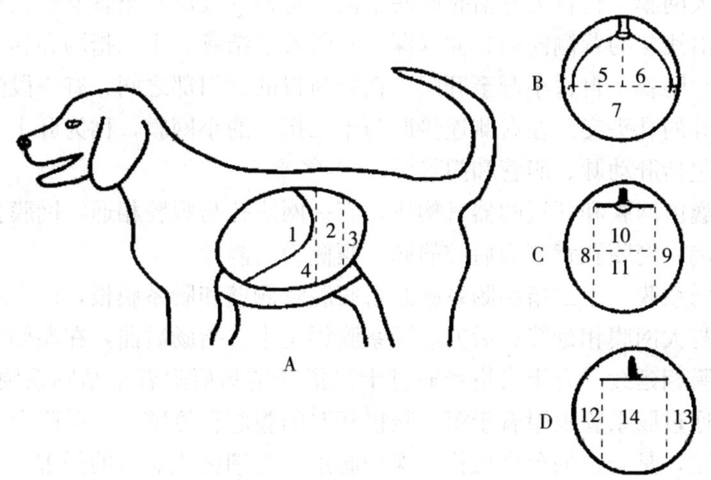


图2-37　腹腔划分模式图

A. 侧面观　1、4. 腹前部(1. 季肋部　4. 剑突软骨部)　2. 腹中部　3. 腹后部
B. 腹前部　C. 腹中部　D. 腹后部
5、6. 左右季肋部　7. 剑突软骨部　8、9. 左右髂部
10. 腰部　11. 脐部　12、13. 左右腹股沟部　14. 耻骨部

通过最后肋骨的最突出点和髋结节前缘各做一个横断面，将腹腔首先划分为腹前部、腹中部、腹后部。

(1) 腹前部　又分三部分。肋弓以下为剑突软骨部；肋弓以上、正中矢面两侧为左、右季肋部。

(2) 腹中部　又分为四部分。沿腰椎横突两侧顶端各做一个侧矢面，将腹中部分为左、右髂部和中间部；在中间部沿肋弓的中点向后延伸做额面，使中间部分为背侧的腰部和腹侧的脐部。

(3) 腹后部　又分为三部分。把腹中部的两个侧矢面平行后移，使腹后部分为左、右腹股沟部和中间的耻骨部。

**2. 骨盆腔**　骨盆部是腹腔向后的延续，其背侧为荐骨和前几个尾椎，两侧为髂骨和荐结节阔韧带，底壁为耻骨和后侧的坐骨。前口由荐骨岬、髂骨及耻骨前缘围成；后口由尾椎、荐结节阔韧带后缘及坐骨弓围成。骨盆腔内有直肠、膀胱和生殖系统的部分器官。

**3. 腹膜**　腹腔和骨盆腔内的浆膜称为腹膜。贴于腹腔和骨盆腔壁内表面的部分为腹膜壁层；壁层从腔壁折转而覆盖于内脏器官外表面的为腹膜脏层。壁层与脏层之间的腔隙称为腹膜腔。腔内的液体为腹液（浆液），具有润滑作用，减少脏器运动时的摩擦。腹膜从腹腔、骨盆腔移到肠管上的为肠系膜；包裹胃肠的称为大网膜；固定肝脏的称为肝韧带。

（1）大网膜　自胃大弯沿腹腔底壁向后延伸（浅层）至骨盆腔入口处，转向背侧，沿浅层的背侧向前延伸（深层）附着于结肠、十二指肠和胰等。

（2）小网膜　自胃小弯至肝门，在肝与胃的贲门部之间，有一段附着于膈肌，覆盖肝的乳头突。在右侧连接肝与十二指肠的小网膜，称为肝十二指肠韧带，其中包括肝动脉、胆管和门静脉。

网膜囊由网膜和邻近的器官构成，有一网膜孔与腹腔相通，网膜孔位于肝尾叶后内侧，网膜孔背侧为后腔静脉，腹侧为门静脉。

（3）肠系膜　十二指肠肠系膜起自腹腔背侧壁和肠系膜根，前方经门静脉的腹侧面与大网膜相延续；后方经肠系膜根至十二指肠后曲，在左侧空肠曲部与空肠系膜相延续。升十二指肠通过十二指肠结肠褶附着于结肠系膜。空肠、回肠系膜通过肠系膜根附着于第二腰椎相对的腹腔背侧壁。肠系膜上有许多肠系膜淋巴结，是肠道的免疫机构，保护肠道不受细菌或病毒的侵害。

## 二、消化系统的构造

### （一）口腔

口腔由唇、颊、硬腭、软腭、口腔底、舌、齿和齿龈及唾液腺组成，是消化管的起始部，具有采食、吸吮、咀嚼、味觉、吞咽、泌涎和攻击等功能。

口腔的前壁为唇，侧壁为颊，底部为下颌骨和舌。前端经口裂与外界相通，后端与咽相通。口腔以齿弓为界可分为口腔前庭和固有口腔：齿弓与唇、颊之间的空隙称为口腔前庭；齿弓以内的空隙称为固有口腔。舌位于固有口腔内。

口腔内面衬有黏膜，呈粉红色，色质较深的犬种常有色素沉着，黏膜的唇缘处与皮肤相连。黏膜上皮为复层扁平上皮；黏膜下组织有丰富的毛细血管、神经和腺体。口腔黏膜是临床检查的重要内容，健康犬的口腔黏膜保持一定的色彩和湿度。

**1. 唇**　构成口腔最前壁，主要以口轮匝肌为基础，内衬黏膜，外被皮肤。唇黏膜具有唇腺，开口于唇黏膜上。犬口裂大，分上唇和下唇。下唇短小且薄而灵活，常松弛，后部常形成游离的锯齿状突起；上唇有中央沟或中央裂，将上唇分为左右两半。上唇与鼻端间形成光滑湿润的暗褐色无毛区，称为鼻镜，其色彩随犬的品种而定，多数为黑色。鼻镜内有腺体，常分泌一种水样液体，使鼻镜保持湿润状态。犬鼻镜湿润与否，是犬临床上诊断疾病的依据之一。有的品种犬的上唇部特别松，可覆盖下唇，且唾液易从松弛部流下，如圣母纳犬、巴哥犬、法国斗牛犬、沙皮犬、德国指示犬等。

2. **颊** 以颊肌为基础，内衬黏膜、外被皮肤，构成口腔的侧壁。颊黏膜光滑并常有色素，有颊腺和腮腺管的开口。

3. **硬腭** 构成固有口腔的顶壁。上颌骨和颌前骨的腭突、腭骨水平部是硬腭的骨质基础。硬腭黏膜厚而坚实，上皮高度角质化。在硬腭的正中矢状面处，有一纵行的腭缝，腭缝的两侧各有一些横行的腭褶。在硬腭的前端有一突起，称为切齿乳头（图 2-38）。硬腭向后连接软腭。

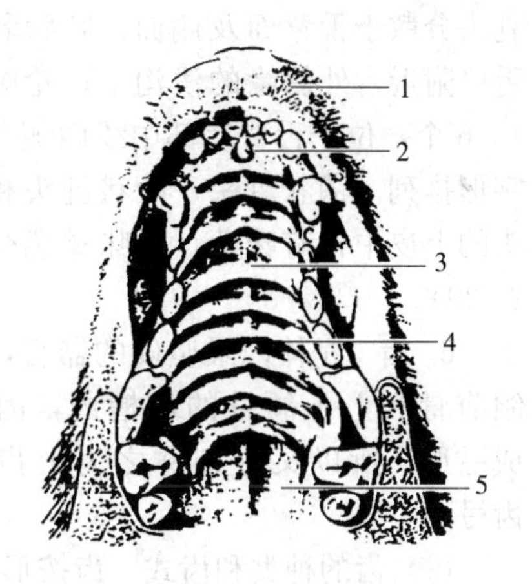


图 2-38 犬的硬腭

1. 上唇 2. 切齿乳头 3. 腭缝 4. 腭褶 5. 软腭

4. **软腭** 为硬腭向后的延续，构成固有口腔的后壁。软腭的后壁游离缘称为腭弓，向两侧各有 2 条弓状黏膜褶：伸向后方到咽侧壁的称为腭咽弓，伸向前方连于舌根侧缘的称为腭舌弓。腭扁桃体呈纺锤形，位于口咽侧壁的扁桃体窝内，被软腭形成的半月状褶所覆盖，幼犬向外突出。

软腭由肌肉和黏膜构成。口腔面的黏膜由复层扁平上皮覆盖，下有腭腺，黏膜内分布有弥散淋巴组织和淋巴小结；咽腔面的黏膜上皮为假复层柱状纤毛上皮，在黏膜深层有分散的混合腺以及弥散淋巴组织和淋巴小结。

软腭构成口咽的活瓣叶，参与吞咽活动。平时呼吸时，软腭垂向后方达会厌处；用口腔呼吸时，软腭上提。大部分短头犬的软腭相对较长，封盖喉口，故成为呼吸困难的原因。

5. **舌** 位于口腔底，当口闭合时，占据口腔的绝大部分。舌运动灵活，参与采食、吸吮、协助咀嚼和吞咽食物、发声、发汗，并有感受味觉等功能。

舌可分为舌根、舌体和舌尖。舌根为腭舌弓以后附着于舌骨的部分，仅背部游离；舌体位于两侧臼齿之间，附着于口腔底的下颌骨上，背面和侧面游离；舌尖是舌前端游离的部分，扁而宽，活动性较大，在饮水时背侧面形成匙状凹陷。在舌背正中有纵行的舌正中沟。在舌尖和舌体交界的腹侧，有一条与口腔底相连的黏膜褶，称为舌系带。舌系带的两侧各有一突起，称为舌下肉阜。舌尖腹侧有明显的舌下静脉，可用作为静脉麻醉药的注射部位。

舌主要由骨骼肌构成，附着于下颌骨和舌骨上。舌表面覆盖有黏膜，其上皮为复层扁平上皮。在舌根背侧和两侧的黏膜内含有大量淋巴组织，构成舌扁桃体。舌黏膜内还有舌腺，能分泌黏液，以许多小管开口于舌黏膜表面。舌黏膜的表面形成许多舌乳头：主要有丝状乳头和锥状乳头，仅起机械作用，无味蕾；菌状乳头分散于舌背面及侧面；叶状乳头在腭舌弓附近舌外侧缘的浅沟上；轮廓乳头有4～6个，位于舌背后部中线两侧，呈倒V字形排列。菌状乳头、叶状乳头和轮廓乳头的上皮中含有味蕾，为味觉感受器（图2-39）。

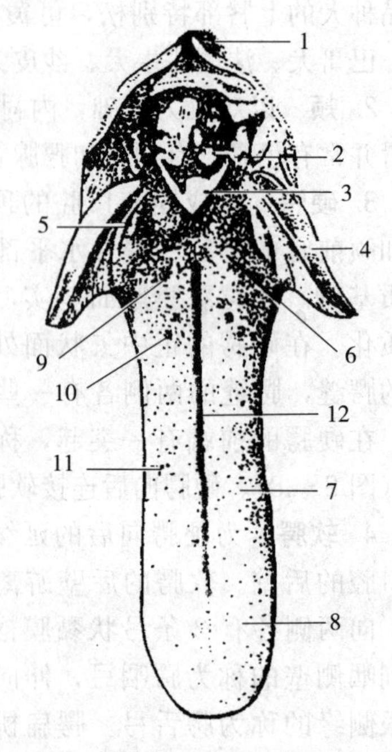


图2-39 犬 舌

1. 食管 2. 勺状软骨 3. 会厌 4. 软腭 5. 腭扁桃体及窦 6. 舌根 7. 舌体 8. 舌尖 9. 锥状乳头 10. 轮廓乳头 11. 菌状乳头 12. 舌正中沟

6. **齿** 是体内最坚硬的器官，镶嵌于颌前骨和上下颌骨的齿槽内，因其排列成弓形，所以又分别称之为上齿弓和下齿弓。

（1）齿的种类和齿式 齿按形态、位置和功能可分为切齿、犬齿和臼齿三种：切齿位于齿弓前部，由内向外又分别称为门齿、中间齿和隅齿；犬的犬齿大而尖锐并弯曲成圆锥形，上犬齿与隅齿间有明显的间隙，正好容纳闭嘴时的下犬齿；臼齿可分为前臼齿和后臼齿。犬的第4上臼齿与第1下后臼齿格外发达，称为裂齿，具有强有力的咬断食物的能力（图2-40）。

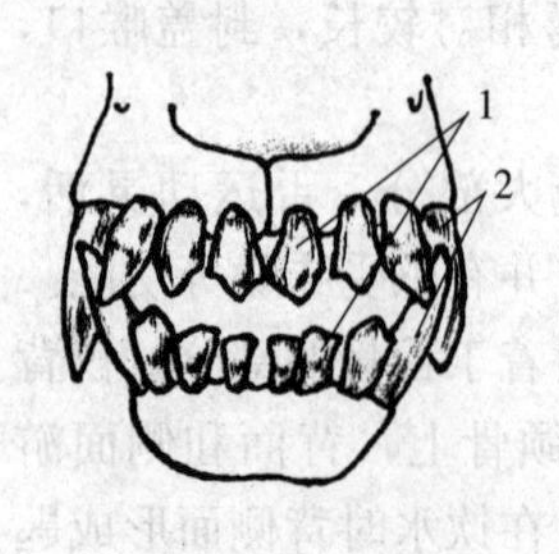


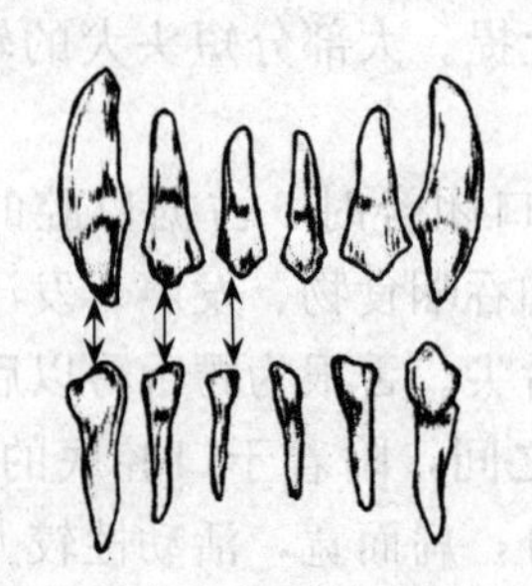

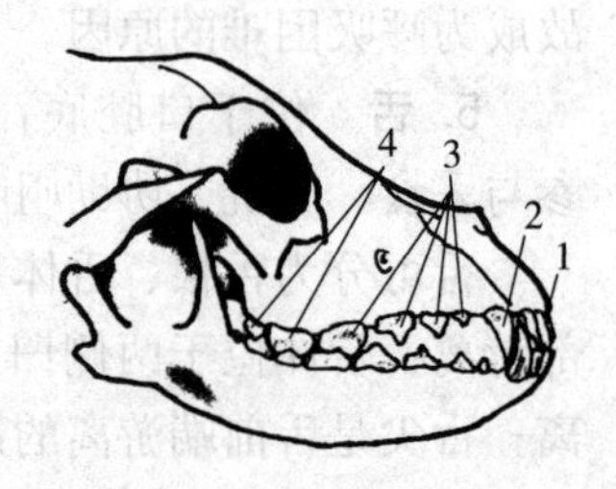


图2-40 犬 齿

1. 切齿 2. 犬齿 3. 前臼齿 4. 后臼齿

齿在出生后逐个长出。除后臼齿和第1前臼齿外，其余齿到一定年龄时均按一定顺序进行更换。更换前的齿称为乳齿，一般个体较小、颜色乳白，常不露出于齿龈之外，磨损较快；而更换后的齿相对较大，坚硬，颜色较白，称为恒齿。

齿的位置和数目可用齿式表示：

$$2\left(\frac{\text{切齿}\quad\text{犬齿}\quad\text{前臼齿}\quad\text{后臼齿}}{\text{切齿}\quad\text{犬齿}\quad\text{前臼齿}\quad\text{后臼齿}}\right)$$

犬的恒齿式： $$2\left(\frac{3\quad 1\quad 4\quad 2}{3\quad 1\quad 4\quad 3}\right)=42$$

犬的乳齿式： $$2\left(\frac{3\quad 1\quad 3\quad 0}{3\quad 1\quad 3\quad 0}\right)=28$$

（2）齿的构造　齿在外形上可分为三部分，埋于齿槽内的部分称为齿根，露于齿龈外的称为齿冠，介于二者之间被齿龈覆盖的部分称为齿颈。

齿壁由齿质、釉质和齿骨质构成。齿质位于内层，呈淡黄色，是构成齿的主体；在齿冠部齿质的外面包以光滑、坚硬、乳白色的釉质，它是体内最坚硬的组织；在齿根部齿质的外面则被有略带黄色的齿骨质。齿的中心部为齿髓腔，腔内有富含血管、神经的齿髓，齿髓有生长齿质和营养齿组织的作用。

（3）齿龈　为被覆于齿颈及邻近骨表面的黏膜，与骨膜紧密相连，呈粉红色，有固定齿的作用。齿龈无黏膜下层。正常齿龈的颜色为粉红色，当齿龈发生紫色或潮红等现象，是一种病理变化，因此齿龈的颜色是给犬诊断疾病的重要依据。

7. **唾液腺**　唾液腺是导管开口于口腔能分泌唾液的腺体。犬的唾液腺较发达，能不断产生唾液，包括腮腺、颌下腺、舌下腺和颧腺（图 2-41）。

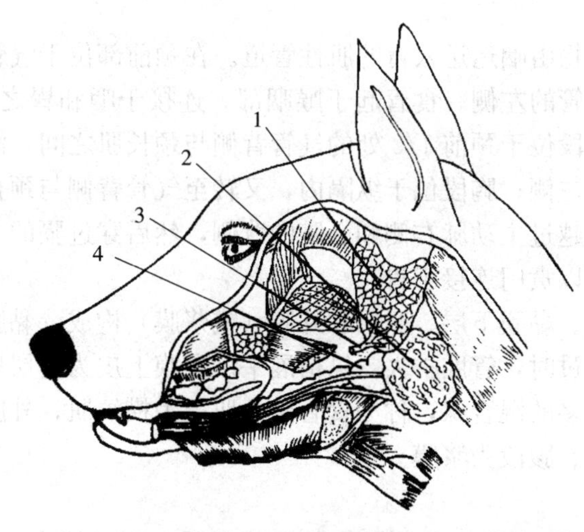


图 2-41　犬的唾液腺

1. 腮腺　2. 颌下腺　3. 腮腺管　4. 舌下腺

(1) 腮腺　位于耳根下方，下颌骨后缘，较小，呈三角形，淡红色，背侧两角围绕并高出耳廓基部，其腺管开口于颊黏膜上。

(2) 颌下腺　位于下颌角后方，较大，呈椭圆形，淡黄色，部分被腮腺所覆盖，腺管开口于舌下肉阜。

(3) 舌下腺　位于舌体和下颌骨之间的黏膜下，腺管很多，有长管和短管两种，分别开口于口腔底部黏膜和舌下肉阜。

(4) 眶腺　又叫颧腺，位于眼球后下方，有4～5条眶腺管开口于最后上臼齿附近的颊黏膜上。

### (二) 咽

咽位于颅底下方，口腔和鼻腔的后方，气管的背侧，前宽后窄，呈漏斗形，是一个肌性管道。咽又分鼻咽部、口咽部和喉咽部：鼻咽部位于鼻腔后方软腭背侧，是鼻腔向后的延续；口咽部位于软腭和舌根之间，平坦而扁平，前端以咽峡与口腔相通；喉咽部位于喉口的背侧，较短，向后下方经喉口通喉和气管，向后上方以食管口通食管，前上方经软腭游离缘与舌根形成的咽内口与鼻咽部相通，前下方在会厌软骨处与口咽部相接。

咽壁由黏膜、肌层和外膜构成。在咽和软腭的黏膜内分布有大量淋巴组织，分别称为咽扁桃体和腭扁桃体。

咽是消化道和呼吸道的共同通道。呼吸时，软腭下垂，空气通过鼻腔、咽、喉和气管，进出肺；吞咽时，软腭上提关闭鼻后孔，而会厌软骨翻转盖住喉口，暂停呼吸，此时食团经咽进入食管。

### (三) 食管

食管是将食物由咽运送入胃的肌性管道。在颈前部位于气管背侧，颈后部和胸前部位于气管的左侧。食管起于喉咽部，连接于咽和胃之间，可分为颈、胸、腹三段：颈段位于颈前1/3处的气管背侧与颈长肌之间，沿颈中部至胸腔前口处偏至气管左侧；胸段位于纵隔内，又转至气管背侧与颈长肌的胸部之间继续向后伸延，越过主动脉右侧和心脏的背侧，然后穿过膈的食管裂孔进入腹腔；腹段很短，以贲门连接于胃。

食管由黏膜、黏膜下层、肌层和外膜（或浆膜）构成。黏膜表面形成许多纵褶，当食物通过时，管腔扩大，纵褶展平。黏膜上皮为复层扁平上皮；黏膜下层发达，有较多的混合腺，称为食管腺；肌层为横纹肌；外膜在颈段为疏松结缔组织，在胸、腹段为浆膜。

### (四) 胃

**1. 胃的形态和位置**　犬的胃属单室腺型胃，容积较小，在空虚状态下，胃体呈圆筒状，而当胃内充满食物时呈梨状囊。前以贲门与食管相接，后以幽门通十二指肠。胃的左侧部大，下方的凸曲部称为胃大弯。贲门与幽门距离较近，两门之间的凹曲部称为胃小弯（图2-42）。在胃黏膜表面，根据黏膜形态和分布部位的不同，可分为贲门腺区、幽门腺区和胃底腺区。其中，贲门腺区较小，颜色为淡黄色；胃底腺区黏膜较厚，呈红褐色，占全胃黏膜面积的2/3；幽门腺区黏膜较薄，色苍白。

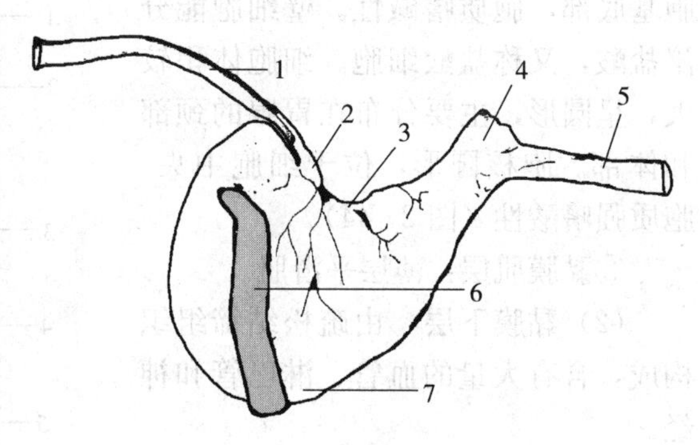


图2-42　犬胃形态模式图

1. 食管　2. 贲门　3. 胃小弯　4. 幽门　5. 十二指肠　6. 脾　7. 胃大弯

犬胃位于腹前部。左端膨大部位于左季肋部，最高点可达第11、12肋骨椎骨；幽门部位于右季肋部。背侧壁为腰椎、腰肌和膈肌脚，侧壁和底壁为假肋的肋骨下部、肋软骨和腹肌，前与膈、肝接触，后与大网膜、肠、肠系膜及胰接触。胃的左侧壁有脾紧贴。

**2. 胃的组织结构**　犬胃属于腺型胃，胃壁由内向外分为四层（图2-43）。

（1）黏膜　形成许多皱褶，当食物充满时，皱褶变低或消失。黏膜表面有许多凹陷，称为胃小凹，是胃腺的开口处。

①黏膜上皮：为单层柱状上皮，排列整齐。

②固有层：发达，布满密集的胃腺。根据胃腺的结构和分泌物的性质，可分为贲门腺、幽门腺和胃底腺。其中，胃底腺是胃的主要腺体，主要由主细胞、壁细胞、颈黏液细胞和内分泌细胞构成：主细胞主要分泌胃蛋白酶原，故又称为胃酶原细胞。细胞数量较多，主要分布在胃腺的体部和底部。细胞呈矮柱状，胞核圆形，位于细

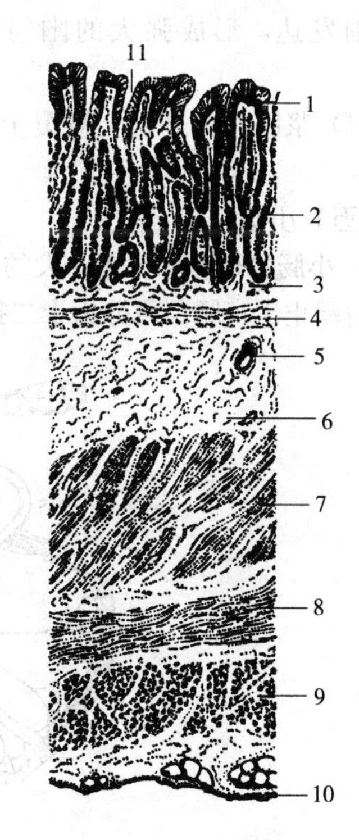


图2-43　胃底部横切

1. 黏膜上皮　2. 胃底腺　3. 固有层　4. 黏膜肌层　5. 血管　6. 黏膜下层　7. 内斜行肌层　8. 中环行肌层　9. 外纵行肌层　10. 浆膜　11. 胃小凹

胞基底部，胞质嗜碱性。壁细胞能分泌盐酸，又称盐酸细胞。细胞体积较大，呈圆形，主要分布在胃腺的颈部和体部。胞核圆形，位于细胞中央，胞质强嗜酸性（图 2-44）。

③黏膜肌层：薄层平滑肌。

（2）黏膜下层　由疏松结缔组织构成，含有大量的血管、淋巴管和神经。

（3）肌层　由内斜、中环和外纵三层平滑肌构成。在胃的入口部，斜行肌形成贲门括约肌。环肌层在幽门部特别发达，形成强大的幽门括约肌。

（4）浆膜　为外层，被覆于胃的表面。

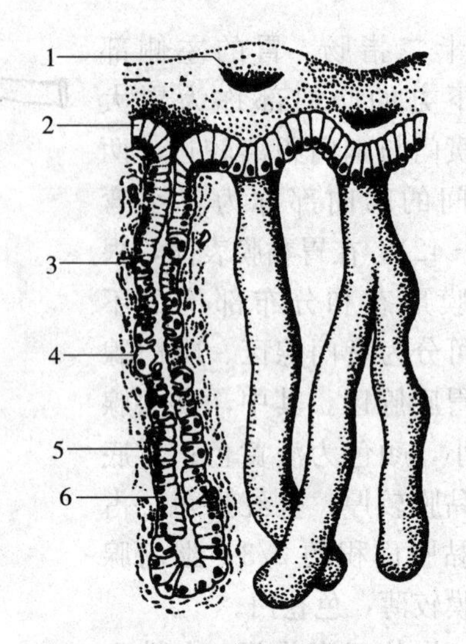


图 2-44　胃底腺模式图

1. 胃小凹　2. 黏膜上皮　3. 颈黏液细胞
4. 壁细胞　5. 内分泌细胞　6. 主细胞

**（五）小肠**

1. **小肠的形态和位置**　犬的小肠比较短，为体长的 3～4 倍，前接胃的幽门，后端止于盲肠。可分为十二指肠、空肠和回肠（图 2-45）。

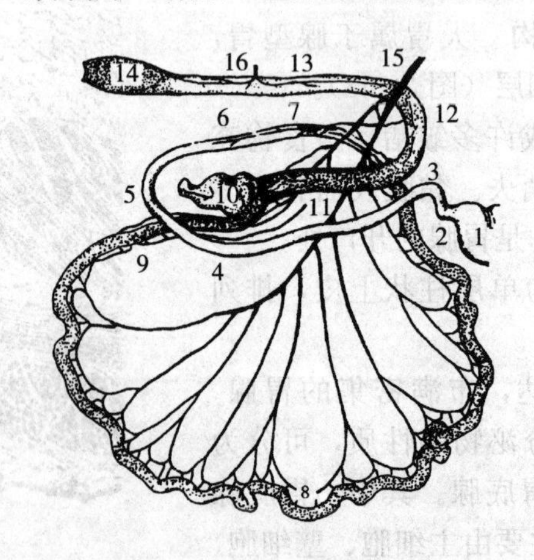


图 2-45　犬的肠

1. 胃　2. 幽门部　3. 十二指肠前曲　4. 十二指肠降部
5. 十二指肠后曲　6. 十二指肠升部　7. 十二指肠空肠交界处
8. 空肠　9. 回肠　10. 盲肠　11. 升结肠　12. 横结肠
13. 降结肠　14. 直肠　15. 肠系膜前动脉　16. 肠系膜后动脉

（1）十二指肠　位于右季肋部和腰部，位置较为固定。可分为前曲、降部、后曲和升部：前曲最短，起于胃的幽门，沿肝的脏面下行，在右侧第九肋间隙相对应处转为降部；降部系膜较长，并游离于大网膜外，在右肾后端第5～6腰椎间向左侧折转，移行为后曲；升部系膜较短，行于右侧的盲肠、升结肠、肠系膜根和左侧的降结肠、左肾之间，在腹腔右侧向后行，在肠系膜前动脉根部转向左侧，于肠系膜根部左侧移行延接空肠。十二指肠起始段有胆管和胰管的开口。

（2）空肠　是最长的一段，有 6～8 个肠袢组成。位于肝、胃和骨盆前口之前，前连十二指肠，后接回肠。

（3）回肠　是小肠的末段，短而直，由腹腔的左后部伸向右前方。前连空肠，后开口于盲肠和结肠的交界处，其开口处称为回盲口，有许多淋巴集结。回肠以回盲韧带与盲肠相连。

**2. 小肠的组织结构**　小肠壁分黏膜、黏膜下层、肌层和浆膜四层。

（1）黏膜　小肠黏膜形成许多环形皱褶和微细的肠绒毛，突入肠腔内，以增加与食物接触的面积。其中，空肠的环形皱褶发达，肠绒毛也密集。

①黏膜上皮：被覆于黏膜和绒毛的表面，由单层柱状上皮构成。上皮细胞之间夹有杯状细胞和内分泌细胞。杯状细胞在十二指肠较少，空肠逐渐增多，到回肠则更多。

②固有层：由富含网状纤维的结缔组织构成，固有层内除有大量的肠腺外，还有毛细血管、淋巴管、神经和各种细胞成分（如淋巴细胞、嗜酸性粒细胞、浆细胞和肥大细胞等）。肠腺主要由柱状细胞、杯状细胞、未分化细胞和内分泌细胞组成。固有层中的毛细淋巴管突入小肠绒毛内，形成中央乳糜管。中央乳糜管管壁由一层内皮细胞构成，无基膜，通透性很大，一些较大分子的物质可进入管内。毛细血管的内皮有窗孔，有利于物质的吸收（图 2-46）。

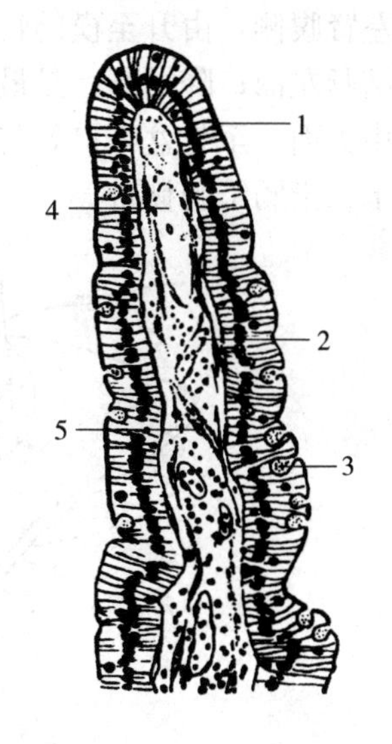

图 2-46　小肠绒毛

1. 柱状上皮　2. 毛细血管　3. 杯状细胞　4. 中央乳糜管　5. 固有层

③黏膜肌层：由平滑肌组成。

（2）黏膜下层　由疏松结缔组织构成，内有较大的血管、淋巴管、神经丛以及淋巴小结等。在十二指肠还分布有十二指肠腺，位于幽门附近。

（3）肌层　由内环、外纵两层平滑

肌组成。

（4）浆膜　肠管外膜。

## （六）大肠

**1. 大肠的形态和位置**　犬的大肠与小肠相比相对较短，长60～75cm，管径较细，几乎与小肠近似，无肠带和肠袋。可分为盲肠、结肠和直肠。

（1）盲肠　长12～15cm，呈S形弯曲，位于右肾后端的腹侧，小肠袢的背侧，十二指肠降部和胰右叶的腹侧，第2、3腰椎横切面处。盲肠与结肠相通，其相通处称为盲结口，位于回盲口的外侧；盲肠的尖端为盲端（图2-47）。

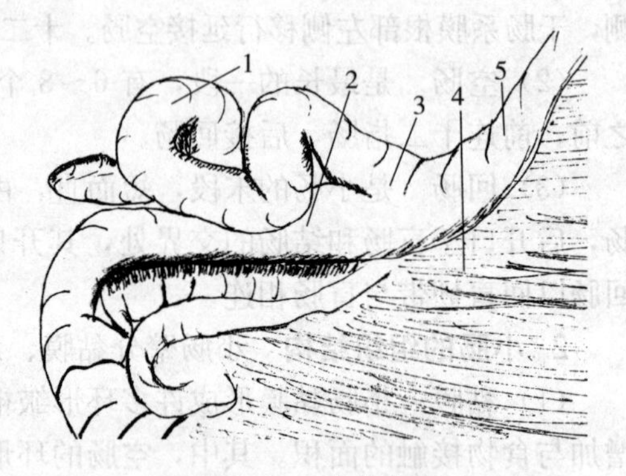


图2-47　犬的盲肠

1. 盲肠　2. 回肠　3. 回盲口　4. 肠系膜　5. 升结肠

（2）结肠　位于腹腔背侧，依次分为以下几段：升结肠，自盲结口向前行，沿十二指肠降部和胰右叶的内侧面向前至胃幽门部，较短（约10cm），位于肠系膜根的左侧，并越过正中矢状面延伸为横结肠；横结肠位于肠系膜根的前方，自右侧幽门处至左侧左肾腹侧，由升至横的转折部称为结肠右曲，由横结肠至降结肠的转折部称为结肠左曲；降结肠，是最长的一段，起始部位于肠系膜根的左侧，然后斜向正中矢面，至骨盆入口处与直肠衔接（图2-48）。降结肠与十二指肠升段之间是十二指肠结肠韧带。

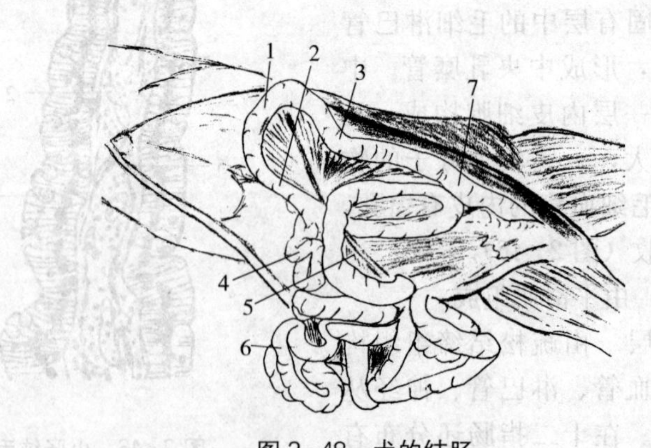


图2-48　犬的结肠

1. 横结肠　2. 升结肠　3. 降结肠　4. 盲肠　5. 肠系膜　6. 空肠　7. 直肠

（3）直肠　位于骨盆腔内，生殖器、膀胱和尿道的背侧，以直肠系膜附着于荐骨下面。犬的直肠很短，前连结肠，后部直径增大，称为直肠壶腹。后端变细形成肛管，最后以肛门与外界相通。肛门位于第四尾椎下方，肛门两侧各有肛旁窦的开口，肛旁窦的壁内有微小皮肤腺，其分泌物滞留于窦内，经窦管向外排出。

**2. 大肠的组织结构**　大肠壁的构造与小肠壁基本相似，也由黏膜、黏膜下层、肌层和浆膜构成。但大肠的黏膜表面光滑，不形成特殊的皱褶，无肠绒毛；黏膜上皮及固有层的大肠腺中有大量的杯状细胞；在固有层中有许多散在的淋巴小结，特别是在直肠，具有明显的小结节状隆起；肌层为内环、外纵两层平滑肌，较厚，特别是在直肠。

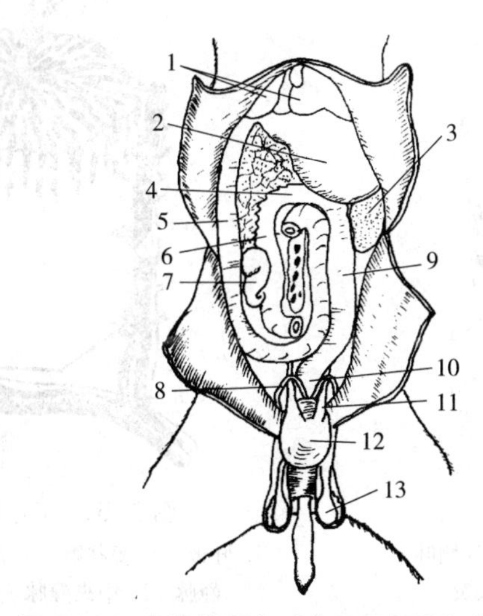


图 2-49　犬腹腔器官（空肠已切除）位置关系图

1. 肝　2. 胃　3. 脾　4. 横结肠　5. 十二指肠　6. 升结肠　7. 盲肠　8. 输精管　9. 降结肠　10. 直肠　11. 输尿管　12. 膀胱　13. 睾丸

## （七）肝

**1. 肝的形态和位置**　犬的肝位于腹前部，膈的后方，大部分偏右侧。肝壁面隆凸，与膈及腹腔侧壁相贴，右侧部有深的肾压迹，肾压迹的左侧有腔静脉沟，供后腔静脉通过；脏面凹，形成与胃、十二指肠前部和胰右叶相接的压迹。脏面的中部有肝门，门静脉和肝动脉经肝门入肝，肝管和淋巴管经肝门出肝。肝的表面被覆有浆膜，并形成左、右冠状韧带、镰状韧带、圆韧带、三角韧带与周围器官相连。

犬的肝呈红褐色，是体内最大的腺体，中部厚而边缘薄。由叶间切迹和肝门分为左外侧叶、左内侧叶、右外侧叶、右内侧叶、方叶和尾叶；肝圆韧带切迹的左侧为左叶，又以较深的叶间切迹分为左外侧叶和左内侧叶，左外侧叶较大，呈卵圆形，左内侧叶较小，棱柱状；胆囊右侧为右叶，同样以深的叶间切迹分为右外侧叶和右内侧叶；在肝门的下方，胆囊与圆韧带之间有方叶，在肝门上方有尾叶，尾叶又分为左侧的乳头突及右侧的尾状突（图 2-50）。

犬的胆囊呈弯曲的囊状，隐藏在肝脏的脏面方叶和右内叶之间。肝管出肝门与胆囊管汇合成胆总管，开口于距幽门 2～3cm 的十二指肠乳头上。

**2. 肝的组织结构** 肝的表面大部分被覆一层浆膜，其结缔组织伸入肝实质内，并将肝分隔成许多肝小叶（图 2-51）。

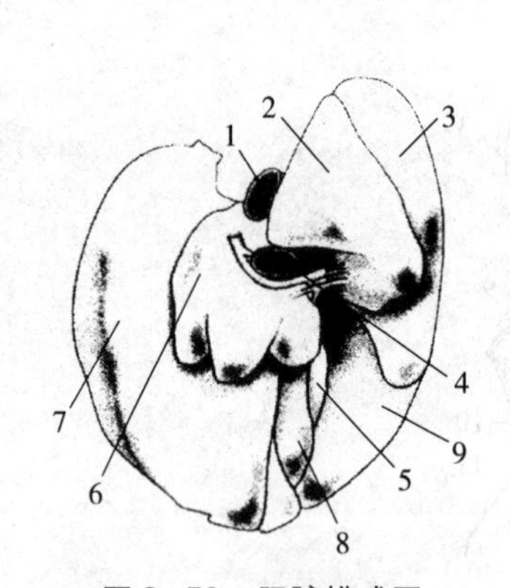


图 2-50 肝脏模式图

1. 后腔静脉 2. 尾状突 3. 右外侧叶 4. 门静脉 5. 胆囊 6. 乳头突 7. 左外侧叶 8. 方叶 9. 右内叶

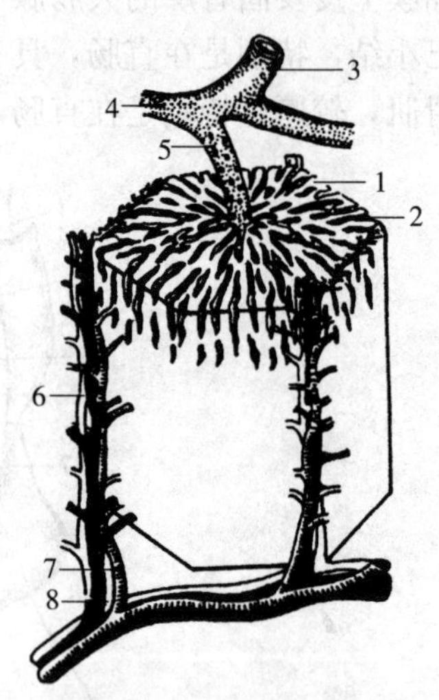


图 2-51 肝小叶模式图

1. 肝板 2. 窦状隙 3. 肝静脉 4. 小叶下静脉 5. 中央静脉 6. 小叶间胆管 7. 小叶间动脉 8. 小叶间静脉

（1）肝小叶 为肝的基本结构单位，呈不规则的多面棱柱状体。每个肝小叶的中央沿长轴都贯穿着一条中央静脉。肝细胞以中央静脉为轴心呈放射状排列，切片上则呈索状，称为肝细胞索，而实际上是些肝细胞呈行排列构成的板状结构，又称肝板。肝板互相吻合连接成网，网眼内为窦状隙。窦状隙极不规则，并通过肝板上的孔彼此沟通。

（2）肝细胞 呈多面形，胞体较大，界限清楚。胞核圆而大，位于细胞中央（常有双核细胞），核膜清楚。

（3）窦状隙 为肝小叶内血液通过的管道（即扩大的毛细血管或血窦），位于肝板之间。窦壁由扁平的内皮细胞构成，核呈扁圆形，突入窦腔内。此外，在窦腔内还有许多体积较大、形状不规则的星形细胞，以突起与窦壁相连，称为枯否氏细胞，这种细胞是体内单核吞噬细胞系统的组成部分。

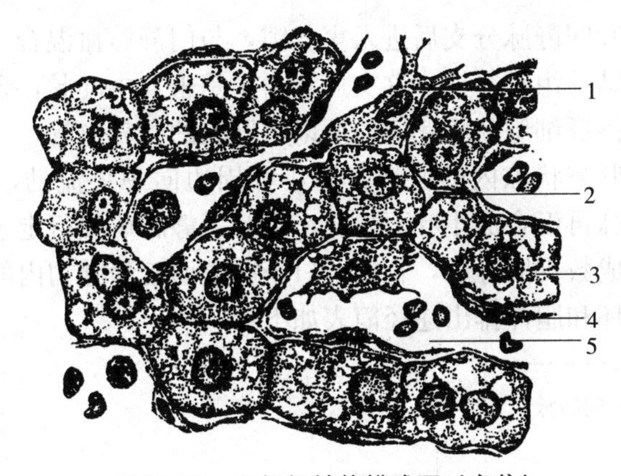


图 2-52　肝组织结构模式图（高倍）

1. 枯否氏细胞　2. 胆小管　3. 肝细胞　4. 内皮细胞　5. 窦状隙

（4）胆小管　直径为 0.5～1.0μm，由相邻肝细胞的细胞膜围成。胆小管位于肝板内，并互相通连成网，以盲端的形式从肝小叶中央向周边部延伸，胆小管在肝小叶边缘与小叶内胆管连接。

（5）门管区　门静脉、肝动脉和肝管由肝门进出肝，它们以结缔组织包裹，总称为肝门管。三个管道在肝内分支，并在小叶间结缔组织内相伴而行，分别称为小叶间静脉、小叶间动脉和小叶间胆管。在肝脏组织切片上，几个肝小叶相邻的结缔组织内常可见到伴行管的切面，称为门管区或汇管区。在门管区内还有淋巴管、神经伴行。

**3. 胆汁的排出途径**　肝细胞分泌的胆汁排入胆小管内，并由小叶的中央向边缘运送。在肝小叶边缘，胆小管汇合成短小的小叶内胆管。小叶内胆管穿出肝小叶，汇入小叶间胆管。小叶间胆管向肝门汇集，最后形成肝管出肝与胆囊管汇合成胆管后，再通入十二指肠内。

**4. 肝的血液循环**　进入肝的血管有门静脉和肝动脉，出肝的血管为肝静脉。

①门静脉：门静脉为引导来自胃、脾、肠、胰的静脉血的静脉干，经肝门入肝，在肝小叶间分支形成小叶间静脉，在肝小叶内形成终末分支开口于窦状隙，最后流向小叶中心的中央静脉。门静脉血由于主要来自胃肠，所以血液内既含有经消化吸收来的营养物质，又含消化吸收过程中产生的毒素、代谢产物及细菌、异物等有害物质。其中，营养物质在窦状隙处可被吸收、贮存或经加工、改造后再排入血液中，运到机体各处，供机体利用；而代谢产物、有毒、有害物质，则可被肝细胞结合或转化为无毒、无害物质，细菌、异物可被枯否氏细胞吞噬。因此，门静脉属于肝脏的功能血管。

②肝动脉：来自于腹腔动脉。经肝门入肝后，在肝小叶间分支形成小叶间

动脉，并伴随小叶间静脉分支后进入窦状隙，与门静脉血混合。部分分支还可到被膜和小叶间结缔组织等处。这支血管由于是来自主动脉，含有丰富的氧气和营养物质，可供肝细胞新陈代谢，所以是肝脏的营养血管。

③肝静脉：肝窦状隙内的血液自肝小叶周边向中央流动，汇集于中央静脉。若干中央静脉再汇合成小叶下静脉。小叶下静脉单独行走于小叶间结缔组织内，最后汇集成数支肝静脉，直接开口于肝壁面腔静脉沟内的后腔静脉。

肝的血液循环和胆汁排出途径简表如下：

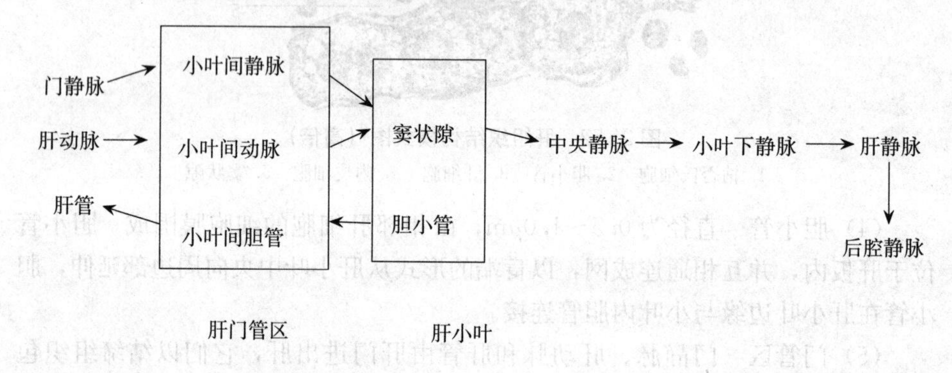


## （八）胰

**1. 胰的形态和位置** 犬胰呈“V”形，正常胰为浅粉色，由一个体部和两个叶组成：体部位于幽门附近；右叶位于右肾腹侧、降十二指肠的背内侧；左叶位于胃和肝之后、横结肠之前。犬通常有两条腺管，分别通入十二指肠，其中一条称为胰管，另一条称为副胰管（图 2-53）。

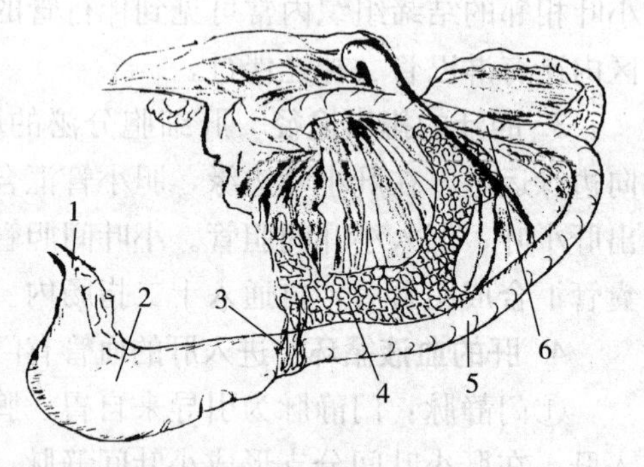


图 2-53 胰

1. 贲门 2. 胃 3. 幽门 4. 胰腺 5、6. 十二指肠

**2. 胰的组织结构** 胰的表面包有少量结缔组织，因而被膜较薄。结缔组织伸入胰腺内，将胰腺实质部分隔成许多小叶。胰的实质分外分泌部和内分泌部。

①外分泌部：属消化腺，可分为腺泡和导管两部分，占腺体的绝大部分。腺泡呈球状或管状，腺腔很小，均由浆液性腺细胞组成。其合成的分泌物称为胰液，在细胞顶端排入腺腔内，再由各级导管（闰管、小叶内导管、小叶间导管、叶间导管和总导管）汇集后，经胰管注入十二指肠。

②内分泌部：位于外分泌部的腺泡之间，由大小不等的细胞群组成，形似小岛，故又名胰岛。胰岛细胞呈不规则索状排列，且互相吻合成网，网眼内有丰富的毛细血管和血窦。胰岛细胞分泌胰岛素和胰高血糖素，经毛细血管进入血液，有调节血糖代谢的作用。

## 三、消化生理

机体在生命活动中必须不断从外界摄取各种营养物质，以供机体新陈代谢的需要，这些营养物质都来自于食物。食物中的营养物质主要包括蛋白质、脂肪、糖类、维生素、无机盐和水。其中，蛋白质、脂肪和糖类结构复杂，动物不能直接吸收，只有在经过消化道中经一系列复杂的消化、分解，使其变成简单易吸收的物质，才能被利用。

### （一）消化方式

**1. 化学性消化**　指食物在消化道内由消化腺分泌的消化酶和植物性饲料本身的酶对饲料所产生的作用的一种消化方式。消化酶能将结构复杂的营养物质分解成简单的物质以便吸收利用。如蛋白质在蛋白酶的作用下分解成小分子的氨基酸；多糖在糖酶的作用下分解成单糖或葡萄糖；脂肪在脂肪酶作用下分解成甘油和脂肪酸等。犬的胃黏膜能分泌胃蛋白酶、凝乳酶、脂肪酶等。当犬摄入蛋白类食物时，在胃蛋白酶的作用下发生一系列的化学变化，使蛋白质分解成能吸收的物质，供机体生命活动利用。化学性消化不但发生在胃，而肠道中有许多能分泌消化酶的细胞，一起参与营养物质的消化过程。

**2. 机械性消化**　指通过消化器官的运动，改变食物的物理性质的一种消化方式。犬通过用牙齿咬断食物，在口腔内咀嚼、吞咽进入胃，通过胃、肠运动等，将大块食物变为小块，并沿消化管向后移行，同时与消化液充分混合，使食糜与消化管壁充分接触，以利于营养物质的吸收。最后把消化吸收后的残渣通过肛门排出体外。

**3. 生物性消化**　指食物在消化道内由微生物参与消化的一种方式。犬的生物性消化场所在大肠。因大肠内环境适宜细菌的繁殖，这些细菌能把摄入的蛋白分解成吲哚、粪臭素、酚等有毒物质，并吸收经肝内解毒后排出体外，未被吸收的随粪便排出。此外，在小肠内没有被消化的糖类和脂肪，在大肠经细菌分解利用或排出。

上述三种消化方式的作用是相互协调的。是把食物由大变小并向后推送，使消化道中的食物充分与消化液混合，以达到被摄取物质的充分消化和吸收的目的。

### （二）消化道各部的消化作用

**1. 口腔的消化** 食物在犬口腔内的消化包括采食、咀嚼、唾液分泌三个过程。

（1）采食 采食是犬通过唇、舌、齿、颌部和头部的肌肉运动将食物送进口腔的过程。犬是肉食动物，常以门齿和犬齿咬扯食物，并借舌头、颈运动，甚至靠前肢协助采食。此外，犬饮水时，把舌头浸入水中并卷成匙状，将水送入口腔。幼犬吮乳是靠下颌和舌的节律性运动来完成的。

（2）咀嚼 咀嚼是机械地将饲料粉碎，并破坏其结构，使饲料的消化面积增加，有利于消化。同时，反射地引起消化腺的分泌和促进胃肠运动。犬摄入食物一般随采随咽，咀嚼不充分，常不混合唾液。只有在啃咬骨头或较硬的食物时稍加咀嚼。

（3）唾液分泌 犬唾液为无色透明的黏性液体。犬在安静时分泌的唾液，pH 偏弱酸性，而有食物刺激时分泌的唾液，pH 可升达 7.5 左右。唾液由约 99.4%的水分、0.6%的无机物及有机物组成。无机物中有钾、钠、钙、镁的氯化物、磷酸盐和碳酸氢盐等；有机物主要是黏蛋白和溶菌酶。

唾液的分泌受生理状态和食物组成的影响。平时分泌量较少，在采食时明显增加。食物的气味、形状及饲喂信号等均可增加唾液的分泌。

唾液的主要作用是浸润饲料，利于咀嚼。唾液中的黏液能使嚼碎的饲料形成食团，便于吞咽；能溶解饲料中的可溶性物质，刺激舌的味觉感受器引起食欲，促进各种消化液的分泌；唾液中含溶菌酶，具有抗菌作用，能帮助清除一些食物残渣和异物，清洁口腔；能协助散热，尤其是在严烈的夏季，犬通过张口呼吸，并将舌伸出口腔外来散发体内的热量。

**2. 咽和食管的消化** 食物在咽和食管内不进行消化，只是借肌肉的运动向后推移。

**3. 胃的消化** 犬是单胃动物，其消化方式主要以化学性消化为主。

（1）胃液的消化作用 胃液是胃腺分泌的混合液，无色透明，pH 呈弱酸性，在高分泌率时呈强酸性。胃液成分主要包括消化酶、黏蛋白、内因子及无机物等。

①盐酸：主要由胃底腺壁细胞分泌。大部分为游离酸，小部分是与黏液中的有机物结合的结合酸。其作用有：致活胃蛋白酶原，供给胃蛋白酶所需要的酸性环境；使蛋白质变性而易于分解；有一定的杀菌作用；促进胰液、胆汁及肠液的分泌；造成酸性环境有助于 $Fe^{2+}$、$Ca^{2+}$ 的吸收。

②胃蛋白酶：主要由胃底腺主细胞分泌。分泌入胃的胃蛋白酶原是没有活性的，在胃酸或已激活的胃蛋白酶的作用下转变为具有活性的胃蛋白酶。胃蛋

白酶在较强酸性环境（pH1.8～3.5）下将蛋白质水解为蛋白䏡和蛋白胨。

③凝乳酶：能使乳凝固，也具有分解蛋白质的性质。哺乳期幼犬胃液中含量高，刚分泌的凝乳酶没有活性，在胃的酸性环境下能使凝乳酶致活，使乳中的酪蛋白原转变为酪蛋白，后者与钙离子结合成不溶性酪蛋白钙，延长乳在胃内的停留时间，增加胃液对乳汁的消化。

④黏液：黏液的主要成分是糖蛋白。不溶性黏液由表面上皮细胞分泌，呈胶冻状，黏稠度很大；可溶性黏液是胃腺的黏液细胞和贲门腺、幽门腺分泌的。黏液经常覆盖在胃黏膜表面，有润滑作用，使食物易于通过；保护胃黏膜不受食物中坚硬物质的损伤；还可防止酸和酶对黏膜的侵蚀。

⑤内因子：内因子能和食物中维生素 $B_{12}$ 结合成复合物，通过回肠黏膜受体将维生素 $B_{12}$ 吸收。

（2）胃的运动　胃通过运动将食物与胃液混合并向后移动。主要有两种方式：一种是以平滑肌持久地缩短为特征的紧张性收缩，收缩缓慢有力，可增加胃内压力，使食物向幽门移动，并与胃液混合；另一种运动是收缩与舒张交替进行的蠕动，一般从贲门向幽门呈波浪式推进，运动力由小到大，到幽门极为有力，将食物推入十二指肠。

胃的运动调节是受迷走神经和交感神经的调节。迷走神经对胃运动有兴奋作用，可增强胃肌肉的收缩力。交感神经则降低环行肌的收缩力。食物进入胃后，食物按进入先后在胃体部形成同心圆，先进入的食物在中心，后进入的食物在外周，在食物进入胃的过程中，食物对咽、食管处感受器产生刺激，引起胃底和胃体肌肉舒张，使胃容量扩大。当胃内充满食物时，食物对胃壁的机械和化学刺激，可使局部通过壁内神经丛，加强平滑肌的条件性收缩，加速蠕动。大脑皮层对胃壁肌的紧张性和蠕动运动亦有显著的影响。胃运动除非条件反射外，还有条件性反射，当犬看到食物或嗅到食物的气味，胃就开始运动。此外，胃泌素能增加胃肌收缩，促胰液素和抑胃肽能抑制胃的收缩。

食物在胃内与消化液混合后形成食糜，随胃的运动，将胃内食糜排入十二指肠称为胃排空。犬的胃排空较快。胃排空的速度决定于食物的性质和胃收缩运动的动力及动物的状况。当蠕动波将食糜推送至胃尾区时，胃窦、幽门和十二指肠起始部均处于舒张状态，食糜进入十二指肠。随蠕动波到达胃窦末端，幽门关闭，排空暂停。由于幽门关闭，十二指肠收缩，食糜被推向后段。随后胃窦、幽门、十二指肠相继舒张，使来自胃体的新的食糜再次进入，从而开始新的排空过程。食物进入十二指肠取决于胃内和肠内压力差，当胃内压大于肠内压时，食物易进入十二指肠。而酸性食糜刺激胃壁时，其胃的排空较慢。当胃排空后数小时，胃体出现节律性蠕动收缩，这种收缩为饥饿性收缩，动物感到有饥饿感。

**4. 小肠的消化**

（1）小肠的运动　小肠内有内环外纵两层平滑肌，外层收缩时使肠管的长度缩短，内层收缩时使肠管直径缩小，两层平滑肌复合收缩，肠管产生各种运动形式。小肠的运动能使食糜与消化液充分混合，同时消化道内的消化产物与肠壁黏膜密切接触，以便充分吸收；同时，小肠的运动可使食糜向后推移。小肠运动的基本形式有蠕动、分节运动、钟摆运动。

①蠕动：由肠壁环形肌收缩、舒张产生的运动。小肠某一部分的环形肌收缩，相邻近部分的环形肌舒张，紧接着原来收缩部分出现舒张，而舒张部分出现收缩，这种收缩和舒张运动连续进行，从外观上看呈波浪状收缩，形似蠕虫运动。小肠蠕动速度缓慢，每分钟 1～2cm。小肠的蠕动与胃运动有着密切关系，特别是幽门的运动，当胃运动加强时，小肠蠕动随之增加。此外，有时会产生逆蠕动，将食糜向相反方向推进，其收缩力量较弱。但十二指肠部逆蠕动较明显。

②分节运动：是以小肠环行肌产生节律性收缩与舒张为主的运动。当一段肠管充满食糜时，间隔一定距离的环行肌同时收缩，邻近的环行肌则舒张，将肠管内的食糜分成许多节段，随后收缩的环行肌舒张，舒张的环行肌则收缩，使原来的小节分为两半，后一半与后段的前一半合并形成新小节。小肠这样有节律性运动，使食糜切断、合拢、翻转与肠壁黏膜充分接触，有利于营养物质吸收进肠壁毛细血管内。

③钟摆运动：以纵行平滑肌产生节律性舒缩为主的运动。当食糜进入小肠后，小肠的纵行肌一侧发生节律性的舒张和收缩，对侧发生相应的收缩和舒张，使肠段左、右摆动，肠内容物随之充分混合并与肠壁接触，以利于营养物质的消化和吸收。这种节律性运动次数和强度由前向后逐渐减弱。

（2）小肠内消化液的消化作用　食糜经胃消化后逐渐进入小肠，在小肠消化液的作用下进一步消化。小肠液有胰液、胆汁和肠液。

①胰液：是胰的外分泌部分泌的一种消化液，经胰管进入十二指肠参与小肠内消化。胰液中含有大量的消化酶，如胰蛋白酶、胰脂肪酶、胰淀粉酶及糖酶。这些酶进入小肠后在肠激酶和胆盐的作用下产生活性，能分解蛋白、脂肪及糖类物质。其中，胰脂肪酶对肉食动物较为重要，存于肠液中。脂类食物在小肠内由于肠蠕动与胆汁中的胆酸盐混合，分散形成乳胶体，并在胰腺分泌的胰脂肪酶作用下使脂肪分解成甘油三酯和脂肪酸，甘油三酯继而组成乳糜微粒进入淋巴循环，再进入血液循环被吸收利用或贮存为脂肪组织。

犬胰液的分泌一般是在消化过程中进行，当犬进食后胰液分泌增多，消化结束后胰液的分泌就停止。胰腺分泌受神经和体液双重控制：当犬采食时，可通过神经反射的兴奋促使胰腺分泌增加；当犬在采食大量酸性食物时，酸性物质刺激十二指肠和空肠黏膜产生促胰液素，促进胰腺小导管上皮细胞分泌胰液。犬一昼夜可分泌5～6L胰液。

②胆汁：犬的胆汁呈红褐色（胆红素），具有强烈的苦味，为带黏性的液体。由肝脏产生胆汁呈弱碱性，而贮存在胆囊内的胆汁，呈弱酸性。胆汁中没有消化酶，其主要成分为胆色素、胆酸、胆固醇、卵磷脂、脂肪、胆酸盐及矿物质等。胆汁的消化作用有以下几方面：胆酸盐是胰脂肪酶的辅酶，能增加脂肪酶的活性；胆酸盐能降低脂肪滴表面的张力，乳化脂肪，增加脂肪与脂肪酶接触面积，有利于脂肪酶消化作用；胆汁是肝脏分泌的，其中含有大量的胆酸、胆固醇和其他有机成分，这些成分进入胆小管，与胆管上皮细胞分泌物、$NaHCO_3$及水分混合形成缓冲液，调节机体内环境；胆酸盐能与脂肪酸结合成水溶性复合物，促进脂肪酸的吸收；促进脂溶性维生素的吸收（维生素A、维生素D、维生素E、维生素K）；胆汁中的碱性无机盐可中和由胃进入小肠的酸性食糜，维持肠内环境；胆汁可刺激小肠的运动。

犬的胆汁是连续分泌的，一般在消化期有1/2的肝胆汁直接进入十二指肠，另1/2贮存于胆囊中；在消化间期，胆汁全部进入胆囊。由于胆汁中$NaCl/NaHCO_3$和水在胆囊中被吸收，因此胆囊中的胆汁是浓缩状态。

③小肠液：由小肠肠腺分泌，是一种混合分泌物。小肠液呈无色或灰黄色混浊液，呈弱碱性。其成分有肠激酶、肠肽酶、肠脂肪酶、肠糖酶、肠蛋白酶等。这些酶以两种形式存在于肠内：一种是被溶解的酶，存在于小肠液中，另一部分是不溶解状态的酶，存在于小肠黏膜脱落的上皮中。肠液消化酶的活性随饲料性质而发生变化，饲料中的某一种成分增多时，其某种肠酶分泌就增加。小肠液中各种酶的分布随部位不同有一定的差异，如空肠中的糖酶比回肠高，肠激酶只存在于十二指肠和空肠上部的分泌物中。小肠液的分泌受神经支配。当食糜刺激肠黏膜中的机械和化学感受器时，经肠壁神经丛的作用，引起小肠分泌肠液。迷走神经兴奋也可引起小肠液的分泌。

**5. 大肠的消化**　大肠的主要功能是吸收水分和微生物的消化。

（1）大肠内的生物学消化作用　食糜通过小肠吸收后经回盲口进入大肠，并将小肠内的消化酶和微生物带入大肠。因大肠腺分泌的大肠液呈碱性，故大肠内环境很适宜微生物（大肠杆菌、葡萄球菌）的生长繁殖。大肠液的成分是$HCO^-$、$PO_4^{3-}$，形成重要的缓冲系统。在大肠内的食糜中蛋白质经细菌分解生成吲哚、酚、甲酚等有害物质，这些有害物质经肠黏膜吸收进入血液后，在肝脏内解毒随尿排出体外，未被吸收的随粪便排出。

由小肠排入大肠内未消化的脂肪和糖类，也经大肠内的细菌作用分解成甘油和脂肪酸、单糖及其他产物。如：甲酸、乙酸、草酸、乳酸、丁酸及二氧化碳等。

（2）大肠的运动　大肠受食糜的机械、化学刺激，也和小肠一样产生蠕动，但它蠕动速度较小肠慢，强度较弱。盲肠和结肠除蠕动外，还有逆蠕动。大肠通过蠕动，推动食糜在肠管内来回移动，使食糜得以充分混合。食糜在大肠内停留较长时间，这样能使细菌充分消化纤维素，并保证挥发性脂肪酸和水分的吸收。此外，还有一种进行得很快的蠕动，称为集团蠕动，它能把粪便推向直肠引起便意。如果大肠运动机能减弱，则粪便停留时间延长，水分吸收过多，粪便干固以至便秘；若大肠或小肠运动增强，水分吸收过少，则粪便稀软，甚至发生腹泻。大肠运动受两种神经支配，副交感神经兴奋时运动加强，交感神经兴奋时则运动减弱。

**（三）吸收**

食物经过复杂的消化过程后，分解为小分子物质，这些物质及水分、盐类等通过消化道上皮细胞进入血液和淋巴液的过程，称为吸收。被吸收的营养物质经血液循环输送到全身各部位，供组织、细胞的生命活动所利用。

1. **吸收部位**　在消化道的不同部位，吸收的能力、速度有所不同。小肠是营养物质吸收的主要部位。小肠黏膜表面有许多环状皱褶和密集的肠绒毛，绒毛表面有微绒毛，大幅度增加了肠内表面积。此外，食物在小肠内停留的时间也最长。

2. **吸收机制**　大致可分为被动转运和主动转运两类。

①被动转运：包括单纯扩散和易化扩散作用。单纯扩散是以物理学驱动力（渗透压、流体静力压等）引起物质从高浓度一侧向低浓度一侧转运。物质进入血液有四种方式：a. 通过上皮细胞膜；b. 通过小肠上皮的充水管转运水溶性物质；c. 通过细胞膜间不紧密的结合点转运电解质；d. 通过细胞挤压出现的空隙即吸混作用转运大颗粒物质。易化扩散是一种顺浓度梯度进行转运的过程，但需特异性载体参与。

②主动转运：是由于细胞膜上存在着一种具有“泵”样作用的转运蛋白，可以逆浓度梯度转运 $Na^+$、$Cl^-$、$K^+$、$I^-$ 等电解质及单糖和氨基酸等非电解质。主动转运的必需条件，一是需要细胞膜上特异性载体；二是需要转运功能的 ATP 酶。载体系统具有明显的特异性，每个系统只能运载某一些特定物质，如葡萄糖转运载体、氨基酸转运载体、各类氨基酸都有相应的特殊载体。

### 3. 各种营养物质的吸收

①水分的吸收：动物体内的水分主要是在小肠和大肠吸收，胃吸收的水分较少。水分经胃黏膜时，借助于滤过、渗透吸收；肠壁吸收水分的动力是渗透，当肠黏膜吸收大量的营养物质时，使肠壁上皮细胞内渗透压升高，促使水分被吸收。

②糖的吸收：从饲料中进入消化道内的糖类，经消化酶降解成溶解性的单糖或双糖，单糖吸收后经门静脉送到肝脏，部分糖进入肠毛细淋巴管经淋巴入血。但有些双糖不能被吸收利用，在肠双糖酶的作用下分解成单糖。单糖的吸收是耗能的主动转运过程，是通过与“载体”的结合产生逆浓度梯度的主动运输来完成，并需消耗能量（ATP）。

③脂肪的吸收：脂肪消化后分解为甘油、游离脂肪酸和甘油一酯，在胆盐的作用下形成水溶性复合物，再经聚合形成脂肪微粒。脂肪微粒直径小，仅为3～6$\mu$m，很容易进入食糜中。在吸收时，脂肪微粒中各主要成分被分离开来，分别进入小肠上皮。甘油一酯和脂肪酸靠扩散作用在十二指肠和空肠被吸收；胆盐靠主动转运在回肠末段被吸收。脂肪吸收后，各种水解产物重新合成中性脂肪，外包一层卵磷脂和蛋白质的膜成为乳糜微粒，通过淋巴和血液两条途径进入肝脏。

胆固醇在胆盐、胰液和脂肪酸的作用下，通过单纯扩散进入肠上皮细胞转入淋巴管被吸收。磷脂大部分完全水解为脂肪酸、甘油、磷酸盐才能进入肠腔上皮转入淋巴管被吸收。小部分可直接吸收。

④盐类的吸收：主要以钠、铁、钙等离子的形式被小肠吸收。不同的盐类被吸收的难易程度不同。氯化钠、氯化钾最易被吸收，其次是氯化钙和氯化镁，而磷酸盐和硫酸盐最难被吸收。

⑤蛋白质的吸收：蛋白质吸收部位主要是小肠，蛋白质进入消化道后，经蛋白质酶被分解为能吸收的小分子物质——氨基酸才能吸收。游离氨基酸通过主动运输方式，在载体和ATP作用下被吸收，未经消化的天然蛋白质及蛋白质的不完全分解产物只能被微量吸收进入血液。在某种情况下，天然蛋白质可直接吸收，如新生犬，从母体初乳进入消化道的免疫球蛋白，可依赖肠黏膜上皮细胞的胞饮作用吸收，再经淋巴进入血液循环。

⑥维生素吸收：包括脂溶性维生素和水溶性维生素的吸收。

脂溶性维生素有维生素A、维生素D、维生素E及维生素K。吸收部位主要在小肠前段，维生素的吸收与脂类吸收有密切关系。维生素D、维生素E、维生素K为被动扩散吸收。维生素A是通过载体主动吸收。脂溶性维生素在肠道中吸收后进入肠壁黏膜细胞，再经淋巴管循环进入血液循环送至全身。

水溶性维生素包括维生素C和维生素B族（维生素$B_1$、维生素$B_2$、维生素$B_6$、维生素$B_{12}$、生物素、尼克酸等）。维生素$B_1$、维生素$B_2$、生物素、尼克酸依赖载体主动转运吸收；维生素$B_6$为单纯扩散转运吸收。维生素$B_{12}$吸收方式较特殊：a. 跨膜转运，b. 与饲料中的蛋白质解离在肠腔中运转，c. 与胃黏膜分泌的内因子形成复合物，并与肠黏膜上特异受体结合。

**（四）粪便的形成和排粪**

经消化吸收后的食物残渣一般在大肠内停留10h以上，大部分水分在此被吸收，其余经细菌发酵和腐败作用后，残渣逐渐浓缩而形成粪便。

排粪是一种复杂的反射动作。直肠内存在许多感受器，肛门括约肌正常处于收缩状态。当残渣积聚到一定量时，刺激肠壁压力感受器，通过盆神经传至荐部脊髓的排粪调整中枢，再传至延脑和大脑皮层的高级中枢，由中枢发生冲动传至大肠后段。引起肛门括约肌舒张和后段肠壁肌肉的收缩，且在腹肌收缩配合下，增加腹压进行排粪。大脑皮层对排便活动有抑制或促进作用。

## 【技能训练】

### 一、消化器官形态、构造的识别

**【目的要求】**识别犬消化系统的结构、形态、位置、色泽等。

**【材料设备】**犬、解剖器械。

**【方法步骤】**观看犬消化系统解剖标本或录像，再观察新鲜尸体标本。

（1）口腔的构造；舌头形态；舌乳头种类；硬腭、软腭的位置；牙齿的区分；咽；舌下腺、颌下腺、腮腺的开口。

（2）食管结构；胃、肠、脾的形态色质；胰的位置及分布；肝的分叶。

（3）结肠的形态与走向；回盲口结构及盲肠形态。

（4）膈肌与腹腔的关系；膈肌上的三个裂孔的位置。

**【技能考核】**在犬尸体标本上识别胃、肠（小肠分段、大肠分段及结肠的路径）的形态、胰的位置。

### 二、胃、肝、小肠组织结构的识别

**【目的要求】**识别犬胃、肝、小肠的组织构造。

**【材料设备】**显微镜、胃、肝、小肠组织切片。

**【方法步骤】**在教师指导下用显微镜观看小肠、肝、胃的组织结构。

（1）胃壁的四层结构；胃黏膜柱状上皮细胞的形态、分布；胃腺的结构。

（2）认识肝小叶；小叶间动脉和小叶间静脉；中央静脉。

（3）识别小肠黏膜层组织构造；消化腺的分布。

## 三、胃肠体表投影的识别

**【目的要求】**体表识别犬胃、肝、小肠的位置。

**【材料设备】**犬

**【方法步骤】**①胃的位置及形态。②肠的形态、位置。③肠蠕动音听诊部位。

**【技能考核】**识别胃、肝、小肠位置，找出肠蠕动音听诊部位。

## 四、小肠蠕动及小肠吸收实验

**【目的要求】**理解渗透压的概念，渗透压对小肠吸收的意义。

**【材料设备】**犬、手术台、麻醉药、手术器械、注射用水、25%硫酸镁、10%葡萄糖、5%葡萄糖、10%盐水、生理盐水等。

**【方法步骤】**

（1）固定犬，麻醉，从腹白线处剖开腹腔，拉出肠管。

（2）分段结扎空肠，每段长5cm左右，分别向各段肠管内注入以上药物，20min内观察吸收情况，并做好记录进行分析。

**【技能考核】**记录实验结果，分析机理。

## 【复习思考题】

1. 简述犬消化系统的组成？
2. 腹腔是如何划分的？
3. 消化管的基本结构？
4. 犬牙齿有哪些特点？
5. 犬结肠的走向，盲肠的特征？
6. 简述胆汁的生理作用？
7. 小肠的吸收功能如何？

# 第四节 呼吸系统

**【学习目标】**了解呼吸的概念、呼吸系统的组成，掌握主要呼吸器官（喉、气管、肺）的形态位置和构造，能在犬体上找到肺的体表投影，在显微镜下识别肺的组织结构。了解犬呼吸运动的方式、气体交换和气体运输等基本的呼吸生理知识。

机体在新陈代谢过程中，需要不断从外界吸入氧气，同时将体内代谢产生的二氧化碳排出体外。呼吸是指机体与外界环境之间的气体交换。呼吸主要依靠呼吸系统来完成。

## 一、呼吸系统的构造

呼吸系统由鼻、咽、喉、气管、支气管和肺组成。其中鼻、咽、喉、气管和支气管为气体出入肺的通道，称为呼吸道，没有气体交换功能，主要起保障气体流通的作用。肺是呼吸系统的核心器官，主要作用是进行气体交换。在呼吸道和肺两者的共同作用下，完成呼吸功能。

### (一) 鼻

鼻包括外鼻、鼻腔和鼻旁窦。

**1. 外鼻** 较平坦，由鼻尖、鼻背、鼻侧部和鼻根组成。鼻尖的两侧有一对鼻孔，鼻孔呈逗点形，是鼻腔的入口，由内、外两侧鼻翼围成。鼻尖上特化形成的皮肤称为鼻镜。正常状态下，鼻镜始终保持湿润状态。鼻镜的干燥程度是判断疾病发展程度的一个重要参考依据。

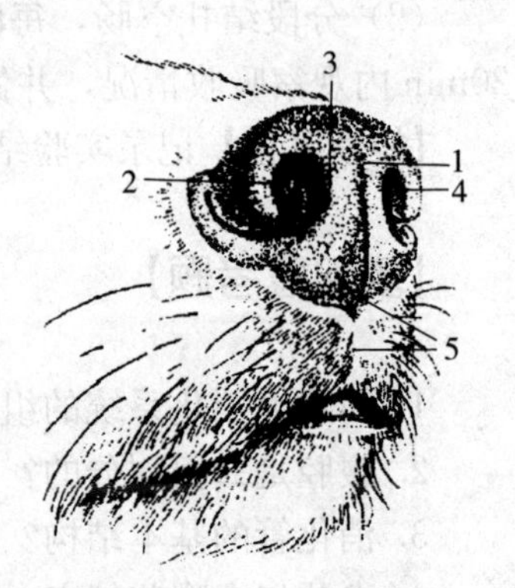

图 2-54 犬的外鼻

1. 鼻尖 2. 外侧鼻翼 3. 内侧鼻翼 4. 鼻孔 5. 上唇沟

（安铁洙，犬解剖学，2003）

**2. 鼻腔** 为呼吸道的起始部分，由面骨构成，呈圆筒状，为呼吸和嗅觉器官。鼻腔被鼻中隔分为左、右两半，每侧鼻腔都由鼻前庭和固有鼻腔组成。

（1）鼻前庭 是鼻腔前部衬有皮肤的部分，相当于鼻翼所围成的空腔。

（2）固有鼻腔 位于鼻前庭之后，由骨性鼻腔覆以黏膜构成。鼻腔侧壁有上、下鼻甲骨，将每侧鼻腔分为上、中、下三个鼻道。上鼻道狭窄，通嗅区；中鼻道被分为上下两部分，上部分通嗅区，下部分通下鼻道；下鼻道最宽，为气体的主要通道。

鼻黏膜为衬于固有鼻腔内表面及被覆于鼻甲表面的黏膜，根据结构和功能的不同，分为呼吸部和嗅部。呼吸部位于鼻腔中部，其黏膜呈粉红色，内含丰富的血管和腺体，能净化、湿润和温暖吸入的空气。嗅部位于鼻腔后上部，其黏膜呈黄褐色，具有嗅觉功能，嗅觉十分灵敏。

3. **鼻旁窦**　为鼻腔周围头骨内一些直接或间接与鼻腔相通的空腔。窦黏膜与鼻黏膜相连。犬的鼻旁窦不发达，包括成对的额窦和上颌窦，有减轻头骨重量、温暖和湿润空气及共鸣的作用。

### （二）咽

参见消化系统。

### （三）喉

喉位于下颌间隙的后方，头颈交界的腹侧，前通咽，后接气管。喉既是呼吸通道，也是发音器官。由喉软骨、喉肌和喉黏膜构成。

1. **喉软骨**　共有 4 种或 5 块，即不成对的会厌软骨、甲状软骨、环状软骨和成对的勺状软骨。软骨间借韧带连接起来。

（1）会厌软骨　位于喉的最前部，由弹性软骨构成，呈叶片形，基部厚，游离部狭窄。会厌软骨表面覆盖着黏膜，具有弹性和韧性，其前端游离且向舌根翻转，吞咽时可盖住喉口，防止食物误入喉和气管。

（2）甲状软骨　是喉软骨中最大的一块，由透明软骨构成，形成喉腔侧壁和底壁的大部。软骨体的腹侧面形成喉结，可在活体触摸到。

（3）环状软骨　位于甲状软骨的后面，由透明软骨构成，呈环形，软骨背部宽，其余部分窄。

（4）勺状软骨　有一对，位于环状软骨的前缘两侧，甲状软骨侧板的内侧，形态不规则，形似角锥形。

2. **喉肌**　为骨骼肌，附着于喉软骨的外侧，可改变喉的形状，进行吞咽、呼吸及发音等活动。

3. **喉腔**　是由衬于喉软骨内面的黏膜所围成的腔隙。喉腔中部侧壁上的黏膜形成一对褶皱，称为声带，是机体的发声器官。两侧声带间的狭隙为声门裂，是喉腔最狭窄的部分，气流通过时振动声带即可发声。

### （四）气管和支气管

气管和支气管是连接喉与肺的通道，支气管为气管的分支，两者的形态和结构基本相似。

1. **气管的形态位置**　气管是由多个气管软骨环组成的一圆筒状长管。起于喉，在颈部位于食道的腹侧。进入胸腔后，很快分支形成支气管。进入肺以后，继续分支形成支气管树。

**2. 气管的构造** 气管由内向外分为黏膜、黏膜下层和外膜三层。

（1）黏膜 由黏膜上皮和固有膜构成。黏膜上皮为假复层柱状纤毛上皮，内含有杯状细胞。杯状细胞分泌的黏液可黏附气体中的尘粒和细菌，纤毛则向喉的方向摆动，将黏液排向喉腔，从而排出体外。

（2）黏膜下层 由疏松结缔组织构成，内含气管腺，可分泌黏液。

（3）外膜 由气管软骨和致密的结缔组织构成。软骨环呈U型，缺口朝上，由平滑肌束和结缔组织填充。相邻的气管环之间由弹性纤维板相连。

### （五）肺

**1. 肺的形态和位置** 肺在胸腔纵隔两侧，右肺比左肺大25%。健康犬的肺呈粉红色，海绵状，富有弹性。

肺有3个面：与胸腔侧壁接触的隆凸面为肋面，面上有肋骨压迹；在内侧与纵隔接触的为纵隔面，有心压迹及食管和大血管压迹；在后下方与膈肌接触的凹面为膈面。

肺有3个缘：背缘钝而圆，位于肋锥沟中；腹缘薄而锐，位于外侧壁和纵隔间的沟内；后（底）缘位于胸外侧壁与膈之间。

犬的左肺分为2叶，即前叶和后叶，其前叶又分为前后两部；右肺分为4叶，由前向后为前叶、中叶、后叶和副叶。两肺上都有心压迹，其中右肺的心压迹比左肺深。右肺的前叶和后叶间有较大的心切迹，相当于第四肋间隙的腹侧壁，是临床上进行右心穿刺的最佳部位。

**2. 肺的组织结构** 肺由肺胸膜和肺实质构成

（1）肺胸膜 是覆盖在肺表面的一层浆膜，由间皮和结缔组织构成。结缔组织伸入肺内，将肺实质分为许多小叶。犬小叶间结缔组织较少，肺小叶分界不明显。

（2）肺实质 由导气部和呼吸部构成。支气管在肺内反复分支，形成各级支气管。从肺内支气管到终末细支气管的各级管道，是气体出入的通道，并无气体交换，故称为肺的导气部。终末细支气管继续分支为呼吸性细支气管，管壁上出现散在的肺泡，开始出现呼吸功能。从呼吸性细支气管开始到肺泡管、肺泡囊、肺泡，都具有气体交换机能，为肺的呼吸部。

### （六）胸膜和纵隔

**1. 胸膜** 为覆盖在肺表面、胸壁内面和纵隔上的浆膜，分为壁层和脏层。脏层为被覆于肺表面的部分胸膜，又叫肺胸膜。壁层为胸腔和纵隔上的胸膜，按所在的部位分为肋胸膜、膈胸膜、纵隔胸膜和胸膜顶。肋胸膜被覆于肋及肋间肌内，易剥离；膈胸膜紧贴在膈肌上，不易剥离；纵隔胸膜被覆于纵隔两侧；胸膜顶为胸膜壁层在胸腔前口的两侧形成的胸膜盲囊。

2. **纵隔**　位于左、右胸膜腔之间，是两侧的纵隔胸膜及其之间的器官和组织的总称，将胸腔分为左、右两个互不相通的腔。

## 二、呼吸生理

呼吸是指有机体与外界环境之间进行气体交换的过程，该过程包括外呼吸、气体运输和内呼吸三个环节。外呼吸又称肺呼吸，是外界与肺泡之间以及肺泡和周围毛细血管血液之间的气体交换；气体运输是指通过血液循环，把从肺泡摄取的氧运送到全身组织细胞，同时把组织细胞产生的二氧化碳运送到肺排出体外的过程；内呼吸是指组织液与组织毛细血管血液之间的气体交换。

### （一）呼吸运动

呼吸运动是指依靠吸气肌群和呼气肌群的节律性活动，引起胸腔和肺的节律性扩大或缩小的活动。气体进入肺而使其扩大的过程为吸气，反之则为呼气。

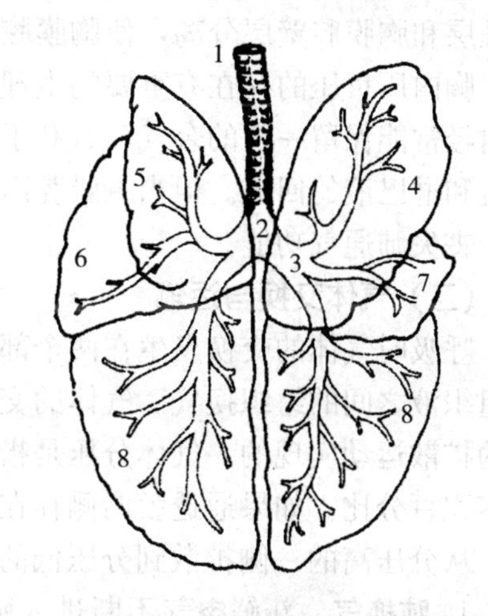


图2-55　犬的支气管树模式图（背侧观）

1. 气管　2. 气管分支部　3. 气管干　4. 右前叶前部　5. 左前叶前部　6. 左前叶后部　7. 中叶　8. 后叶

（安铁洙，犬解剖学，2003）

**1. 吸气和呼气动作的发生**

（1）吸气动作的发生　平静呼吸时，主要的吸气肌（肋间外肌和膈肌的）收缩，增加了胸腔的横径和前后直径，使整个胸廓容积扩大，肺随之扩张，肺内压迅速下降。当肺内压低于大气压时，外界气体顺着压力差通过呼吸道进入肺内，完成吸气的动作。

（2）呼气动作的发生　呼气动作是被动的。当吸气动作完成后，吸气肌立即舒展而自动回位，胸廓容积和肺随之缩小，肺内压迅速升高。当肺内压高于大气压时，气体被排出体外，完成呼气动作。

犬在炎热的天气或运动后，除呼吸动作变得剧烈，还伸舌流涎，张口呼吸，以加快散热。

**2. 呼吸型、呼吸频率和呼吸音**

（1）呼吸型　犬正常呼吸时以肋间外肌的舒缩活动为主，胸廓起伏明显，为胸式呼吸。与一般情况下健康家畜的呼吸型不同。认识犬的正常呼吸型，有助于对疾病和妊娠的诊断。

（2）呼吸频率　为每分钟的呼吸次数。犬的呼吸频率为10～30次/min。呼吸频率可因种别、年龄、外界环境和生理状况的不同而改变，诊断中应综合考虑。

（3）呼吸音　为呼吸时气体通过呼吸道及出入肺泡时摩擦产生的声音。听诊部位为胸廓的表面或颈部气管附近，根据呼吸音，可判断呼吸道有无异常。

**3. 胸内压及其生理意义**　胸内压是指胸膜腔内的压力，在呼吸过程中，胸内压始终为负压。

胸内压是由肺的回缩力形成的。当气体进入肺泡后，胸膜腔的脏层受到了两方面力的影响，大气压和肺的回缩力，回缩力抵消一部分大气压后使胸膜腔的脏层和胸膜腔壁层分离，使胸膜腔内出现了负压。

胸内压负压的存在有重要的生理意义。首先，负压对肺有牵拉作用，使肺泡内经常能保留一定的余气，有利于持续进行气体交换。其次，负压有利于静脉血和淋巴液的回流。但当胸膜腔因胸膜腔穿透损伤等原因破裂时，就形成气胸，丧失肺通气功能。

### （二）气体交换与运输

呼吸时气体的交换发生在两个部位：肺泡与血液之间的肺换气和血液与全身组织液之间的组织换气。气体的交换是在气体分压差的推动下，通过气体分子的扩散运动实现的。气体分压是指混合气体中某种气体在总混合气体中所占的容积百分比。如果通透膜两侧存在气体分压差，则该气体分子可以通过通透膜，从分压高的一侧扩散到分压低的一侧。

**1. 肺换气**　新鲜空气不断进入肺内，肺泡内的氧分压高于周围毛细血管血液中的氧分压，而二氧化碳分压刚好相反，所以氧气从肺泡扩散入静脉血，二氧化碳由静脉血向肺泡扩散。肺换气使静脉血变成了动脉血。

**2. 组织换气**　组织细胞在代谢过程中不断消耗氧气，产生二氧化碳，使组织中的氧分压低于周围动脉血，而二氧化碳分压高于动脉血，所以氧气进入组织中，二氧化碳进入动脉血中。组织换气使动脉血又变成了静脉血。

**3. 气体运输**　在呼吸过程中，血液以物理溶解和化学结合两种方式，不断地将氧从肺运到组织，同时将二氧化碳从组织细胞运到肺。

（1）氧的运输　氧进入血液后，少数直接溶于血液中，随血液运输到各组织细胞中。大多数与血红蛋白结合，以氧合血红蛋白的形式进行运输。氧与血红蛋白间是一种疏松的、可逆的结合，存在方式受氧分压的影响。在肺部，氧分压高，血液中氧以氧合血红蛋白的形式存在，静脉血变为动脉血；在组织内，氧分压低，氧和血红蛋白分离，扩散到组织中，动脉血变为静脉血。

（2）二氧化碳的运输　约有2.7%的二氧化碳直接溶于血液中进行运输。其余扩散到红细胞内的小部分二氧化碳与血红蛋白结合生成氨基甲酸血红蛋白进行运输。二氧化碳与血红蛋白的结合也是可逆的，但结合能力大于氧气。在组织血管处，血红蛋白释放氧，与二氧化碳结合生成氨基甲酸血红蛋白；在肺部血管处，二氧化碳与血红蛋白分离，释放出的二氧化碳进入肺泡而排出体外。另外大部分进入红细胞的二氧化碳在碳酸酐酶的作用下，与水反应生成碳酸，碳酸进一步迅速解离成碳酸氢根和氢。生成的碳酸氢根与$K^+$结合，以$KHCO_3$形式存在。当红细胞中碳酸氢根的浓度大于血浆中的碳酸氢根浓度时，碳酸氢根由红细胞扩散入血浆中，与$Na^+$结合，以$NaHCO_3$的形式存在。当碳酸氢盐随血液运输到肺部时，因二氧化碳分压较低，二氧化碳解离出来，进入肺泡从而排出体外。

### （三）呼吸的调节

呼吸运动是一种节律性活动，有机体通过神经和体液的调节实现呼吸的节律性并控制呼吸的频率和深度，以适应不同状态的需要。

**1. 神经调节**　呼吸运动由中枢神经系统内调节呼吸运动的神经细胞群构成的呼吸中枢调节。呼吸中枢分布于从脊髓到大脑皮层各级中枢神经内。它们互相配合和制约，共同调节呼吸运动。

脊髓是呼吸运动的初级中枢，由腹角的运动神经元支配呼吸肌的运动。

延髓是最基本的呼吸中枢。延髓呼吸中枢含吸气中枢和呼气中枢，两者互相抑制，并通过肋间神经和膈神经支配呼吸肌的活动。

脑桥中有呼吸调整中枢，起着维持呼吸运动的节律性和呼吸深度的作用。

大脑皮层可以有意识地控制呼吸运动，能随意暂停呼吸或加强、减慢呼吸，以适应环境的变化。

寒冷、伤害等刺激都可以反射性地引起呼吸运动的改变，但在正常情况下，机体自身呼吸器官的刺激，是引起呼吸运动改变的主要因素。由肺扩张或缩小反射性地引起节律性的呼吸运动，称为肺牵张反射。当肺泡吸气扩张时，肺泡壁上的牵张感受器受到刺激而兴奋，冲动传入延髓的呼吸中枢，引起呼气中枢兴奋而吸气中枢抑制，从而引起呼气而停止吸气。呼气之后，肺泡缩小，引起吸气而停止呼气。如此循环反复，就形成了节律性的呼吸运动。当呼吸道黏膜感受器受到各种化学和机械的刺激时，引起防御性的咳嗽反射和喷嚏反射。

**2. 体液调节**　调节呼吸运动的体液因素是指血液中的二氧化碳、氧浓度和氢离子浓度。

（1）二氧化碳浓度对呼吸的影响　呼吸中枢对二氧化碳浓度的变化十分敏

感。当吸入的二氧化碳浓度增加时，呼吸运动加强加快，促进二氧化碳的排出；反之减弱。

(2) 氧对呼吸运动的影响　血液中缺氧时，通过外周化学感受器的刺激，反射性的引起呼吸运动加强加快。当缺氧严重，外周化学感受器刺激引起的兴奋呼吸作用不足以抵抗缺氧导致的抑制呼吸作用时，将出现呼吸减弱，甚至停止。

(3) 氢离子浓度对呼吸运动的影响　氢离子对呼吸的影响是通过外周化学感受器和中枢化学感受器实现的。血液中氢离子浓度降低时，呼吸运动减弱；氢离子浓度增加时，呼吸运动增强。

## 【技能训练】

### 一、犬呼吸系统各器官形态结构的识别

**【目的要求】** 识别犬呼吸系统主要器官的形态、位置和特点。

**【材料设备】** 犬主要呼吸器官浸制标本、新鲜标本、解剖刀、剪等。

**【方法步骤】** 在犬的新鲜尸体和标本上识别：

(1) 鼻的结构：鼻翼、鼻镜。

(2) 喉：会厌软骨、甲状软骨、环状软骨和勺状软骨。

(3) 气管：气管软骨、气管黏膜、声带。

(4) 肺：形态、位置、分叶和质地。

**【技能考核】** 在标本和活体上识别呼吸系统主要器官的形态特征。

### 二、犬肺组织结构的识别

**【目的要求】** 识别犬肺的组织结构特点。

**【材料设备】** 显微镜、犬肺脏组织切片。

**【方法步骤】**

(1) 教师讲解示范肺脏的组织结构特点。

(2) 指导学生识别肺脏的各级支气管、肺泡管、肺泡囊和肺泡。

**【技能考核】** 利用显微镜识别犬肺脏的组织构造。

## 【复习思考题】

1. 列出犬呼吸系统主要器官的组成。

2. 简述肺的组织结构特征。
3. 简述呼吸的三个环节？
4. 犬正常的呼吸方式是什么？
5. 简述气体交换的过程。
6. 简述氧和二氧化碳在血液内运输的方式。

## 第五节　泌尿系统

**【学习目标】**了解犬泌尿系统的组成；掌握肾和膀胱的形态、位置和构造；理解和掌握尿的生成机理及影响尿生成的因素。能在显微镜下识别肾的组织结构。

犬在新陈代谢过程中不断产生的各种代谢产物、多余的水分和无机盐等，必须及时排出体外，才能维持正常的生命活动。这些代谢产物除通过皮肤、呼吸和消化器官排出之外，主要是由泌尿器官形成尿液排出体外。

### 一、泌尿系统的构造

泌尿系统由肾、输尿管、膀胱和尿道组成。肾不仅是生成尿液，而且是调节和保持体内电解质平衡、保证机体内环境相对稳定的主要器官。输尿管、膀胱和尿道是排出尿液的管道，常合称尿路。

**(一) 肾**

**1. 肾的形态和位置**　一对，呈豆形，表面光滑，新鲜时为红褐色。犬的右肾位于前3个腰椎横突的腹侧，前端位于肝尾叶的肾压迹内，内侧为右肾上腺和后腔静脉，外侧与最后肋骨和腹壁相接，腹侧与肝脏和胰腺相接；左肾位于第2～4腰椎腹侧，内侧与左肾上腺和主动脉相邻，而外侧与腹壁相接，腹侧则与降结肠和小肠相邻，前端与脾相邻。

**2. 肾的一般构造**　肾的表面由内向外有三层被膜。内层是薄而坚韧的纤维囊，正常情况下易从肾表面剥离；中层为脂肪囊，其发育程度与犬的品种和营养状况有关；外层为肾筋膜，由腹膜外结缔组织构成。肾脂肪囊和筋膜对肾起固定作用。

犬的肾为平滑单乳头肾，表面光滑，内部的实质完全合并，在切面上可区分为外围的皮质和深部的髓质。肾皮质富有血管，新鲜时呈红褐色，可见许多放射状淡色条纹和小点状的肾小体；髓质部色淡，有细的髓放线与皮质部条纹相接。在皮质与髓质交界的暗红色区域可以明显地看到一些大血管的断面。侧矢状面髓质分成若干肾锥体。正中矢状面肾锥体末端合成一个肾总乳头突入肾盂。肾的内侧缘有凹陷称为肾门，是血管、神经、淋巴管和输尿管出入的地方。肾门深入肾内形成肾窦，内有肾盂及血管、神经和脂肪。肾盂为输尿管起始端的膨大部，呈漏斗形，两端弯曲而狭窄的盲端称为终隐窝（图 2-56）。

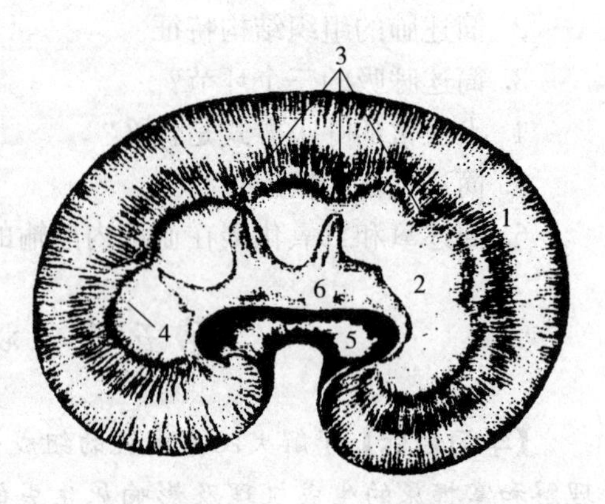


图 2-56　犬肾纵切面（犬肾侧矢状面）

1. 皮质　2. 髓质　3. 弓形动脉
4. 髓放线　5. 肾窦　6. 肾总乳头
（安铁洙，犬解剖学，2003）

**3. 肾的组织结构**　由被膜和实质构成。被膜由结缔组织构成，实质主要由肾单位和集合管组成（图 2-57）。

（1）肾单位　是肾结构和功能的基本单位，由肾小体和肾小管组成。

①肾小体：是肾单位的起始部，分散于皮质内，呈球形，包括肾小囊和血管球（又称肾小球）。肾小囊是由肾小管起始部膨大凹陷而成的双层杯状囊，囊内有血管球。囊壁可分为脏层和壁层：脏层上皮细胞为多突起的细胞，又称足细胞，紧贴在血管球的表面，参与构成尿液的滤过屏障；壁层细胞位于外周，为单层扁平上皮。脏层和壁层之间的腔隙称为肾小囊腔，与肾小管直接相通。血管球是入球小动脉和出球小动脉之间的一团盘曲的毛细血管（图 2-58）。

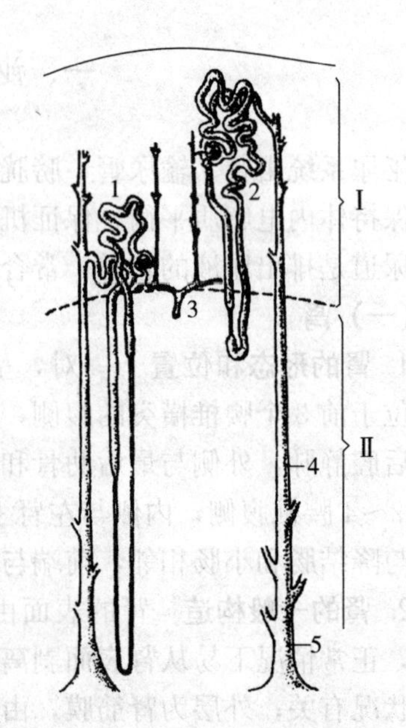


图 2-57　肾单位在肾实质内的分布示意图

Ⅰ. 皮质　Ⅱ. 髓质　1. 髓旁肾单位
2. 皮质肾单位　3. 弓形动脉及小叶间动脉
4. 集合小管　5. 乳头管
（马仲华，家畜解剖学及组织胚胎学，第三版，2002）

②肾小管：是一条细长而弯曲的小管，依次分为近曲小管、髓袢和远曲小管。近曲小管和远曲小管弯曲，分布于皮质中；髓袢直，起于近曲小

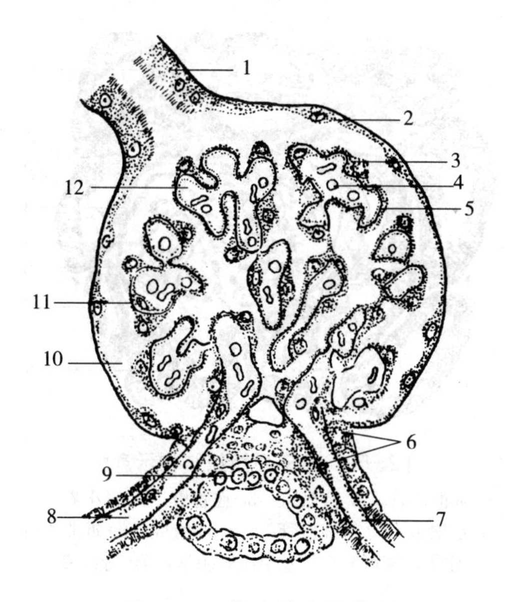


图 2-58　肾小体半模式图

1. 近端小管起始部　2. 肾小囊壁层　3. 肾小囊脏层（足细胞）
4. 毛细血管内的红细胞　5. 基膜　6. 肾小球旁细胞
7. 入球小动脉　8. 出球小动脉　9. 致密斑
10. 肾小囊腔　11. 毛细血管内皮　12. 血管球毛细血管
（马仲华，家畜解剖学及组织胚胎学，第三版，2002）

管，在髓质中伸向肾总乳头，再返回皮质，连于远曲小管。髓袢按结构和部位又可依次分为近直小管、细段和远直小管。

近曲小管的管径较粗，管腔不规则，管壁由单层立方或锥体形细胞构成，细胞界限不清，胞质嗜酸性；胞核大而圆，着色淡，位于细胞基部。远曲小管的管径虽较近曲小管细，但管腔大而规则，管壁的单层立方上皮细胞界限清晰，排列紧密，细胞着色浅，胞核圆形，位于近腔面（图 2-59）。近直小管和远直小管的结构分别与近曲小管和远曲小管相似。细段是肾小管中最细薄的一段，由单层扁平上皮构成，胞质少，着色浅，胞核呈椭圆形，突入管腔中。

（2）集合管　由集合小管和乳头管构成。集合小管起于远曲小管，由皮质向髓质下行，与其他集合小管汇合后，在肾总乳头处移行为较大的乳头管，开口于肾盂内。集合小管的上皮细胞由单层立方过渡为单层柱状，细胞大而界限明显，胞质明亮，核圆形，位于中央（图 2-60）。

（3）肾小球旁器　包括肾小球旁细胞、致密斑和球外系膜细胞。

①肾小球旁细胞：在入球小动脉进入肾小囊处，其动脉管壁中的平滑肌细

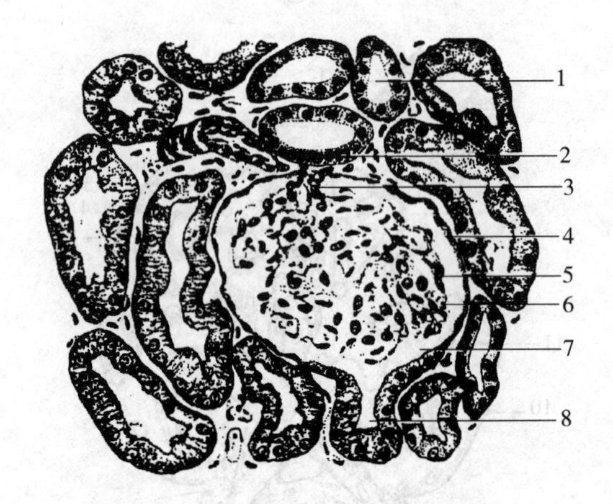


图2-59　肾皮质组织结构示意图

1. 远曲小管　2. 致密斑　3. 血管极　4. 肾小囊壁层
5. 足细胞　6. 毛细血管　7. 肾小囊腔　8. 近曲小管
（马仲华，家畜解剖学及组织胚胎学，第三版，2002）

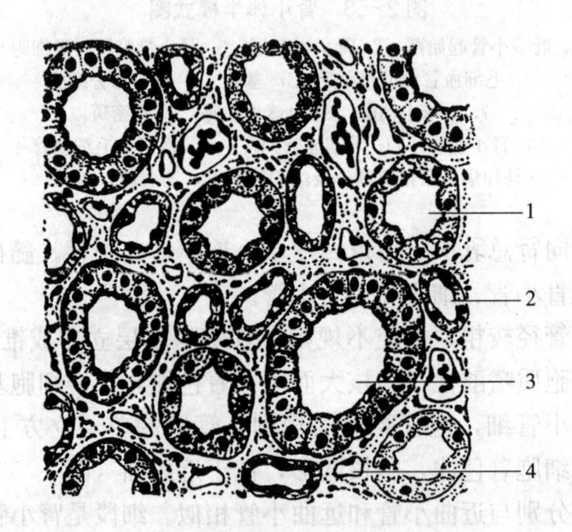


图2-60　肾髓质组织结构示意图

1. 远直小管　2. 细段　3. 集合小管　4. 毛细血管
（马仲华，家畜解剖学及组织胚胎学，第三版，2002）

胞转变为上皮样细胞，称为肾小球旁细胞。细胞呈立方形或多角形，核为球形，胞质内有分泌颗粒，颗粒内含肾素。

②致密斑：在入球小动脉和出球小动脉之间的远曲小管上，其上皮细胞由立方形变为高柱状，排列紧密，胞核染色深，称为致密斑。致密斑是一种化学

感受器，可感受尿液中 $Na^+$ 浓度的变化，并将信息传递到肾小球旁细胞，调节肾素的释放。

③球外系膜细胞：位于入球小动脉、出球小动脉和致密斑之间的三角形区域内，细胞着色浅，胞质内有分泌颗粒。功能尚不清楚。

4. 肾的血液循环

（1）肾血液循环的途径　肾动脉由腹主动脉分出从肾门进入肾脏后，依次反复分支为叶间动脉、弓形动脉、小叶间动脉、入球小动脉、出球小动脉、球后毛细血管网，再汇合成与同名动脉伴行的静脉，最后汇合成肾静脉，进入后腔静脉。

（2）肾血液循环的特点　肾的血液供应极为丰富，约占心输出量的 1/4；入球小动脉的管径比出球小动脉粗，从而使血管球内保持较高的血压，这对于肾小球生成原尿的滤过作用十分有利；出球小动脉离开肾小体之后，又围绕肾小管和集合管形成球后毛细血管网，压力更低，有利于重吸收作用。

### （二）输尿管

输尿管是细长的肌性管道，起于肾盂，经肾门出肾。沿着腰大肌和腰小肌的腹侧，偏离正中矢面外侧 1～2cm 向后延伸。在骨盆腔内，母犬的输尿管位于子宫阔韧带的背侧部；公犬的输尿管位于尿生殖褶中，与输精管交叉，先后到达膀胱颈的背侧。末端在膀胱壁内斜行 3～5cm 后，开口于膀胱内壁，这种结构可防止尿液逆流。输尿管壁由黏膜、肌层和外膜构成。

### （三）膀胱

膀胱是贮存尿液的器官，充满时呈梨形。前端钝圆为膀胱顶，突向腹腔；中部膨大称为膀胱体；后端逐渐变细称为膀胱颈，与尿道相连。除膀胱颈突入骨盆腔外，大部分膀胱位于腹腔内。公犬的膀胱位于直肠、尿生殖褶的腹侧，母犬的膀胱位于子宫后部及阴道的腹侧。

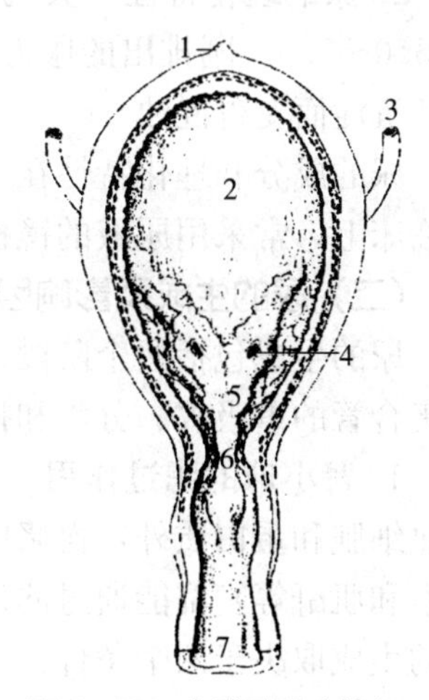

图 2-61　犬膀胱腹侧剖面
1. 膀胱顶　2. 膀胱体
3. 输尿管　4. 输尿管开口
5. 膀胱三角　6. 尿道嵴　7. 尿道
（安铁洙，犬解剖学，2003）

膀胱壁由黏膜、肌层和浆膜构成。黏膜上皮为变移上皮，当膀胱空虚时，黏膜形成许多皱褶。在近膀胱颈部的背侧壁上，两侧输尿管开口之间有一个三角形区域，黏膜平滑无皱褶，称为膀胱三角（图 2-61）。肌层由内纵、中环和外纵三层平滑肌构成。膀胱表面的浆膜从膀胱体折转到邻近的器官和盆腔壁上，形成一些浆膜褶；膀胱背侧的浆膜，母犬折转到子宫上，公犬折转到尿生殖褶上；膀胱腹侧的浆膜褶沿正中矢面与盆腔底壁相连，形成膀胱正中韧带；膀胱两侧壁的浆膜褶与盆腔侧壁相连，形成膀胱侧韧带。在膀胱侧韧带的游离缘有一索状物，是胎儿时期脐动脉的遗迹，又称膀胱圆韧带。

**（四）尿道**

尿道是尿液排出的肌性管道。公犬的尿道很长，起于膀胱颈的尿道内口，开口于阴茎头的尿道外口，因兼有排精作用，故称为尿生殖道。母犬的尿道比较短，为10～12cm，起于骨盆前口附近的膀胱颈的尿道内口，在阴道腹侧沿盆腔底壁向后延伸，以尿道外口开口于尿生殖前庭与阴道的交界处。

## 二、泌尿生理

犬每昼夜排尿2～4次，排尿量为每千克体重24～40ml。影响尿量的因素很多，如进食量、饮水量、外界温度、运动及疾病等。

**（一）尿的成分和理化特性**

**1. 尿的成分**　主要由水、无机物和有机物组成。水分占96%～97%，无机物和有机物占3%～4%。无机物主要是氯化钠、氯化钾，其次是碳酸盐、硫酸盐和磷酸盐等。有机物主要是尿素，其次是尿酸、肌酐、肌酸、氨、尿胆素等。在给犬使用药物后，尿液成分中还会出现药物的代谢产物。

**2. 尿的理化特性**　犬的尿液一般呈淡黄色，相对密度为1.015～1.045，pH5.0～7.0。刚排出的尿为清亮的水样，如放置时间较长，则因尿中碳酸钙逐渐沉淀而变得混浊。

尿的成分和理化特性在一定程度上能反映体内代谢的变化和肾的机能，故在临床上，常采用尿液的镜检和化验法，进行某些疾病的诊断。

**（二）尿的生成及影响因素**

尿的生成包括两个阶段：一是肾小球的滤过作用，生成原尿；二是肾小管和集合管的重吸收、分泌和排泄作用，生成终尿。

**1. 肾小球的滤过作用**　血液流经肾小球毛细血管时，由于血压较高，除了血细胞和蛋白质外，血浆中的水和其他物质（如葡萄糖、氯化物、磷酸盐、尿素和肌酐等）都能通过滤过膜滤过到肾小囊腔内，这种滤出液称为原尿。原尿的生成取决于两个条件：一是肾小球滤过膜的通透性；二是肾小球有效滤过压。前者是原尿产生的前提条件，后者是原尿滤过的必要动力。

（1）肾小球滤过膜的通透性　肾小球滤过膜由三层结构构成，内层是肾小球毛细血管的内皮细胞，极薄，内皮之间有许多贯穿的微孔；中间层为极薄的内皮基膜，膜上有许多细小的网孔；外层由具有突起的足细胞构成，紧贴于毛细血管的基膜上，突起间有许多缝隙。这些结构决定了滤过膜有良好的通透性。因此，水、晶体物质和分子量较小的部分清蛋白均可从血浆滤过到肾小囊腔中。

（2）肾小球有效滤过压　肾小球滤过作用的发生，其动力是滤过膜两侧存在的压力差，称为肾小球的有效滤过压。在肾小球毛细血管一侧，促进滤过的动力是肾小球毛细血管血压，阻止滤过的是血浆胶体渗透压；肾小囊腔一侧阻止滤过的力是肾小囊内压，促进滤过的是肾小囊液中的胶体渗透压（图 2-62）。由于囊液中的蛋白质含量极低，所以形成的胶体渗透压可以忽略不计。因此，肾小球的有效滤过压可用下列公式表示：

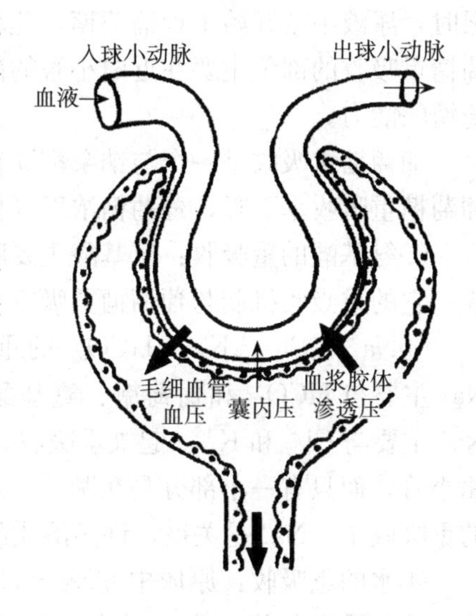


图 2-62　有效滤过压示意图

（范作良，家畜生理，2001）

肾小球有效滤过压＝肾小球毛细血管血压－（血浆胶体渗透压＋肾小囊内压）

在正常生理状态下，肾小球毛细血管血压为 9.3kPa，血浆胶体渗透压为 3.3kPa，肾小囊内压为 0.67kPa，代入上式，得出有效滤过压为 5.3kPa，即血浆胶体渗透压与肾小囊内压之和（阻止滤过的压力）小于肾小球入球小动脉端的血压（促进滤过压力），从而保证了原尿生成。

**2. 肾小管和集合管的重吸收、分泌和排泄作用**　原尿流经肾小管和集合管时，其中绝大部分的水和某些有用的物质被重新吸收回血液中，称为重吸收作用。同时，肾小管和集合管能将血浆或肾小管上皮细胞内形成的物质分泌到肾小管腔中，称为分泌作用；也能将某些不易代谢的物质（如尿胆素、肌酐）或由外界进入体内的物质（如药物）排泄到管腔中，称为排泄作用。原尿经过肾小管和集合管的重吸收、分泌与排泄作用后形成终尿。从量上看，终尿的量一般仅占原尿量的1％。

（1）肾小管和集合管的重吸收作用　在成分上，肾小管和集合管的重吸收作用具有一定的选择性。凡是对机体有用的物质，如水、葡萄糖、氨基酸、$Na^+$、$Cl^-$、$K^+$、$HCO_3^-$ 等，几乎全部或大部分被重吸收；对机体无用或用处不大的物质，如尿素、尿酸、肌酐、硫酸根、碳酸根等，则只有少量被重吸收或完全不被重吸收。

①葡萄糖的重吸收：原尿中的葡萄糖浓度和血糖浓度相同，但在正常尿液中几乎不含葡萄糖，这说明葡萄糖全部被重吸收回到血液中。但肾小管重吸收葡萄糖有一定的限度，当原尿中的葡萄糖浓度过高，超过了肾小管重吸收的极限时，尿液中就开始出现葡萄糖，此时的血糖浓度称为肾糖阈。实验表明，葡萄糖重吸收的部位主要在近曲小管的前半段，其他各段肾小管都没有重吸收葡萄糖的能力。

葡萄糖重吸收是一个与钠泵耦联转运的主动过程。小管液中 $Na^+$ 减少时，葡萄糖重吸收率下降；葡萄糖浓度降低时，$Na^+$ 的转运也随之下降。

②氨基酸的重吸收：氨基酸主要吸收部位在近曲小管，几乎可被全部重吸收。它的重吸收机制与葡萄糖重吸收相似。

③$Na^+$、$Cl^-$、$K^+$、$HCO_3^-$ 的重吸收：实验证明，在近曲小管前半段，$Na^+$ 主要与 $HCO_3^-$ 和葡萄糖、氨基酸一起被重吸收，而在近曲小管后半段，$Na^+$ 主要与 $Cl^-$ 和 $K^+$ 一起被重吸收。因此，上述物质的重吸收部位主要在近曲小管，而只有一小部分是在髓袢、远曲小管中被进一步重吸收。在这些物质的重吸收中，$Na^+$ 是关键，许多溶质的重吸收过程都与“钠泵”有关。

④水的重吸收：原尿中 65%～70%的水在近曲小管被重吸收，髓袢和远曲小管各重吸收约 10%，其余（10%～20%）在集合管被重吸收。水的重吸收主要是在 $Na^+$ 等主动吸收后形成的渗透压梯度而被动转运的。成年动物原尿中约 99%的水被重吸收，仅有 1%左右排出。因此，肾小管和集合管对水的重吸收稍有变化，将明显影响生成的终尿量。例如，这些部位重吸收水只要减少 1%～2%，终尿量即可增 1～2 倍。值得指出的是，远曲小管和集合管上皮细胞对水是不易透过的，这个部位对水的重吸收，是通过垂体后叶释放的抗利尿激素来调控。

（2）肾小管和集合管的分泌和排泄作用　肾小管和集合管除了对小管液中各种成分进行重吸收以外，还分泌管壁细胞代谢产物（如 $H^+$、$K^+$ 和 $NH_3$ 等）和排泄血液中某些物质进入小管液之中。

①$H^+$ 的分泌：在近曲小管，管壁细胞内 $CO_2$ 和 $H_2O$ 在碳酸酐酶催化下生成 $H_2CO_3$，并解离成 $H^+$ 和 $HCO_3^-$。$H^+$ 被分泌入管腔，并与小管液中的 $Na^+$ 进行 $Na^+$—$H^+$ 交换。经交换进入细胞内的 $Na^+$，被管周膜上的“钠泵”驱出并进入组织间液，$HCO_3^-$ 则可顺电化学梯度被动进入组织间液而回到血液。这样，肾小管细胞每分泌一个 $H^+$，可吸收一个 $Na^+$ 和 $HCO_3^-$ 回血。这对于保存血浆 $NaHCO_3$ 碱储含量，维持体内酸碱平衡具有重要意义。

在远曲小管 $H^+$ 的分泌，除了有 $Na^+$—$H^+$ 交换外，还发生 $Na^+$—$K^+$ 交换。两种交换过程中，相互间有竞争性抑制作用，即 $Na^+$—$H^+$ 交换多时，

$Na^+$—$K^+$交换减少，反之亦然。

②$NH_3$的分泌：远曲小管和集合管上皮细胞在谷氨酰胺酶的作用下，由谷氨酰胺脱氨基作用生成氨，并通过细胞膜分泌到小管液中，再与分泌出的$H^+$结合生成$NH_4^+$。$NH_4^+$是水溶性的，不能通过细胞膜返回胞内，而是与小管液的强酸盐（如NaCl等）的负离子结合生成铵盐（如$NH_4^+Cl$），随尿排出。强酸盐的正离子$Na^+$又与$H^+$交换而进入细胞内，随后与$HCO_3^-$一起被转运回血液。可见肾小管细胞分泌$NH_3$，也能促进$NaHCO_3$的重吸收。

③$K^+$的分泌：终尿中的$K^+$是由远曲小管和集合管所分泌的。$K^+$的分泌与$Na^+$的主动重吸收相联系。由于$Na^+$的重吸收在小管两侧形成电位差（管内为负，管外为正），促进$K^+$从组织间液被动扩散进入小管液。

④其他物质的排泄：肌酐及对氨基马尿酸可经肾小球滤出，又可以从肾小管排泄。青霉素等进入体内的外来物质，主要通过近曲小管的排泄而排出体外。

### 3. 影响尿生成的因素

（1）滤过膜通透性的改变　在正常情况下，滤过膜的通透性比较稳定，但当某种原因使肾小球毛细血管或肾小管上皮受到损害时，会影响滤过膜的通透性。如机体内缺氧或中毒时，肾小球毛细血管壁通透性增加，使原尿生成量增加，并引起血细胞和血浆蛋白滤过，出现血尿或蛋白尿；在发生急性肾小球肾炎时，由于肾小球内皮细胞肿胀，使滤过膜增厚，通透性减少，从而导致原尿生成减少，出现少尿。

（2）有效滤过压的改变　在正常情况下，有效滤过压比较稳定，但当决定尿生成的三种压力发生变化时，有效滤过压也随之发生变化，影响尿的生成。如当犬大量失血时，动脉血压降低，肾小球毛细血管的血压也相应下降，有效滤过压降低，从而导致原尿生成量减少，出现少尿或无尿现象；如静脉注射大量生理盐水后，一方面升高了血压，另一方面又使血液稀释，降低了血浆胶体渗透压，有效滤过压增大，原尿生成量增加，出现多尿；当输尿管结石或肿瘤压迫肾小管时，尿液流出受阻，肾小囊腔的内压增高，有效滤过压降低，原尿生成量减少，发生少尿等。由此可见，肾脏的这种机能也是保证机体水代谢平衡的一个重要环节。

（3）原尿中溶质浓度的改变　当原尿中溶质的量超过肾小管重吸收限度时，会有部分溶质不能被重吸收，原尿的渗透压升高，阻碍水分的重吸收，引起多尿，称为渗透性利尿。如静脉注射大量高渗葡萄糖溶液后会引起多尿。

（4）激素影响　影响尿生成的激素主要有抗利尿激素和醛固酮。抗利尿激素的作用是增加远曲小管对水的通透性，促进水的重吸收，从而使排尿量减少。血浆渗透压升高和循环血量的减少，均可引起抗利尿激素的释放，创伤及一些药物也能引起抗利尿激素的分泌，减少排尿量。醛固酮对尿生成的调节是促进远曲小管重吸收 $Na^+$，同时促进 $K^+$ 排出，即“保钠排钾”作用。

### （三）排尿

终尿的生成过程是连续不断的，并由输尿管输送到膀胱贮存。膀胱内的尿液充盈到一定程度时，再间歇性地引起排尿反射动作，将尿液经尿道排出体外。

1. **输尿管运动** 输尿管起始部（与肾盂相连接）的平滑肌细胞有自动节律性，发出的节律性兴奋沿输尿管向后传导，兴奋波传到之处平滑肌收缩，以蠕动波形式推动尿液汇入膀胱。肾盂中尿量越多，内压越大，输尿管自律性频率越高，蠕动越强。

2. **排尿反射** 膀胱中的尿液贮存到一定容量时，对膀胱壁的牵张感受器构成有效刺激，产生的冲动经盆神经传入纤维，到达腰荐部脊髓排尿反射低级中枢；冲动可同时上传到脑干和大脑皮层的排尿反射中枢，产生尿意。如果当时条件不适于排尿，低级排尿中枢可被大脑皮层抑制，使膀胱壁进一步松弛，继续储存尿液，直至有排尿的条件或膀胱内压过高时，低级排尿中枢的抑制才被解除。这时排尿反射的传出冲动沿盆神经传到膀胱，引起膀胱逼尿肌收缩，膀胱内括约肌松弛，尿液被逼进尿道。尿道的尿液又刺激尿道感受器，冲动沿盆神经传入支传到荐髓排尿中枢，反射性抑制阴部神经，使尿道外括约肌松弛，于是尿液被强大的膀胱内压所驱出。逼尿肌的收缩又可刺激膀胱壁的牵张感受器，进一步引起膀胱反射性收缩，如此连续地正反馈式反射活动，直至尿液排空为止。

犬排尿的地点及排尿频率，可通过调教或训练加以控制。即采用建立条件反射的方法，使犬能定时、定点排尿，这在犬的驯养中具有实际意义。

## 【技能训练】

### 一、泌尿器官的观察

**【目的要求】** 观察犬肾和膀胱的形态、位置和构造。

**【材料设备】** 犬肾离体标本、犬尸体标本、解剖器械。

**【方法步骤】**

(1) 在犬尸体标本上，观察肾、输尿管、膀胱等器官的位置、形态和构造。

（2）在新鲜肾或肾浸制标本的横断面上，识别皮质、髓质、肾总乳头、肾盂等构造。

**【技能考核】**识别肾的形态和构造。

## 二、肾组织结构的观察

**【目的要求】**观察肾的组织结构，进一步理解尿的生成过程。

**【材料设备】**生物显微镜、犬肾组织切片。

**【方法步骤】**学生在教师指导下，先低倍观察区分肾的皮质和髓质，然后高倍观察肾小球、肾小囊、肾小囊腔、近曲小管、远曲小管、集合管的组织结构特征。

**【技能考核】**在显微镜下识别犬肾的组织构造。

## 三、影响尿生成因素的观察

**【目的要求】**了解一些生理因素对尿生成的影响。

**【材料设备】**兔、注射器、手术台、手术器械、膀胱套管、生理多用仪（或计滴器、电磁标）、保护电极、2%戊巴比妥钠溶液、20%葡萄糖溶液、0.1%肾上腺素、垂体后叶素、生理盐水、烧杯。

**【方法步骤】**

**1. 实验准备**　家兔在实验前给予足够的饮水。以2%的戊巴比妥钠溶液静脉注射麻醉后，再固定于手术台上。

尿液的收集可选用膀胱套管法：切开腹腔，于耻骨联合前找到膀胱，在其腹面正中作一荷包缝合，再在中心剪一小口，插入膀胱套管，收紧缝线，固定膀胱套管，在膀胱套管及所连橡皮管和直套管内充满生理盐水，将直套管下端连于计滴装置（对雌性动物，为防止尿液经尿道排出，影响实验结果，可在膀胱颈部结扎）。

**2. 实验项目**

（1）记录正常情况下每分钟尿分泌的滴数。可连续计数5～10min，求其平均数并观察动态变化。

（2）耳静脉注射38℃的生理盐水20ml，记录每分钟尿分泌的滴数。

（3）耳静脉注射38℃的20%葡萄糖溶液10ml，记录每分钟尿分泌的滴数。

（4）耳静脉注射0.1%肾上腺素0.5～1ml，记录每分钟尿分泌的滴数。

(5) 耳静脉注射垂体后叶素 1～2IU，记录尿分泌的滴数。

注意：在进行下一项实验项目时，必须保持尿量基本恢复或者相对稳定后才开始，而且在每项实验前后，都要有对照记录。

**【技能考核】** 记录各项实验的结果，并能对结果做出正确解释。

## 【复习思考题】

1. 简述泌尿系统的组成。
2. 简述犬肾的形态、位置和一般结构。
3. 简述肾单位的组织结构。
4. 简述尿生成的原理及其影响因素。
5. 从肾总乳头渗出的尿液属于原尿还是终尿？试说明其来源和去路。

# 第六节 生殖系统

**【学习目标】** 了解和掌握公、母犬生殖系统的组成；掌握睾丸、阴茎、阴囊、卵巢、子宫和阴道的形态、位置和构造；理解和掌握性成熟、发情周期、受精、妊娠、分娩、泌乳等生理学知识。能在犬体标本上识别公、母犬的生殖器官，能在显微镜下识别卵巢和睾丸的组织结构。

犬的生殖系统分为公犬生殖器官和母犬生殖器官，主要功能是产生生殖细胞，繁殖后代，使种族得以延续。此外还能分泌性激素。

## 一、公犬生殖系统的构造

公犬生殖系统由睾丸、附睾、输精管和精索、尿生殖道、副性腺、阴囊、阴茎及包皮等器官组成（图 2-63）。

### （一）睾丸

**1. 睾丸的形态和位置** 犬的睾丸较小，一对，呈白色椭圆形，位于阴囊内。其腹外侧稍隆凸，与阴囊壁相接触，称为游离缘；背侧面与附睾相连，称为附睾缘。其长轴斜向前下方，前下端有血管和神经出入的为睾丸头，后端为睾丸尾，中间为睾丸体。

**2. 睾丸的组织结构** 睾丸是实质性器官，其结构包括被膜和实质两部分（图 2-64）。

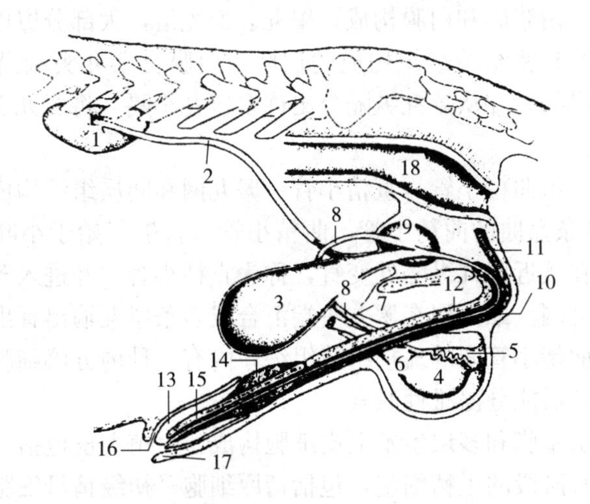


图 2-63　公犬的泌尿和生殖器官

1. 右肾　2. 输尿管　3. 膀胱　4. 睾丸　5. 附睾　6. 精索　7. 腹股沟管　8. 输精管　9. 前列腺　10. 尿道海绵体　11. 阴茎退缩肌　12. 阴茎海绵体　13. 阴茎头　14. 阴茎头球　15. 阴茎骨　16. 包皮腔　17. 包皮　18. 直肠

（安铁洙，犬解剖学，2003）

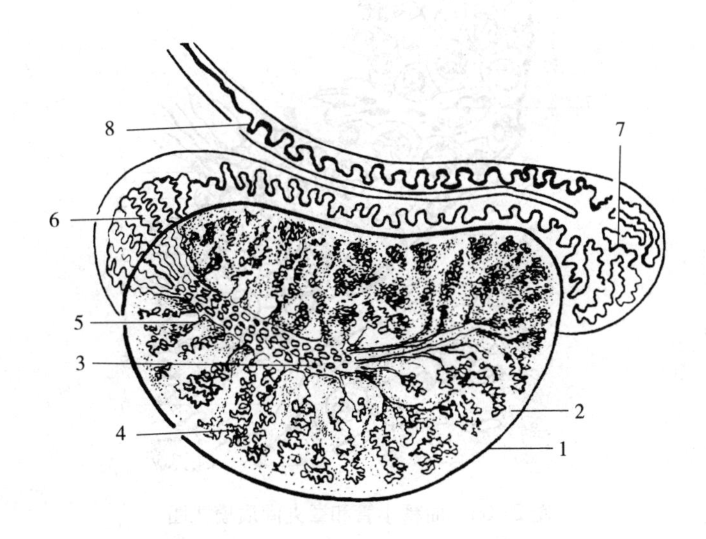


图 2-64　睾丸和附睾模式图

1. 浆膜　2. 白膜　3. 睾丸纵隔（睾丸网）4. 曲精小管　5. 直精小管　6. 输出小管　7. 附睾管　8. 输精管

（沈霞芬，家畜组织学与胚胎学，第三版，2002）

（1）被膜　由浆膜和白膜构成。睾丸表面光滑，大部分覆以浆膜，即固有鞘膜，其深层为致密结缔组织构成的白膜。白膜自睾丸头端沿长轴向尾端延伸，形成睾丸纵隔，并从睾丸纵隔分出许多睾丸小隔，将睾丸实质分成许多睾丸小叶。

（2）实质　由曲精小管、直精小管、睾丸网和间质组织构成。在每一睾丸小叶内有2～3条盘曲的曲精小管，曲精小管以盲端起始于小叶的边缘，向睾丸纵隔伸延，在接近睾丸纵隔处变直，称为直精小管，并进入睾丸纵隔内，互相吻合形成睾丸网。睾丸网在睾丸头端汇合成多条睾丸输出管出睾丸。睾丸间质是指分布于曲精小管间的疏松结缔组织，内有一种内分泌细胞，即睾丸间质细胞，在性成熟后能分泌雄性激素。

曲精小管由基膜和多层生殖上皮细胞构成。生殖上皮包括两类细胞：一类是处于不同发育阶段的生精细胞，包括精原细胞、初级精母细胞、次级精母细胞、精子细胞和精子；另一类是支持细胞，体积最大，起支持、营养和分泌等作用（图2-65）。

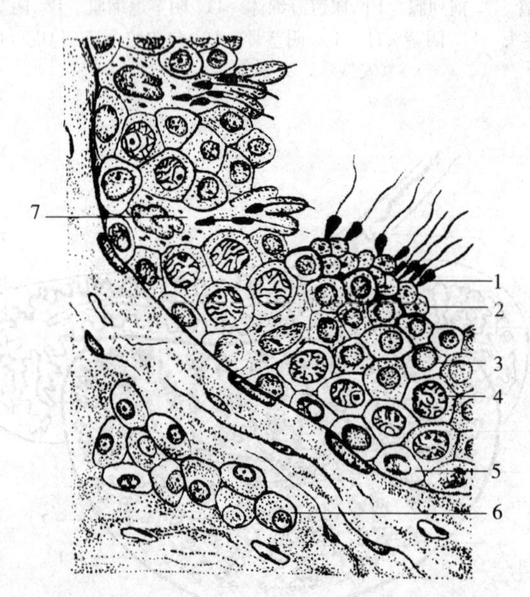


图2-65　曲精小管和睾丸间质模式图

1. 精子　2. 精子细胞　3. 次级精母细胞
4. 初级精母细胞　5. 精原细胞　6. 间质细胞　7. 支持细胞
（沈霞芬，家畜组织学与胚胎学，第三版，2002）

精原细胞：是生成精子的干细胞，紧贴基膜，胞体较小，呈圆形或椭圆形，胞质清亮。可分为A、B两型。A型细胞核染色质细小，核仁常靠近核膜，包括暗A型和明A型两种。暗A型细胞核着色深，常有一小空泡，能不断分裂增殖。分裂后，一半仍为暗A型细胞，另一半为明A型细胞。明A型细胞核着色浅，再经分裂数次后产生B型精原细胞。B型精原细胞的核膜内侧附有粗大的异染色质颗粒，核仁位于中央。分裂后，体积增大，分化为初级精母细胞。

初级精母细胞：位于精原细胞的内侧，为1～2层大而圆的细胞。细胞核大而圆，多处于分裂期，有明显的分裂相。每个初级精母细胞经第一次成熟分裂产生两个较小的次级精母细胞。

次级精母细胞：位于初级精母细胞的内侧。细胞较小，呈圆形，胞核大而圆，染色较浅，不见核仁。次级精母细胞存在的时间很短，很快进行第二次成熟分裂，生成两个精子细胞。

精子细胞：靠近曲精小管的管腔，细胞更小，圆形，常排成数层。胞核圆而小，染色深，核仁明显。有的精子细胞中有斑块状物质，是开始变态的标志。精子细胞不再分裂，经过一系列复杂的形态变化后，成为高度分化的精子。

精子：是高度特化的细胞，呈蝌蚪状，分为头、颈、尾三部分。头部呈扁圆形，内有一个核，核的前面为顶体。核的主要成分是脱氧核糖核酸（DNA）和蛋白质。颈部很短，内含供能物质。尾部很长，在精子运动中起重要作用。刚形成的精子常成群地附着于支持细胞的游离端，尾部朝向管腔。

支持细胞：是曲精小管上体积最大的一种细胞。胞体呈高柱状或圆锥状，底部附着在基膜上，顶端伸向管腔，周围是各发育阶段的生精细胞。细胞高低不等，界限不清。胞核较大，呈卵圆形或三角形，着色浅，有1～2个明显的核仁。

**3. 睾丸的血管分布** 睾丸白膜下的小动脉发出小支，深入实质沿睾丸小隔到纵隔，再返折入小叶。血管的这种分布特点可缓解动脉搏动对曲精小管精子生成的影响。

### （二）附睾

附睾是贮存精子和促进精子成熟的场所，紧贴于睾丸的背外侧，由睾丸输出管和附睾管构成，分为头、体和尾三部分。附睾头位于前下方，由睾丸输出管弯曲盘绕而成，并进一步汇集成一条较粗长的附睾管，构成附睾体和附睾尾。管的末端急转向前上方，移行为输精管。

附睾尾以睾丸固有韧带与睾丸尾相连接，借阴囊韧带与阴囊壁相连。固有鞘膜从睾丸延续包于附睾上，并于阴囊中隔处转折形成浆膜褶，连于阴囊壁上，此移行处称为睾丸系膜。去势时切开阴囊后，须切断阴囊韧带、睾丸系膜及精索后才能摘除睾丸和附睾。

### (三) 输精管和精索

输精管为运送精子的管道，是附睾管的延续，经腹股沟管上行进入腹腔，再向后上方进入骨盆腔，与输尿管交叉后一起进入膀胱背侧的尿生殖褶内，在穿过前列腺之前形成不明显的壶腹，末端开口于尿生殖道起始部背侧壁的精阜两侧。

精索为扁圆的索状结构，包有血管、淋巴管、神经、睾内提肌和输精管，外部包以固有鞘膜。其基部附着于睾丸和附睾，在鞘膜管内经阴茎两旁入腹股沟管，止于腹股沟管内环。精索内的睾丸动脉长而盘曲，伴行静脉细而密，形成蔓状丛，它们构成精索的大部分，具有延缓血流和降低血液温度的作用。

### (四) 尿生殖道

公犬的尿道兼有排精作用，故称尿生殖道。可分为骨盆部和阴茎部，两者以坐骨弓为界。骨盆部起于膀胱颈，在骨盆腔底壁与直肠之间向后延伸，于坐骨弓处变窄，称为尿道峡。在绕过坐骨弓后延续为阴茎部，沿阴茎腹侧的尿道沟前行，末端开口于阴茎头，开口处称为尿道外口。

尿生殖道管壁包括黏膜、海绵体层、肌层和外膜。黏膜形成许多皱褶，骨盆部始端背侧壁的黏膜上形成一个尿道嵴，该处有窄小的输精管的开口和许多由前列腺小管开口形成的精阜；海绵体层在阴茎部较发达，形成尿道海绵体，并在尿道峡处膨大，称为尿道球；骨盆部的尿道海绵体肌薄，为横纹肌，构成包裹尿道的薄鞘。

### (五) 副性腺

犬的副性腺仅有前列腺，无精囊腺和尿道球腺。前列腺很发达，组织坚实，呈淡黄色球形体，环绕在整个膀胱颈和尿生殖道的起始部，以多条输出管开口于尿生殖道骨盆部。其分泌物有稀释精子、营养精子以及改善阴道环境等作用，有利于精子的生存和运动。

### (六) 阴囊

阴囊位于两股之间后部，为一袋状的皮肤囊，借腹股沟管与腹腔相通，容纳睾丸、附睾及部分精索。阴囊壁的结构与腹壁相似，由外向内依次为阴囊皮肤、肉膜、阴囊筋膜和鞘膜（图 2-66)。

(1) 阴囊皮肤　薄而柔软，被覆稀而短的毛，从后部可见明显的睾丸隆起。腹侧可见阴囊缝，将阴囊从外表分为左右两部分。

(2) 肉膜　紧贴皮下，较薄，相当于腹壁的浅筋膜，含有弹性纤维和平滑肌。肉膜沿阴囊的正中形成阴囊中隔，将阴囊分成左右互不相通的两个腔。由于犬阴囊皮肤和肉膜比较薄，因此很容易从表面触摸到附睾、输精管和精索。

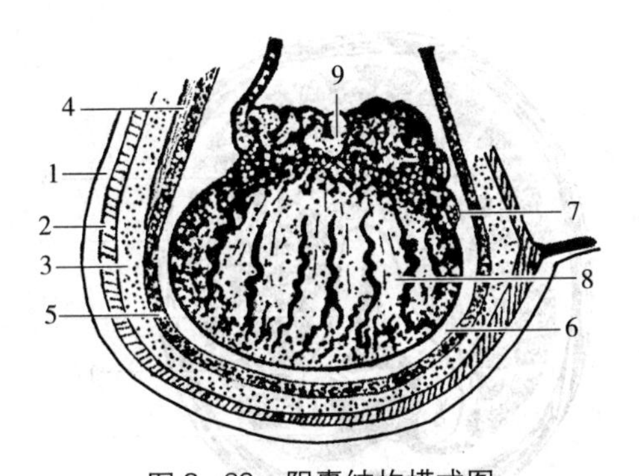


图 2-66　阴囊结构模式图

1. 阴囊皮肤　2. 肉膜　3. 阴囊筋膜　4. 提外睾肌
5. 总鞘膜　6. 鞘膜腔　7. 固有鞘膜　8. 睾丸　9. 附睾
（安铁洙，犬解剖学，2003）

（3）阴囊筋膜　位于肉膜深面，不发达，由腹壁深筋膜和腹外斜肌腱膜延伸而来，借疏松结缔组织将肉膜和总鞘膜以及夹于二者间的提睾肌连接起来。阴囊筋膜将附睾尾与肉膜紧密连接并增厚形成阴囊韧带。犬提睾肌不发达。

（4）鞘膜　包括总鞘膜和固有鞘膜。总鞘膜为阴囊最内层，由腹膜壁层延续而来。在靠近阴囊中隔处，总鞘膜折转包裹在精索及睾丸和附睾的表面，称为固有鞘膜，相当于腹膜的脏层。转折处形成的浆膜褶称为睾丸系膜。总鞘膜和固有鞘膜之间的腔隙称为鞘膜腔，内含有少量浆液。鞘膜腔的上段细窄，称为鞘膜管，精索包于其中，通过腹股沟管以鞘膜管口或鞘膜环与腹膜腔相通。当鞘膜管口较大时，小肠可脱入鞘膜管或鞘膜腔内，形成腹股沟疝或阴囊疝，须手术治疗。

在生理状况下，阴囊内的温度低于体腔内的温度，有利于睾丸精子生成。阴囊内肉膜和提睾肌通过收缩和舒张调节阴囊壁的厚度，调整精子生成的最佳温度。

### （七）阴茎和包皮

**1. 阴茎**　阴茎为公犬的交配器官，平时隐藏于包皮内，交配时勃起，伸长并变得粗硬。阴茎起自坐骨弓，经左右股部之间向前延伸到脐部后方。阴茎可分为阴茎头、阴茎体和阴茎根三部分，由阴茎海绵体、阴茎骨和尿生殖道阴茎部构成（图 2-67）。

（1）阴茎海绵体　在阴茎根部形成一对阴茎脚附着于坐骨弓两侧，并呈弓形向前延伸，结合后参与构成阴茎体。阴茎海绵体外周被覆着结缔组织构成的白膜，其腹侧部将阴茎海绵体与尿道海绵体隔开，称为阴茎中隔。此外，白膜的结缔组织呈放射状伸入阴茎海绵体形成小梁，在小梁及其分支间的腔隙，称

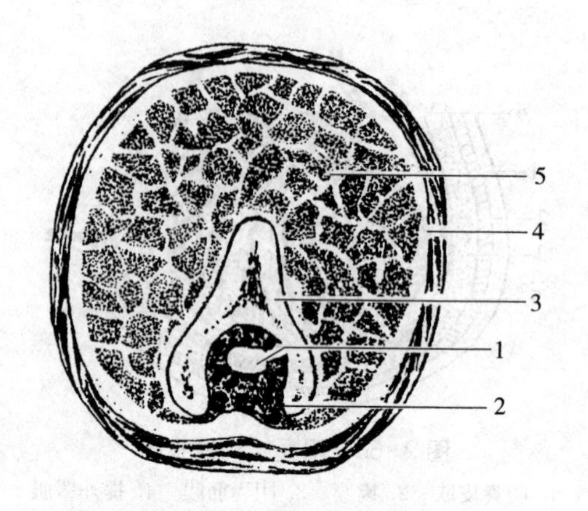


图 2-67 犬阴茎的横断面

1. 尿生殖道 2. 尿道海绵体 3. 阴茎骨 4. 阴茎白膜 5. 阴茎海绵体

（马仲华，家畜解剖学及组织胚胎学，第三版，2002）

为海绵腔，腔壁衬以内皮与血管直接相通。当充血时，阴茎膨大变硬而勃起。

（2）阴茎骨　主要位于阴茎头的内部，与阴茎海绵体相接，其末端弯曲形成纤维软骨性突起。阴茎骨的腹侧有沟，容纳由尿道海绵体包裹的尿生殖道。

（3）尿生殖道阴茎部　由坐骨弓处伸入阴茎体腹侧的尿生殖道沟内，并沿阴茎体腹侧前行。在接近阴茎头起始部，尿道海绵体扩张形成阴茎头球，远端逐渐延续成筒状，称为阴茎头长部。阴茎头球和阴茎头长部包于阴茎骨的周围。

**2. 包皮**　为皮肤转折形成的管状鞘，包围阴茎头。包皮中分布有散在的淋巴小结和小的包皮腺。

## 二、母犬生殖系统的构造

母犬的生殖系统由卵巢、输卵管、子宫、阴道、阴道前庭和阴门等器官组成（图 2-68、图 2-69）。

### （一）卵巢

**1. 卵巢的形态和位置**　犬卵巢一对，以较厚的卵巢系膜悬吊于腹腔的腰下部，靠近肾的后端，有时前端与肾相接。由于左肾比右肾靠后，因此左卵巢比右卵巢也相应地靠后。

卵巢呈扁平的椭圆形，表面粗糙，常被大量的脂肪包裹。在发情期，卵巢的形状不规则，且可见比较大的卵泡突出于表面。卵巢的大小与犬种及个体有

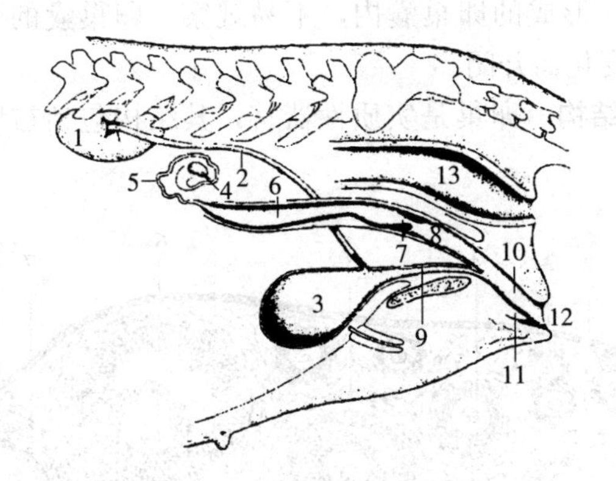


图2-68　母犬的泌尿和生殖器官

1. 右肾　2. 输尿管　3. 膀胱　4. 卵巢　5. 输卵管　6. 子宫角
7. 子宫颈　8. 阴道　9. 尿道　10. 阴道前庭　11. 阴蒂　12. 阴门　13. 直肠
（安铁洙，犬解剖学，2003）

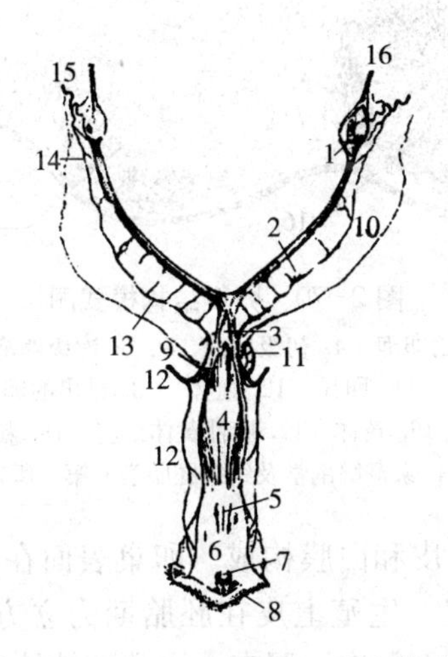


图2-69　母犬生殖器官及其血管分布

1. 右卵巢　2. 右子宫角　3. 子宫颈　4. 阴道　5. 尿道外口　6. 阴道前庭
7. 阴蒂　8. 阴唇　9. 背侧褶　10. 子宫阔韧带　11. 膀胱　12. 阴道动脉
13. 子宫动脉　14. 卵巢动脉子宫支　15. 卵巢动脉　16. 卵巢系膜
（安铁洙，犬解剖学，2003）

关，如比格犬卵巢的大小约为15mm×10mm×6mm。卵巢的前端为输卵管端，有浆膜延伸至子宫，并包着输卵管，称为输卵管系膜；后端为子宫端，借卵巢固有韧带与子宫角相连；背侧为卵巢系膜缘，有血管和神经从卵巢系膜进入卵巢内，此处称为卵巢门；腹侧为游离缘。在非发情期，卵巢隐藏于输卵管系膜与卵巢固有韧带之间形成的卵巢囊内，不易观察。卵巢囊的开口小，呈缝隙状，随发情周期的变化而开闭。

2. **卵巢的组织结构** 卵巢是实质性器官，其结构包括被膜和实质两部分（图 2-70）。

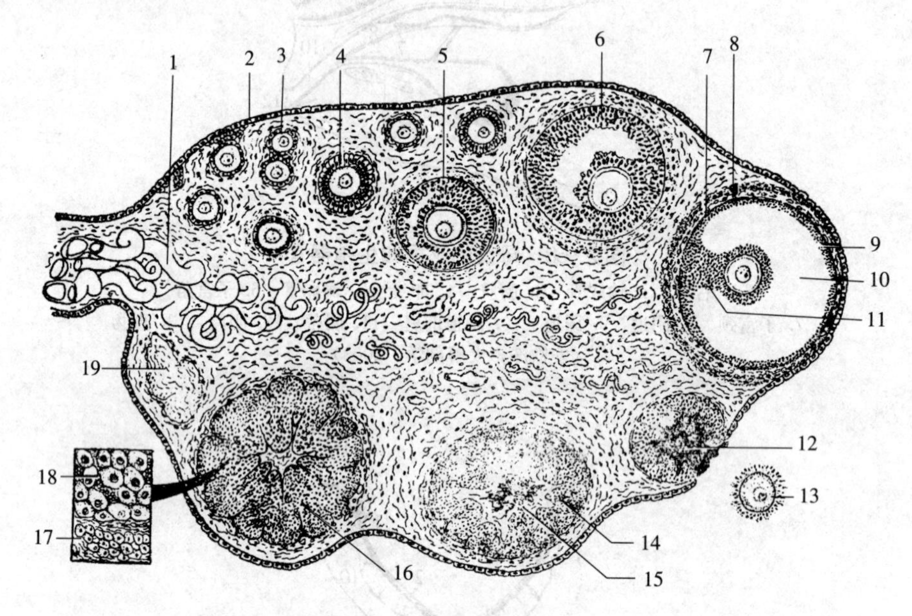


图 2-70 卵巢结构模式图

1. 血管 2. 生殖上皮 3. 原始卵泡 4. 初级卵泡 5、6. 次级卵泡 7. 卵泡外膜 8. 卵泡内膜 9. 颗粒细胞 10. 卵泡腔 11. 卵丘 12. 血体 13. 排出的卵 14. 正在形成中的黄体 15. 黄体中残留的凝血 16. 黄体 17. 膜性黄体细胞 18. 粒性黄体细胞 19. 白体

（马仲华，家畜解剖学及组织胚胎学，第三版，2002）

（1）被膜 由生殖上皮和白膜构成。卵巢表面在卵巢系膜附近被覆腹膜，其余大部分被覆生殖上皮。生殖上皮在胚胎期为立方上皮，是卵细胞的发源处，成年后变为扁平上皮。上皮深层有一层致密结缔组织构成的白膜。

（2）实质 分为浅层的皮质和深层的髓质。皮质内含许多不同发育阶段的卵泡；髓质为疏松结缔组织，内有血管、淋巴管、神经和平滑肌等。

卵泡由中央的一个卵母细胞和包在其周围的卵泡细胞组成。根据发育程度不同，可分为原始卵泡、初级卵泡、次级卵泡和成熟卵泡四个阶段。

原始卵泡：位于皮质浅层，体积小，数量多，中央为一个大而圆的初级卵母细胞，周围为单层扁平的卵泡细胞。

初级卵泡：卵泡细胞不断分裂增殖，由单层变为复层。在初级卵母细胞与卵泡细胞之间出现透明带，嗜酸性。卵泡外结缔组织逐渐分化形成卵泡膜。

次级卵泡：卵泡体积逐渐增大，在卵泡细胞之间出现充满卵泡液的卵泡腔。随着卵泡腔的不断增大，初级卵母细胞与周围的卵泡细胞被挤到一侧，形成卵丘。其余的卵泡细胞则密集排列在卵泡腔的周围构成卵泡壁，称为颗粒细胞。而此时的初级卵母细胞通常已长到最大体积，周围的透明带明显增厚。至后期，初级卵母细胞周围紧靠透明带的卵泡细胞变为柱状，呈放射状排列，称为放射冠。周围的卵泡膜分为内外两层。

成熟卵泡：由于卵泡液激增，卵泡腔进一步增大，卵泡向卵巢表面突出。卵泡壁越来越薄，卵泡膜内外两层分界明显。

卵子随着卵泡发育到一定阶段后，从成熟卵泡中排出的过程称为排卵。排卵后，由于毛细血管破裂引起出血，血液充满卵泡腔，形成血体。之后，随着周围的血管伸入，卵泡腔内的血液逐渐被吸收，同时残留在卵泡壁的颗粒细胞与卵泡内膜细胞向内侵入，胞体增大，胞质内出现类脂颗粒，并分别发育成粒性黄体细胞和膜性黄体细胞，此时称为黄体。如果排出的卵没有受精，黄体则很快退化，称假黄体；如果卵细胞受精，黄体继续发育，直到妊娠末期，这种黄体称为真黄体或妊娠黄体。黄体退化后为结缔组织所代替，称为白体。

通常，卵巢内绝大多数的卵泡都不能发育成熟，而在发育的各个阶段中逐渐退化，这种卵泡称为闭锁卵泡。其中以原始卵泡退化最多，且退化后不留痕迹；初级卵泡退化时，卵细胞先萎缩，透明带皱缩，卵泡细胞离散，结缔组织侵入卵泡内形成瘢痕；次级卵泡退化时，卵细胞内出现核严重偏位和固缩，透明带塌陷，颗粒层细胞松散并脱落到卵泡腔内，卵泡壁塌陷，卵泡液被吸收。

### （二）输卵管

输卵管是位于卵巢和子宫角之间的一对弯曲管道，长 5～8cm，是输送卵细胞和卵细胞受精的场所。

输卵管的前端扩大成漏斗状，称为输卵管漏斗。漏斗的边缘有许多不规则的皱褶，呈伞状，称为输卵管伞，其颜色稍暗。漏斗中央的深处为输卵管腹腔口，与腹膜腔相通，卵细胞由此进入输卵管。输卵管的腹腔口较大，然后逐渐变细而弯曲，延伸于卵巢囊壁的输卵管系膜内，最终连于子宫角。

输卵管管壁由黏膜、肌层和浆膜构成。黏膜形成纵行的输卵管褶，其上皮具有纤毛；肌层由内环外纵两层平滑肌组成；浆膜包裹在输卵管的外面，由疏松结缔组织和间皮组成。

### （三）子宫

**1. 子宫的形态和位置** 犬的子宫属于双角子宫，借子宫阔韧带附着于骨盆腔前部的侧壁上。子宫的大部分位于腹腔内，仅有部分子宫体和子宫颈位于骨盆腔内。子宫体和子宫颈的背侧为直肠，腹侧为膀胱。根据妊娠期的不同，子宫的位置有显著变化。子宫分为子宫角、子宫体和子宫颈三部分。

(1) 子宫角　细长，中等体形犬的子宫角全长约为12cm。左右子宫角成“V”字形，后端的结合部形成中隔。整个子宫角位于腹腔内，其腹侧与小肠相邻。

(2) 子宫体　呈细的圆筒状，很短，仅有2～3cm。

(3) 子宫颈　壁厚，是子宫体向后的延续部分，长仅为1cm左右。其后端外口突入阴道内，形成子宫颈阴道部。子宫颈管几乎呈上下垂直状。

**2. 子宫的组织结构**　子宫壁由黏膜、肌层和浆膜构成。

(1) 黏膜　又称子宫内膜，在怀孕期间增厚，参与形成胎盘。膜内含有丰富的子宫腺，其分泌物对早期胚胎有营养作用。

(2) 肌层　又称子宫肌，由两层平滑肌构成。内层为较厚的环肌，外层为较薄的纵肌，在两肌层间有发达的血管层，内含丰富的血管和神经。子宫颈的环肌特别发达，形成开闭子宫颈的括约肌，发情和分娩时开张。

(3) 浆膜　又称子宫外膜，被覆于子宫的表面。在子宫角的背侧和子宫体两侧形成的浆膜褶，称子宫阔韧带或子宫系膜，含有大量的脂肪、血管、神经和淋巴管，两端短而中间宽，前连卵巢系膜，将子宫悬吊于盆腔前部的侧壁上。

**3. 子宫的血管分布**　子宫的动脉分布主要来自卵巢动脉、子宫动脉和阴道动脉的分支。在切除大部分子宫时，应结扎靠近子宫颈的子宫动脉。子宫的血液主要通过卵巢静脉中的子宫支回收。

### (四) 阴道

阴道是母犬的交配器官，同时也是分娩的产道。犬阴道长约12cm，在盆腔内呈水平延伸，并向后下方倾斜。背侧为直肠，腹侧为膀胱和尿道，前接子宫，后连阴道前庭。

阴道的前部被覆有腹膜，后部为结缔组织的外膜；中层为肌层，由平滑肌和弹性纤维构成；内层为黏膜，呈粉红色，较厚，没有腺体。除子宫颈阴道部后方的背侧褶外，黏膜在阴道腔内形成许多不规则的黏膜褶，使非扩张状态的阴道闭合，并一直延伸至阴道与阴道前庭的结合处。

### (五) 阴道前庭

阴道前庭是交配器官和产道，也是尿液排除的通道，又称尿生殖前庭。前接阴道，后部以阴门与外界相通。阴道前庭的黏膜常形成纵褶，呈淡红色到黄褐色。在与阴道交界处的腹侧有尿道外口，其后方有前庭小腺。犬缺乏前庭大腺。

### (六) 阴门

阴门是尿生殖前庭的外口，位于肛门下方，以短的会阴与肛门隔开。阴门由肥厚的左、右阴唇构成，两阴唇间的裂隙称为阴门裂。在阴门裂的腹侧联合前方有阴蒂，位于深凹的阴蒂窝内。

## 三、生殖生理

### （一）性成熟和体成熟

1. **性成熟**　犬生长发育到一定的时期，生殖器官已基本发育完全，具备了繁殖的能力，称为性成熟。此时，公犬开始有正常的性行为，并能产生具有受精能力的精子；母犬开始出现正常的发情并排出成熟的卵子。

性成熟是一个发展的过程，它的开始阶段称为初情期。此时母犬虽然也具有发情征兆，但多不规则且不正常，假发情和间断发情比例高；公犬出现阴茎勃起、爬跨等性行为，并第一次能够释放出精子。初情期的到来只不过是性成熟的前兆，经过一段时间才能达到性成熟。

达到性成熟的年龄因犬的品种、地区、气候环境、个体大小以及饲养管理的水平与方法的不同而有差异。一般认为，犬的初情期为6～7月龄，8～11月龄即可达到性成熟。

2. **体成熟**　犬达到性成熟时，身体仍在发育，直到具有成年犬固有的形态结构和生理特点，生长发育基本完成时，才能称为体成熟。性成熟后的母犬在发情期进行交配即可怀孕产仔，但由于犬体尚未完全发育成熟，故不宜配种和繁殖。因此，犬开始配种的年龄要比性成熟晚些，一般相当于体成熟或在体成熟之后。如果体成熟前繁殖会出现窝产仔数少、后代不健壮或有胚胎死亡的可能，也影响到本身的生长发育。

一般来说，犬达到体成熟需要20个月左右。因此，犬的最佳初配年龄，母犬为12～18个月，公犬为18～20个月。但如果用于军、警、牧羊、狩猎等的优良品种或用作繁殖的种犬，开始繁殖的最低年龄应在2岁之后。

3. **性季节**（发情季节）　性成熟的正常母犬，每年发情两次。大多在每年春季的3～5月和秋季的9～11月各发情一次。两次性季节之间的不发情时期，称为休情期。

### （二）公犬生殖生理

1. **精子的生成**　公犬达到性成熟后，睾丸中不断生成精子并排入附睾，在其中储藏和进一步发育成熟，在交配时则由附睾中排出。犬的睾丸终年都有精子生成，但犬是季节性繁殖动物，在配种季节睾丸才大量生成精子。

（1）精子生成的过程　精子的生成和发育是在睾丸曲精小管内进行的，主要经历增殖期、生长期、成熟期和成形期等四个时期。增殖期是指由原始的生精细胞分化成精原细胞，再经多次分裂，增加数目而成为初级精母细胞的过程；生长期是初级精母细胞不断生长，体积增大，并逐渐聚积营养物质的过程；成熟期为初级精母细胞经第一次成熟分裂（减数分裂）生成2个次级精母细胞（染色体数减半），而1个次级精母细胞经第二次成熟分裂生成2个精子细胞；成形期是指精子细胞经过一系列复杂的形态变化后，成为高度分化精子的过程。

(2) 精子生成的调节　精子的生成直接受下丘脑-垂体-睾丸的调节。下丘脑分泌GnRH，经垂体门脉系统到达腺垂体，促进其分泌FSH和LH。FSH作用于睾丸曲精小细管生殖上皮，促进精子生成；LH作用于间质细胞，促进睾酮分泌，对精子生成也有促进作用。睾丸支持细胞分泌抑制素作用于下丘脑和腺垂体，抑制FSH分泌，对精子生成起抑制作用。血液中睾酮浓度过高，通过负反馈作用抑制GnRH，使FSH和LH分泌减少，从而对生精过程表现抑制性影响。

(3) 影响精子生成的因素　环境温度特别是睾丸的局部温度是影响精子生成的决定性因素。在胚胎时期，哺乳动物的睾丸和附睾均在腹腔内，位于肾脏附近。出生前后，二者一起经腹股沟管下降到阴囊，此过程称睾丸下降。一般认为，在公犬出生后第3天，才开始发生睾丸下降，而且需要2d时间，而最终在阴囊内固定位置则需要4～5周时间。阴囊内睾丸的温度一般较体温低3～4℃，维持较低的温度是生成正常精子所必需的。如有一侧或双侧睾丸未下降到阴囊内，称为单睾或隐睾。患隐睾症的犬因不具备这种温度特点，不能正常生精，故不能用于繁殖。此外，饲养管理条件尤其是营养水平和运动对精子生成也有重要影响。公犬过肥、缺乏运动以及精液使用不当等均可使精子数量和质量降低。

**2. 精液**　精液由精子和精清组成。精清是前列腺、附睾和输精管的混合分泌物，内含果糖、蛋白质、磷脂化合物、无机盐和各种酶等。主要作用为稀释精子，为精子提供能量，保持精液正常的pH和渗透压；刺激子宫、输卵管平滑肌的活动，有利于精子运行。

(1) 精液的理化特性　犬精液的颜色因精子的密度不同而有所差异，从乳白色到灰白色不等，精子数量越多，乳白色越深。若精液呈淡绿色是混有浓液，呈淡红色是混有血液，呈黄色是混有尿液，凡属上述颜色的异常精液，应该丢弃或停止采精。犬精液的pH平均为6.4（6.1～7.0），pH的高低与前列腺的分泌物有关。犬射出的精液第一部分pH居中，第二部分pH低，第三部分pH最高。由于pH偏低的精液的精子活力、受精力都较好，且含精子浓度最高，因此冷冻犬精液主要取第二部分。离体后的精子容易受外界因素的作用而影响活力，甚至造成死亡。精子具有耐冷性，能够忍受超低温冷冻，在0℃以下呈不活动状态。但阳光直射、40℃以上温度、偏酸或偏碱环境、低渗或高渗环境及消毒液的残余等都会造成精子迅速死亡。在处理精液时，要注意避免不良因素的影响。

（2）评定精液品质的指标 精子形态是评定精液品质的重要指标之一，精子形态异常，如头部狭窄、尾弯曲、双头、双尾等，都是精液品质不良的表现；评定精液品质的另一重要指标是精子的活力，精子的运动形式有直线前进运动、原地转圈运动和原地颤动三种，只有直线前进运动的精子才能进入输卵管与卵子结合受精；此外，精子密度也是评定精液品质的一个重要指标，犬正常情况下每毫升精液中的精子数为1.25（0.04～5.40）亿个。

**3. 性反射** 犬是体内受精动物，在自然条件下，只有通过交配，精子才能进入母犬的生殖道而完成受精过程。交配是复杂的反射活动，由雄雌两性个体协同，通过一系列性反射和性行为而完成的。公犬的性反射包括如下相继发生的四个过程：勃起反射、爬跨反射、抽动反射和射精反射。犬交配的时间较长，一般为45min。

### （三）母犬生殖生理

**1. 性周期** 又称发情周期，是指母犬到初情期或性成熟后，其生殖器官及整个有机体发生一系列周期性的变化，这种变化周而复始，一直到停止性机能活动为止。发情周期的计算为从一次发情期的开始到下一次发情开始的间隔时间。犬的发情周期一般为180d。

根据母犬生殖器官所发生的变化，一般可将发情周期分为发情前期、发情期、发情后期和休情期。

（1）发情前期 性活动的开始阶段，从发现血色的排出物到开始愿意交配的时期，其持续时间为7～12d，平均为9d。在这期间，卵巢中存有大量不同发育时期的卵泡，外生殖器官肿胀潮红，阴道充血，自阴道流出血样的排出物，青年犬的乳房增大。母犬变得兴奋不安、性情焦躁反常，不爱吃食，但饮水量增加，当遇公犬时，开闭外阴部，频频排尿，但拒绝交配。

（2）发情期 性活动的高潮阶段，为母犬开始愿意接受交配至又拒绝交配的时期，持续5～12d，平均为9d。这时卵巢中出现排卵，外阴继续肿大并变软，阴道分泌物增多，初期为淡黄色，数日后呈浓稠的深红色，出血程度在开始发情的第9天或第10天达到顶点，以后分泌物逐渐减少，14 d后停止流出黏液。母犬表现非常兴奋和敏感，有交配欲，喜欢接近公犬。

（3）发情后期 母犬拒绝公犬的交配即进入发情后期，紧接发情期之后。如果以黄体的活动来计算，此期为70～80d；若以子宫恢复，子宫内膜增生为基础，则此期为130～140d。此期为发情的恢复阶段，由于雌激素的含量下降，母犬的性欲减退，卵巢中形成黄体；外生殖器逐步恢复正常，出血停止，但前期还可见到少量黑褐色黏性分泌物；子宫腺体增生，为胚胎的附植作准备。母犬较以前有些消瘦，变得愈来愈恬静和驯服。

（4）休情期　是发情后期之后的相对静止期。此期母犬除了卵巢中一些卵泡生长和闭锁、黄体逐渐萎缩外，无明显的性活动过程。随着卵泡的发育，准备进入下一个发情周期。

**2. 卵子的生成和排卵**　母犬达到性成熟后，卵巢中有卵泡周期性发育和成熟。卵泡中有卵子，但卵子的发育和成熟并不随卵泡的成熟而完成。卵子随着卵泡发育到一定阶段后即从成熟的卵泡中排出，排出的卵子到达输卵管并经过受精后，才继续发育成熟。

（1）卵泡的发育　卵泡在胚胎时期由卵巢表面的生殖上皮演化而来。卵泡的发育过程依次包括原始卵泡、初级卵泡、次级卵泡和成熟卵泡四个阶段。

（2）卵子生成的过程　犬的成熟卵泡中卵子仍处在初级卵母细胞阶段。从卵原细胞发育至成熟卵子需经历增殖期、生长期和成熟期等三个时期。增殖期是指卵原细胞经多次分裂，数目增加，成为初级卵母细胞的过程，与此相应的卵泡则从原始卵泡变成初级卵泡；生长期是指初级卵母细胞的胞质和内含物增多，体积增大，初级卵泡发育成为成熟卵泡的过程；犬卵子的发育只有在排卵后才进入成熟期，此时初级卵母细胞在输卵管中完成第一次成熟分裂，排出第一极体，成为次级卵母细胞。受精后，完成第二次成熟分裂才继续发育达到最后成熟。

（3）排卵　初级卵母细胞及其周围的透明带和放射冠，随同卵泡液一起从成熟卵泡中排出的过程称为排卵。卵泡在排卵前要经历一系列变化，这些变化是：卵泡液增多，压力增大，其中的蛋白分解酶使卵泡膜不断溶化和松解，形成排卵点而向卵巢表面突出，直至最后破裂，卵泡液流出。卵子随卵泡液排出卵巢后，经输卵管伞进入输卵管中。母犬通常在发情期开始的第2～3天排卵，这时也是交配的最佳时间。

（4）卵泡发育和排卵的调节　卵泡的发育和排卵主要受下丘脑-垂体-卵巢的调节。下丘脑分泌GnRH，经垂体门脉系统到达腺垂体，促进其分泌FSH和LH。在FSH的作用下，卵泡开始生长发育，但卵泡成熟则需要FSH和LH的共同作用。当卵泡成熟，雌激素分泌达到峰值时，通过正反馈作用于下丘脑而使GnRH大量分泌，进而激发LH快速大量分泌，形成LH高峰，即可引起排卵。由颗粒细胞或黄体细胞分泌的抑制素作用于下丘脑和腺垂体，抑制FSH分泌，对卵泡发育起抑制作用，形成闭锁卵泡。母犬妊娠后，黄体和胎盘分泌大量的孕酮，通过负反馈作用抑制 GnRH 和 FSH 分泌，对卵泡发育和排卵起抑制作用。

3. **受精**　受精是指精子和卵子结合而形成合子（又称受精卵）的过程。

（1）精子的运行和获能　精子在母犬生殖道内由射精部位移动到受精部位的运动过程，称为精子的运行。精子的运行除本身具有运动能力外，更重要的是借助于子宫和输卵管的收缩和蠕动。但接近卵子时，精子本身的运动显得十分重要。精子进入母犬生殖道之后，须经过一定变化后才能具有受精的能力，这一变化过程称为精子获能。犬的精子在母犬生殖道内的存活时间较长，可达 90h。

（2）卵子保持受精能力的时间　卵子在输卵管内保持受精能力的时间就是卵子运行至输卵管峡部以前的时间。卵子受精能力的消失也是逐渐的，卵子排出后如未遇到精子，则沿输卵管继续下行，并逐渐衰老，包上一层输卵管分泌物，精子不能进入，即失去受精能力。

（3）受精过程

①精子和卵子相遇：经获能的精子在输卵管壶腹部与卵子相遇，经过选择性识别迅速引起精子的顶体反应。这一反应表现为从精子顶体中释放出各种顶体酶（如放射冠溶解酶、透明质酸酶等），这些酶溶解粘连放射冠细胞的基质，使精子穿过放射冠，到达卵子透明带的外侧，并固定在透明带某点上。公犬一次射精中精子的总数相当可观，但到达输卵管壶腹的数目却很少。精子射出后，一般在 15 min 之内到达受精部位。

②精子进入卵子：精子依靠自身的活力和蛋白水解酶的作用穿过透明带，头部与卵黄膜表面接触，激活卵子，使其开始发育。最终精子的头穿过卵黄膜，进入卵子。精子通过卵子透明带具有种族选择性，一般只有同种或近似种的精子才能通过。当精子穿过透明带触及卵黄膜时，可激活卵子引起卵黄膜收缩，释放出某些物质使透明带变性硬化，重新封闭，阻止其余精子再进入，这一过程称为透明带反应，以保证单精受精。

③精子与卵子融合成为合子：精子进入卵子后，头部膨大，细胞核形成雄性原核。同时，卵子也继续发育成熟，进行第二次成熟分裂，排出第二极体，形成雌性原核。两个原核接近，核膜消失，染色体进行组合而成为合子，完成受精的全过程。

4. **妊娠**　受精卵在母犬子宫体内生长发育为成熟胎儿的过程称为妊娠。犬的妊娠期 59～65 d，平均为 62 d。

（1）妊娠的建立　受精后，卵巢中黄体不退化而转变为妊娠黄体，继续合成和分泌孕酮。孕酮通过负反馈作用抑制 GnRH 和 FSH、LH 的分泌，对卵泡发育和排卵起抑制作用，使母犬发情周期暂时停止。同时，受精卵沿输卵管向子宫移动，细胞开始分裂，称为卵裂。约3d，即变成16～32个细胞的桑葚胚。约6d，桑葚胚即进入子宫，继续分裂，体积扩大，中央形成含有少量液体的空腔，此时的胚胎称为胚泡。约10d，胚泡逐渐埋入子宫内膜而被固定，称为附植。此时胚胎就与母体建立起了密切的联系，开始由母体供应营养物质和排出代谢产物。

（2）妊娠的维持　胚泡附植后，由胚泡滋养层与子宫内膜生长嵌合形成胎盘，胚泡靠胎盘提供营养，继续在子宫内生长发育直至分娩的过程，称为妊娠维持。胎盘是保证妊娠维持最重要的临时性器官，对胎儿具有营养代谢、呼吸和排泄等功能。此外，胎盘还是重要的内分泌器官，除分泌孕酮维持妊娠外，还分泌催乳素、促性腺激素、雌激素、松弛素等，对维持妊娠和准备分娩起重要作用。胎盘由胎儿的绒毛膜（胎膜的最外层）和母体的子宫内膜共同构成（图2-71）。

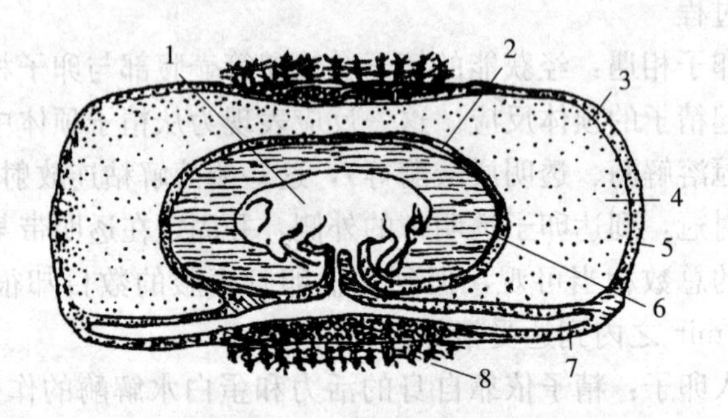


图2-71　犬胎盘模式图

1. 胎儿　2. 羊膜　3. 尿囊膜　4. 尿囊腔　5. 绒毛膜　6. 羊膜腔　7. 卵黄囊　8. 绒毛环

（马仲华，家畜解剖学及组织胚胎学，第三版，2002）

①胎膜：是胚胎在发育过程中逐渐形成的一个暂时性器官，胎儿出生后，胎膜即被弃掉。胎膜主要由羊膜、尿囊膜和绒毛膜组成。

羊膜：形成羊膜腔，包围着胎儿，腔内充满羊水。胎儿在羊水的液体环境中生长发育，既能调节体温，又能缓冲来自各方面的压力，保证胎儿的正常发育。分娩时，胎膜破裂，羊水连同尿囊液一起外流，能润滑产道，有利于胎儿分娩。

尿囊膜：位于羊膜外面，分内外两层，围成尿囊腔，囊腔内有尿囊液，贮存胎儿的代谢产物。

绒毛膜：位于最外层，紧贴在尿囊膜上，表面有绒毛。绒毛与子宫黏膜紧密联系，通过渗透进行物质交换，是构成胎盘的基础。犬绒毛膜上的绒毛仅分布在绒毛膜的中段，呈一宽环带状，绒毛膜的其他部分平整光滑，无绒毛。

②胎盘：由胎儿的绒毛膜和母体的子宫内膜共同构成。犬的胎盘为内皮绒毛膜型，在绒毛与子宫黏膜接触的环带状处，绒毛深达子宫内膜的血管内皮。但胎儿绒毛膜上的血管与母体子宫内膜的血管并不直接连通，而是通过渗透方式进行物质交换，吸取营养，排泄废物，为胚胎发育创造条件，保证胎儿的正常发育。

（3）妊娠期胚胎的生长发育　受精卵通过卵裂，经桑葚胚、胚泡期后，虽细胞数目不断增加，但形态变化很小。胚泡附植后，细胞发生分化形成内胚层、中胚层和外胚层，并由各胚层分别逐步形成各器官和系统。

（4）妊娠时母犬的变化　母犬妊娠后，为了适应胎儿的成长发育，各器官生理机能都要发生一系列的变化。首先是妊娠黄体分泌大量孕酮，除了促进附植、抑制排卵和降低子宫平滑肌的兴奋性外，还与雌激素协同作用，刺激乳腺腺泡生长，使乳腺发育完全，准备分泌乳汁。

随着胎儿的生长发育，子宫体积和重量也逐渐增加，腹部内脏受子宫挤压向前移动，这就引起消化、循环、呼吸和排泄等一系列变化。如呈现明显的胸式呼吸，呼吸浅而快，肺活量降低；血浆容量增加，血液凝固能力提高，血沉加快。到妊娠末期，血中碱储减少，出现酮体，形成生理性酮血症；心脏因工作负担增加，出现代偿性心肌肥大；排尿排粪次数增加，尿中出现蛋白质等。母体为适应胎儿发育的特殊需要，甲状腺、甲状旁腺、肾上腺和脑垂体表现为妊娠性增大和机能亢进；母体代谢增强，食欲旺盛，对饲料的利用率增加，显得肥壮，被毛光亮平直。妊娠后期，由于胎儿迅速生长，母体需要养料较多，如饲料和饲养管理条件稍差，就会逐渐消瘦。

5. **分娩**　分娩是发育成熟的胎儿从母体生殖道排出的过程。母犬近于分娩时，食欲减少或不吃，行动急躁、表现不安，爬产箱；外阴部和乳房肿大、充血，乳头可挤出白色初乳。阴道和子宫颈变软并渐渐开张，子宫颈管充满黏液，呈水晶状透明物流出，并有少量出血。整个分娩过程通常可分为三期：

（1）开口期　子宫有节律的收缩，把胎儿和胎水挤入子宫颈。子宫颈扩大后，部分胎膜突入阴道，最后破裂流出胎水。

（2）胎儿娩出期　子宫更为频繁而持久的收缩，加上腹肌和膈肌收缩的协调作用，使子宫内压极度增加，驱使胎儿经阴道排出体外。

（3）胎衣排出期　胎儿排出后，经短时间的间歇，子宫又收缩，使胎衣（胎膜）与子宫壁分离，随后排出体外。胎衣排出后，子宫收缩压迫血管裂口，阻止继续出血。

由此可见，胎儿从子宫中娩出的动力是靠子宫肌和腹壁肌的收缩来实现的。当妊娠接近结束时，由于胎儿及其运动刺激子宫内的机械感受器，通过神经和体液的作用，子宫肌收缩逐渐增强，呈现节律性收缩，通常称为阵缩。阵缩的强度、持续时间与频率随着分娩时间逐渐增加。阵缩的意义在于使胎儿和胎盘的血液循环不致因子宫肌长期收缩而发生障碍，导致胎儿窒息或死亡。

## 四、乳腺和泌乳

### (一) 乳腺

乳腺属复管泡状腺。公母犬均有乳腺，但只有母犬能充分发育，在繁殖过程中具有分泌乳汁的能力，形成发达的乳房。

1. **乳房的形态和位置** 母犬在哺乳期乳房非常发达，而在非哺乳期乳房并不明显。乳房一般形成 4～5 对乳丘，对称排列于胸、腹部正中线两侧，按乳丘的位置和部位，可分为胸、腹和腹股沟乳房（图 2-72）。乳头短，顶端为乳头管的开口。

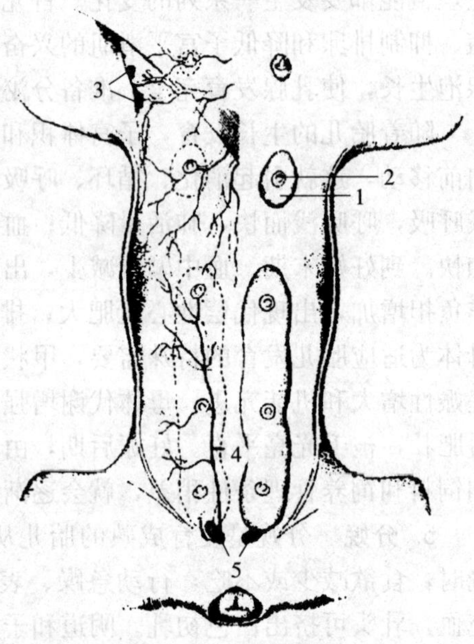


图 2-72 犬的乳房

1. 乳房 2. 乳头 3. 腋淋巴结和腋副淋巴结 4. 腹壁浅后动脉和静脉 5. 腹股沟浅淋巴结

（安铁洙，犬解剖学，2003）

2. **乳房的结构** 由皮肤、筋膜和实质构成。犬乳房皮肤较薄而柔软，长有稀疏的细毛。筋膜位于皮肤深层，分为浅筋膜和深筋膜，浅筋膜是腹浅筋膜的延续，由疏松结缔组织构成。深筋膜的结缔组织伸入乳房实质将乳腺分隔成许多腺小叶。每一个腺小叶由分泌部和导管部组成。分泌部分泌乳汁，包括腺泡和分泌小管，其周围有丰富的毛细血管网；导管部输送乳汁，由许多小的输乳管汇合成较大的输乳管，再汇合成乳池，开口于乳头上。每个乳头有 2～4 个乳头管与乳池相通，乳头管的开口处有括约肌控制乳汁的排出。

3. **乳腺的生长发育** 性成熟前，母犬的乳腺主要是由结缔组织和脂肪组织构成；性成熟后，在雌激素的作用下导管系统开始发育，但乳房并不迅速增大。妊娠后，乳腺组织生长迅速，不仅导管系统增生，而且每个导管的末端开始形成没有分泌腔的腺泡；妊娠中期，导管末端发育成为有分泌腔的腺泡，此时乳腺的脂肪组织和结缔组织逐渐被腺体组织代替；妊娠后期，腺泡的分泌上皮开始分泌初乳；分娩后，乳腺开始正常的泌乳活动；而在断乳后，腺组织退化，被结缔组织所代替。

**（二）泌乳**

泌乳包括乳的分泌和排乳两个独立而又相互联系的过程。

**1. 乳的分泌**　乳腺组织的分泌细胞从血液中摄取营养物质生成乳汁后，分泌入腺泡腔内的过程，称为乳的分泌。

（1）乳的生成过程　乳的生成是在乳腺腺泡和分泌小管的分泌上皮细胞内进行的。生成乳汁的各种原料都来自血液，其中乳汁的球蛋白、酶、激素、维生素和无机盐等均由血液直接进入乳中，是乳腺分泌上皮对血浆选择性吸收和浓缩的结果；而乳中的酪蛋白、白蛋白、乳脂和乳糖等则是上皮细胞利用血液中的原料，经过复杂的生物合成而来的。

（2）初乳和常乳　在分娩期或分娩后最初3～5d内，乳腺产生的乳称为初乳。初乳色黄而较黏稠，稍有咸味和臭味，煮沸时凝固。初乳内含有丰富的蛋白质、无机盐（主要是镁盐）和免疫物质。初乳中的蛋白质可被消化道迅速吸收入血液，以补充幼犬血浆蛋白质的不足；镁盐具有轻泻作用，可促进胎粪的排出；免疫物质被吸收后，使新生幼犬产生被动免疫，以增加抵抗疾病的能力。因此，初乳是初生幼犬不可替代的食物乳，对保证其健康成长具有重要的意义。

初乳期过后，乳腺所分泌的乳汁，称为常乳。常乳含有水、蛋白质、脂肪、糖、无机盐、酶和维生素等。蛋白质主要是酪蛋白，其次是白蛋白和球蛋白。当乳变酸时（pH4.7），酪蛋白与钙离子结合而沉淀，致使乳汁凝固。乳中还含有来自饲料的各种维生素和植物性饲料中的色素（如胡萝卜素、叶黄素等）以及血液中的某些物质（抗毒素、药物等）。

（3）乳分泌的调节　腺垂体分泌的催乳素在妊娠期间被胎盘和卵巢分泌的大量的雌激素和孕酮所抑制，在分娩以后，孕酮水平突然下降，结果催乳素迅速释放，对乳的生成产生强烈的促进作用，于是启动乳的分泌。同时，低水平的雌激素刺激乳的分泌，而分娩后血中肾上腺皮质激素浓度增高，又加强了催乳素与生长激素的泌乳作用。腺垂体释放催乳素、促肾上腺皮质激素、生长激素和促甲状腺激素等都是维持乳分泌的必要条件，其中又以催乳素最为重要。催乳素与乳腺分泌细胞膜上的相应受体结合，刺激mRNA产生乳蛋白和酶（如乳糖合成酶）。只有持续地分泌催乳素才能保证维持乳的分泌。

**2. 排乳**　当哺乳或挤乳时，引起乳房容纳系统紧张度改变，使贮积在腺泡和导管部内的乳汁迅速流向乳池并排出的过程，称为排乳。

排乳是一种复杂的反射过程。在幼犬吮乳之前，乳腺泡的上皮细胞生成的乳汁，连续地分泌到腺泡腔内。当腺泡腔和分泌小管充满乳汁时，腺泡周围的肌上皮细胞和导管部的平滑肌反射性收缩，将乳汁转移入输乳管和乳池内。乳腺的全部腺泡腔、导管、乳池构成蓄积乳的容纳系统。当幼犬吮乳时，刺激了母犬乳头的感受器，反射性地引起腺泡和分泌小管周围的肌上皮收缩，于是腺泡乳就流入导管部，接着乳道或乳池的平滑肌强烈收缩，乳池内压迅速升高，乳头括约肌弛缓，乳汁就排出体外。

**3. 泌乳期和泌乳量** 正常情况下，母犬泌乳期一般约为 45 d。每日泌乳量因犬种、哺乳次数、环境气候、饲养状况而异，一般为250～1 250 ml。

## 【技能训练】

### 一、犬生殖器官的观察

**【目的要求】**观察公、母犬生殖系统的形态、构造、位置及它们之间的相互关系。

**【材料设备】**显示公、母犬生殖系统各器官位置关系的尸体标本，公、母犬生殖器官的离体标本。

**【方法步骤】**在公、母犬生殖器官的尸体标本上，先观察各器官的外形和位置，然后解剖。

**1. 公犬生殖器官观察** 阴囊、睾丸、附睾、精索和输精管、尿生殖道、阴茎的形态、结构及它们之间的位置关系。

**2. 母犬生殖器官观察** 卵巢和卵巢囊、子宫、阴道的形态、结构、位置及各器官之间的位置关系。

**【技能考核】**在尸体或离体标本上识别公、母犬生殖器官的形态、位置和构造。

### 二、睾丸和卵巢组织结构的观察

**【目的要求】**认识睾丸和卵巢的组织结构。

**【材料设备】**睾丸和卵巢组织切片、生物显微镜。

**【方法步骤】**用显微镜（先用低倍镜，后用高倍镜）观察睾丸和卵巢的组织切片，注意观察睾丸和卵巢各部分组织的结构特点。

**【技能考核】**在显微镜下识别睾丸和卵巢的组织结构。

## 【复习思考题】

1. 公、母犬生殖系统主要由哪些器官组成的？它们分别起什么作用？
2. 简述睾丸和附睾的形态结构特征。
3. 阴囊壁由哪几层构成？
4. 简述公犬阴茎的结构特点。
5. 什么叫睾丸下降，有何意义？
6. 简述母犬子宫的特点及卵巢的位置。
7. 简述母犬卵巢内各期卵泡的组织结构特征。
8. 受精过程可分哪几个阶段？
9. 在一个发情周期中，母犬生殖器官会发生哪些变化？
10. 简述母犬胎盘的结构特点。
11. 母犬妊娠后有哪些变化？
12. 分娩过程分哪几个阶段？
13. 什么是初乳？为什么说初乳是新生幼犬不可替代的食物？

# 第七节　心血管系统

**【学习目标】**掌握犬心脏的形态、位置、结构和机能；掌握全身主要血管的分布；了解和掌握血液的组成和理化特性；掌握心动周期、血压、脉搏、心率、心音等概念及生理常数。能在犬心离体标本上识别心脏各部结构，能在犬活体标本上找出心脏的体表投影位置、常用静脉注射和脉搏检查部位，能正确地进行心音听诊和脉搏检查。

心血管系统由心脏、血管（动脉、毛细血管和静脉）和血液组成。心脏是动力器官，在神经、体液的调节下，进行有节律的收缩和舒张，推动血液在血管内按一定的方向流动，将营养物质和氧运送到全身各部分组织细胞，同时又将其代谢产物（如二氧化碳、尿素等）运送到肺、肾和皮肤排出体外。

## 一、心　　脏

### (一) 心脏的形态和位置

心脏为中空性肌性器官，呈倒圆锥形，约占体重的0.7%，但因犬品种不同而变化范围很大。心的上部大，称为心基，位置较固定，有大血管进出；下部小而游离，称为心尖；前缘呈凸向前下方的弧形，为右心室缘；后缘短而直为左心室缘。心表面靠近心基处有一环行的冠状沟，将心脏分为上部的心房和下部的心室。由冠状沟向左下方和右下方分别伸出左、右纵沟，将心脏分为左、右心室，前部为右心室，后部为左心室。在冠状沟和左、右纵沟内有营养心脏的血管，并有脂肪填充（图 2-73、图 2-74）。

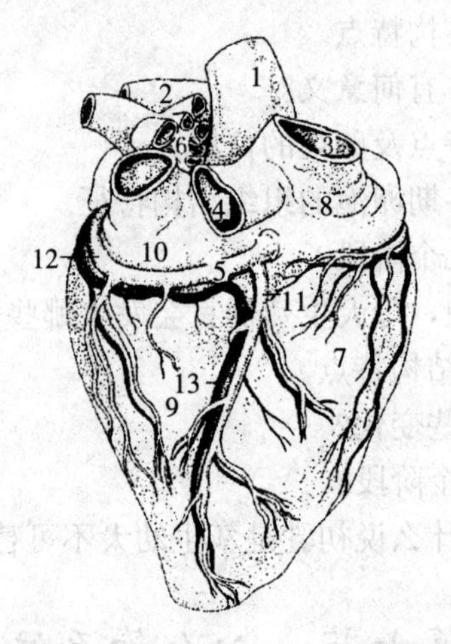


图 2-73　犬的心脏（右侧观）

1. 主动脉　2. 肺动脉　3. 前腔静脉　4. 后腔静脉　5. 心静脉　6. 肺静脉　7. 右心室　8. 右心房　9. 左心室　10. 左心房　11. 心中静脉　12. 左冠状动脉回旋支　13. 冠状动脉右纵沟支

（安铁洙，犬解剖学，2003）

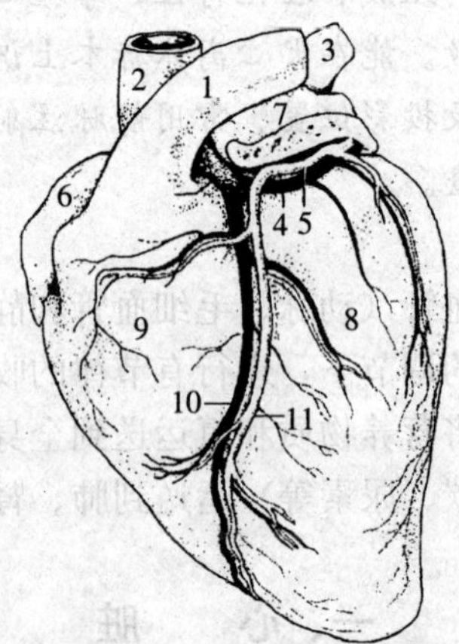


图 2-74　犬的心脏（左侧观）

1. 肺动脉　2. 主动脉　3. 肺静脉　4. 冠状动脉的回旋支　5. 心大静脉　6. 右心耳　7. 左心耳　8. 左心室　9. 右心室　10. 冠状动脉的左纵沟支　11. 心大静脉的左纵沟支

（安铁洙，犬解剖学，2003）

心脏位于胸腔纵隔内，第3～6肋间隙之间，略偏左，并微向前倾。心基位于第4肋骨的中央，肩峰和最后肋骨腹侧端的连线上；心尖在第6胸骨片的偏左侧。

## （二）心腔的构造

心腔内有纵向的房间隔和室间隔，将心腔分为左、右心房和左、右心室。同侧的心房和心室以房室口相通（图2-75、图2-76）。

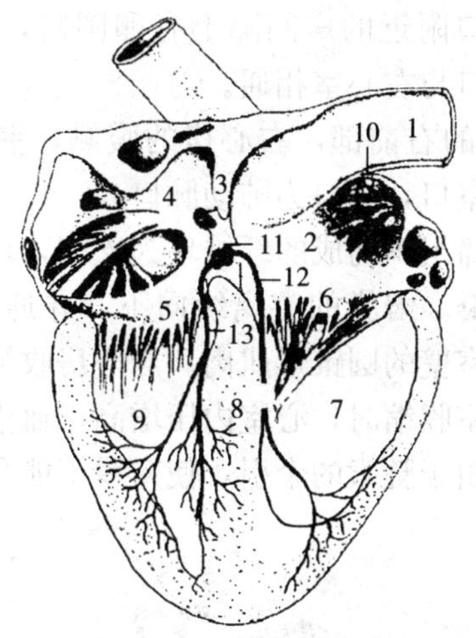


图2-75　犬心腔断面

1. 前腔静脉　2. 右心房　3. 静脉间嵴　4. 左心房　5. 左房室瓣　6. 右房室瓣　7. 右心室　8. 心室中隔　9. 左心室　10. 窦房结　11. 房室结　12、13. 房室束右脚和左脚

（安铁洙，犬解剖学，2003）

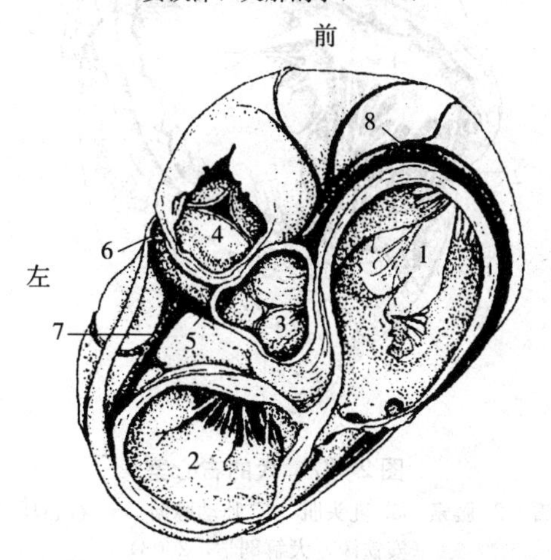


图2-76　切除心房后的心底背侧观

1. 右房室瓣　2. 左房室瓣　3. 主动脉瓣　4. 肺动脉瓣　5. 左冠状动脉　6. 左纵沟支　7. 回旋支　8. 右冠状动脉

（安铁洙，犬解剖学，2003）

1. **右心房**　构成心基的右前部，由右心耳和静脉窦组成。右心耳呈圆锥形盲囊，尖端向左向后至肺动脉前方，内壁有许多方向不同的肉嵴，称为梳状肌。静脉窦接受体循环中的静脉血，前、后腔静脉分别开口于右心房的背侧壁和后壁，两开口间有一发达的肉柱称为静脉间嵴，有分流前、后腔静脉血，避免相互冲击的作用。后腔静脉口的腹侧有心大静脉和心中静脉的开口，称为冠状窦口。在后腔静脉入口附近的房间隔上有卵圆窝，是胎儿时期卵圆孔的遗迹。右心房通过右房室口与右心室相通。

2. **右心室**　位于心的右前部，右心房的腹侧，室腔略呈半月形，顶端不达心尖。其入口为右房室口，出口为肺动脉口。

右房室口以致密结缔组织构成的纤维环为支架，环上附着 2 个大瓣和 3～4 个小瓣，称为右房室瓣。瓣膜的游离缘向下，并通过腱索分别连于乳头肌上。乳头肌为突出于心室壁的圆锥形肌肉。当心房收缩时，房室口打开，血液由心房流入心室；当心室收缩时，心室内压增高，血液将瓣膜向上推，使其相互合拢，关闭房室口。由于腱索的牵引，使瓣膜不能翻向心房，从而防止血液倒流（图 2 - 77）。

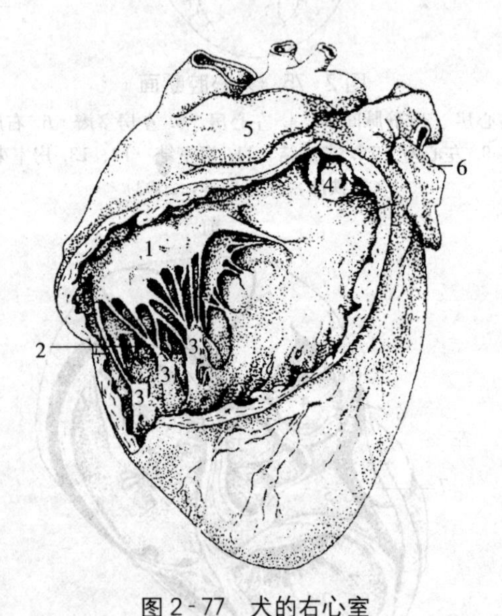


图 2 - 77　犬的右心室

1. 右房室瓣　2. 腱索　3. 乳头肌　4. 肺动脉瓣　5. 右心耳　6. 左心耳

（安铁洙，犬解剖学，2003）

肺动脉口位于右心室的左上方，也有一纤维环支架，环上附着 3 个半月形的瓣膜，称为半月瓣（或称肺动脉瓣）。每个瓣膜均呈袋状，袋口朝向肺动脉。当心室收缩时，瓣膜开放，血液进入肺动脉；当心室舒张时，室内压降低，肺动脉内的血液倒流入半月瓣的袋内，使其相互靠拢，从而关闭肺动脉口，防止血液倒流入右心室。

在右心室内，有连于室侧壁与室间隔的心横肌，当心室舒张时，有防止其过度扩张的作用。

3. **左心房**　构成心基的左后部。左心耳也呈圆锥状盲囊，向左向前突出，内壁也有梳状肌。在左心房壁的后部，有6～8个肺静脉入口。左心房以左房室口与左心室相通。

4. **左心室**　构成心室的左后部，室腔伸达心尖。其入口为左房室口，出口为主动脉口。左房室口纤维环上也有2个大瓣和4～5个小瓣，称为左房室瓣，其结构和作用与右房室口上的瓣膜相同。主动脉口位于心基中部，其纤维环上附着的3个半月瓣（或称主动脉瓣），结构和作用与肺动脉口的半月瓣相同。此外，左心室也有心横肌。

### （三）心壁的组织结构

心壁由心外膜、心肌和心内膜构成。

1. **心外膜**　为被覆于心肌外表面的一层浆膜，即心包浆膜的脏层，由间皮和薄层结缔组织构成。

2. **心肌**　心壁的最厚层，主要由心肌细胞构成，内有血管、淋巴管和神经等。心肌被房室口的纤维环分隔为心房肌和心室肌两个独立的肌系，故心房肌和心室肌可交替收缩和舒张。心房肌薄，心室肌厚，其中以左心室肌最厚。

3. **心内膜**　为紧贴于心房和心室内表面的一层光滑的薄膜，与血管的内膜相延续，其深面有血管、淋巴管、神经和心脏传导系的分支。心脏的各种瓣膜就是由心内膜向心腔折叠而成，中间夹着一层致密结缔组织。

### （四）心脏的血管和神经

心脏本身需大量血液供应，其供血量相当于左心室射血量的15%。心脏本身的血液循环称为冠状循环，其动脉称为冠状动脉，静脉则称为心静脉。左、右冠状动脉分别由主动脉根部发出，沿冠状沟和左、右纵沟伸延，其分支分布于心房和心室，在心肌内形成丰富的毛细血管网。心静脉包括心大静脉、心中静脉和心小静脉。心大静脉和心中静脉伴随左、右冠状动脉分布，最后注入右心房的冠状窦；心小静脉分成数支，在冠状沟附近直接开口于右心房。

### （五）心脏的传导系统和神经支配

1. **心脏的传导系统**　心脏的传导系统由特殊的心肌细胞构成，能自动产生和传导兴奋，从而使心脏有节律地收缩和舒张。心脏的传导系统包括窦房结、房室结和房室束及其分支等。

窦房结是心脏的正常起搏点，位于前腔静脉和静脉窦之间的心外膜下，除分支到心房肌外，还分出数支结间束与房室结相连；房室结位于冠状窦附近的心内膜下；房室束是房室结向下的延续，在室间隔的上端分为左、右两支，分别沿室间隔的两侧心内膜下伸延并分支，有的分支通过心横肌到左、右心室的侧壁。上述分支在心内膜下再分散成蒲肯野氏纤维，与心肌细胞相连（图2-75）。

2. **心脏的神经** 心脏的运动神经有交感神经和迷走神经，前者可兴奋窦房结，加强心肌的活动；后者的作用与前者相反。心脏的感觉神经分布于心壁各层，其纤维随交感神经和迷走神经分别进入脊髓和脑。

### （六）心包

心包位于纵隔内，为包裹心脏的锥形囊，囊壁由纤维膜和浆膜组成。纤维膜为一层致密结缔组织膜，在心基部与心脏的大血管外膜相延续，在心尖处折转到胸骨背侧，与心包胸膜共同构成胸骨心包韧带；心包浆膜分为壁层和脏层。壁层衬于纤维膜的内面，在心基及大血管的根部转折移行为脏层，紧贴在心肌的外表面，构成心外膜。壁层与脏层之间的裂隙称为心包腔，内有少量浆液称为心包液，有润滑作用，可减少心脏搏动时的摩擦（图2-78）。

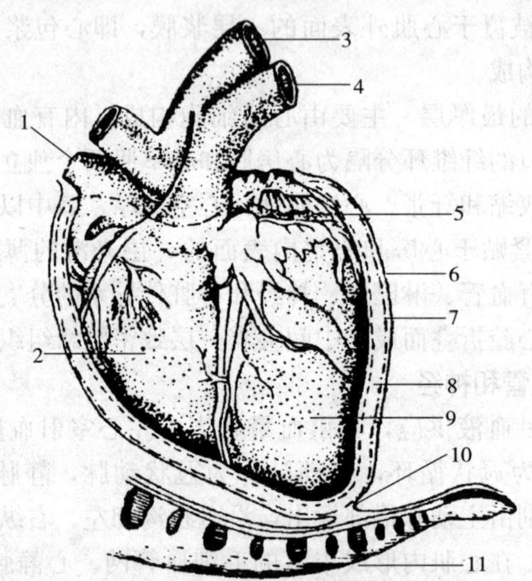


图2-78 心包构造模式图

1. 前腔静脉 2. 右心室 3. 主动脉 4. 肺动脉 5. 心包脏层 6. 纤维膜 7. 心包壁层 8. 心包腔 9. 左心室 10. 胸骨心包韧带 11. 胸骨

（山东省畜牧兽医学校，家畜解剖生理，第三版，2000）

## 二、血管

### （一）血管的种类和构造

根据结构和功能不同，将血管分为动脉、毛细血管和静脉三种。

1. **动脉**　起于心室，输送血液到肺和全身各部，沿途反复分支，最终移行为毛细血管。根据动脉管径的大小和管壁的厚薄，可分为大、中、小三种类型，三者互相移行，无明显的界限。动脉管壁厚而富有弹性，均由内、中、外三层膜组成：内膜最薄，表面衬以光滑的内皮，有利于血液流动；中膜较厚，大动脉的中膜主要由弹性纤维组成，富有弹性（故又称为弹性动脉），中动脉则由平滑肌和弹性纤维构成，具有弹性和收缩性，小动脉的中膜主要由平滑肌组成（故又称为肌性动脉）；外膜较中膜薄，由结缔组织构成。

2. **静脉**　静脉是将血液回流至心脏的血管，起自毛细血管，沿途逐渐汇合成小、中、大静脉，最后同心房相连。静脉管壁也由内、中、外三层膜组成，与相应的动脉比较，特点为管径较大，管壁薄，三层膜的分界不明显，中膜因弹性纤维和平滑肌少而变薄，外膜相对较厚。多数静脉，特别是四肢的静脉管内，由内膜形成成对的半月形静脉瓣，其游离缘朝向心脏，以防止血液倒流。

3. **毛细血管**　毛细血管是动脉和静脉之间的微细血管，几乎遍布全身各处，短而细，在器官组织内相互吻合成网状。毛细血管主要由一层内皮细胞构成，具有较大的通透性，是血液与周围组织进行物质交换的主要场所。根据内皮细胞结构的不同，可将毛细血管分为连续、有孔和不连续三种类型。其中，不连续毛细血管的管腔较大而不规则，内皮细胞间有较宽的间隙，又称为血窦，主要分布于肝、脾、骨髓和内分泌腺等需快速渗透的器官中。

### （二）血管分布的一般规律

（1）血管的主干　躯体血管主干和较大的主要血管都位于躯干的深部，脊柱腹侧，与躯体长轴平行。四肢的动脉干多沿内侧或关节的屈面，由近端向远端延伸，且常与静脉、神经伴行，共同包在结缔组织鞘内。四肢的静脉干有深、浅两类：深静脉多与同名动脉伴行，且分布范围大体一致；浅静脉位于皮下，无动脉伴行，在体表可以看见，临床上常用来采血和静脉注射。

（2）血管的分支与吻合　体循环动脉主干分出的侧支有壁支和脏支之分。壁支均呈两侧对称分布，胸、腰部的壁支尚保留分节性；脏支有的合并成单支（如腹腔动脉），有的仍成对保留（如肾动脉）。侧支与主干平行的称为侧副支，其末端常汇合于主干。相邻血管以交通支连通，称为血管吻合。血管吻合通常有动脉弓、动脉网、血管丛、异网和动静脉吻合等形式，有调节血流量、平衡血压和起侧副循环的作用。

### （三）主要血管分布

1. **肺循环的血管**　肺动脉干起于右心室的肺动脉口，在主动脉弓的左侧向后上方伸延，于心基后上方分为左右肺动脉，分别与同侧主支气管一起经肺门入肺。肺动脉在肺内随支气管而分支，最后在肺泡隔内形成毛细血管网，在此进行气体交换。肺静脉由肺内毛细血管网汇合而成，与肺动脉和支气管伴行，由肺门出肺，最后汇合成6～8支肺静脉注入左心房。

2. **体循环的动脉**　主动脉为体循环动脉的主干，分为主动脉弓、胸主动脉和腹主动脉。主动脉弓起于左心室的主动脉口，呈弓状向后上方延伸至第6胸椎腹侧；然后沿胸椎腹侧向后延续至膈，此段称为胸主动脉；穿过膈的主动脉裂孔进入腹腔后，延伸为腹主动脉。腹主动脉沿腰椎腹侧后行，行至第5～6腰椎腹侧分为左、右髂外动脉和左、右髂内动脉及荐中动脉。

根据主动脉的分支特点，体循环的动脉可分为主动脉弓、前肢动脉、头颈部动脉、胸主动脉、腹主动脉、骨盆部和荐尾部动脉及后肢动脉七部分。

（1）主动脉弓　为主动脉的第一段，主要分支包括左、右冠状动脉、臂头动脉干及左锁骨下动脉。

①左、右冠状动脉：主要分布到心脏。左冠状动脉由主动脉的根部的左后方分出，而右冠状动脉则从根部的前方分出。

②臂头动脉干：为分布于胸廓前部、头颈和右前肢的动脉总干。出心包后沿气管腹侧向前延伸，分出左颈总动脉后，终端分为右颈总动脉和右锁骨下动脉。锁骨下动脉是输送前肢和颈胸部血液的动脉，向前下方及外侧呈弓状延伸，绕过第1肋骨前缘出胸腔，延续为前肢的腋动脉。锁骨下动脉在胸腔内分出的分支有：椎动脉、肋颈动脉、胸廓内动脉和颈浅动脉（图2-79）。

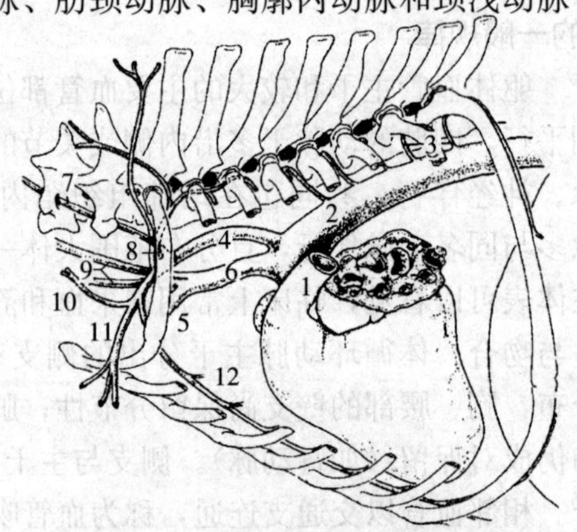


图2-79　犬主动脉弓的主要分支

1. 肺动脉　2. 主动脉　3. 肋间背侧动脉　4. 左锁骨下动脉　5. 右锁骨下动脉　6. 臂头动脉干　7. 椎动脉　8. 肋颈动脉　9. 左和右颈总动脉　10. 颈浅动脉　11. 腋动脉　12. 胸廓内动脉

（安铁洙，犬解剖学，2003）

（2）前肢动脉　主干由锁骨下动脉延续而来，沿前肢的内侧延伸，由近端至远端依次为腋动脉、臂动脉和正中动脉（图 2-80）。

①腋动脉：为锁骨下动脉的直接延续，位于肩关节内侧。其主要侧支有：胸廓外动脉、肩胛上动脉、肩胛下动脉和旋肱骨动脉。

②臂动脉：为腋动脉的直接延续，在臂内侧沿臂二头肌的后缘下行，经肘关节内侧至前臂近端，分出骨间总动脉和前臂深动脉后，延续为正中动脉。其主要侧支如下：臂深动脉、尺侧副动脉、臂浅动脉、肘横动脉、骨间总动脉和前臂深动脉。

③正中动脉：为臂动脉分出骨间总动脉后的直接延续，位于前臂正中沟内，与同名静脉、神经一起下行，在前臂中部分出桡动脉之后，主干穿过腕管至掌部，与骨间总动脉的分支再次相连，形成掌心深动脉弓。桡动脉由正中动脉在桡骨的中部附近分出，沿桡骨内侧缘向下行，在前臂下部分出腕背侧支参与形成腕背侧动脉网，主干沿腕内侧下行至掌近端，参与形成掌心深动脉弓。

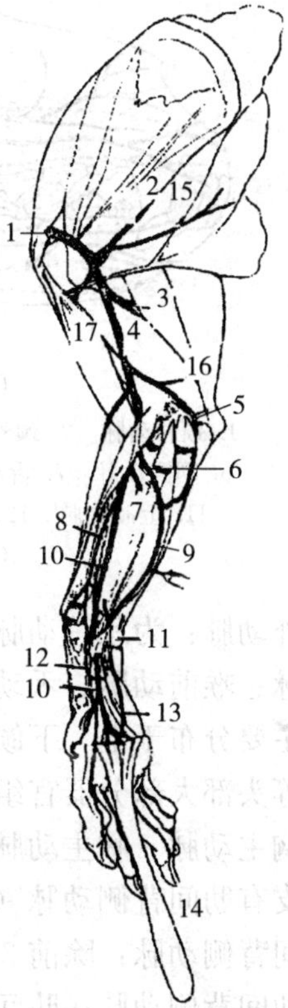

图 2-80　犬右前肢的主要动脉（内侧观）

1. 腋动脉　2. 胸廓外动脉　3. 臂深动脉　4. 臂动脉　5. 尺侧副动脉　6. 骨间总动脉　7. 前臂深动脉　8. 桡骨动脉　9. 尺动脉　10. 正中动脉　11. 副腕骨　12. 掌心深动脉弓　13. 掌心浅动脉弓　14. 切断的指浅屈肌　15. 大圆肌　16. 臂三头肌　17. 臂二头肌

（安铁洙，犬解剖学，2003）

（3）头颈部动脉　由臂头动脉干分出的双颈动脉干是头颈部的动脉主干。双颈动脉干在胸腔前口附近分为左、右颈总动脉，在颈静脉沟的深部与迷走交感神经干一起，分别沿食管和气管的外侧向前延伸，在分出分布于甲状腺的分支和颈内动脉后，移行为颈外动脉（图 2-81）。

①颈内动脉：迂曲前行，经颅底鼓枕裂到达颅腔，在垂体旁分成前后两支，与对侧的颈内动脉分支共同形成脑腹侧面的动脉环。此外，其后支还与脑底动脉的终末支相连，一起分布于脑。

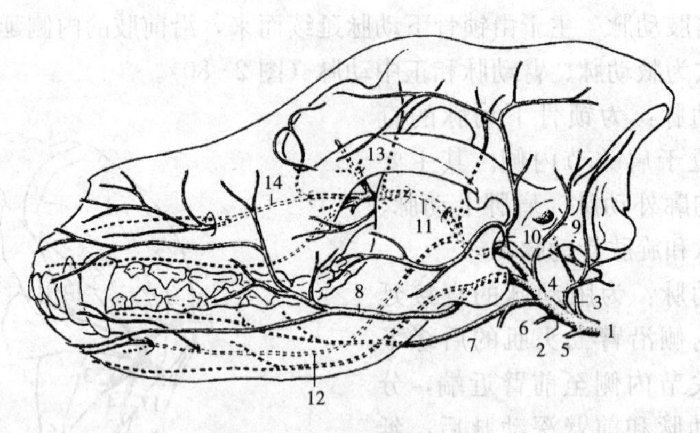


图2-81　犬的头部动脉

1. 颈总动脉　2. 颈外动脉　3. 颈内动脉　4. 枕动脉　5. 喉前动脉
6. 咽升动脉　7. 舌动脉　8. 面动脉　9. 耳后动脉　10. 颞浅动脉
11. 上颌动脉　12. 下齿槽动脉　13. 眼外动脉　14. 眶下动脉
（安铁洙，犬解剖学，2003）

②颈外动脉：为颈总动脉的直接延续，向前上方伸至颞下颌关节腹侧，在分出枕动脉、喉前动脉、舌动脉、面动脉、耳后动脉、颞浅动脉后，延伸为上颌动脉，主要分布于上、下颌的骨、牙齿、皮肤、眼球、泪腺、鼻腔黏膜、硬腭和软腭等头部大部分器官组织上。

（4）胸主动脉　胸主动脉为主动脉弓向后的延续，位于胸椎腹侧稍偏左。其主要分支有肋间背侧动脉（壁支）和支气管食管动脉（脏支）。

①肋间背侧动脉：除前3～4对由肋颈动脉分出外，其余均由胸主动脉分出。每一肋间背侧动脉在肋间隙上端分为背侧支和腹侧支：背侧支分布至脊柱背侧肌肉、皮肤、脊髓和椎骨；腹侧支与同名静脉、神经一起沿相应肋骨后缘下行，分布于胸侧壁的肌肉、胸膜、肋骨和皮肤，末端与胸廓内动脉的肋间腹侧支相吻合。

②支气管食管动脉：支气管支和食管支通常分别起于胸主动脉的起始部，有时以一总干起于胸主动脉，称为支气管食管动脉。支气管支是肺的营养动脉，在气管分叉处分为左右支，分别进入左右肺，分布于肺组织。食管支分出前后两支分布于食管和纵隔等。

（5）腹主动脉　由胸主动脉延续形成，沿腰椎腹侧后行，在第5～6腰椎腹侧分出左、右髂外动脉和左、右髂内动脉后，向后移行为细小的荐中动脉。其分支可分为壁支和脏支。壁支为成对的腰动脉，分布于腰部肌肉、皮肤和脊髓等处；脏支主要分布腹腔脏器，由前向后依次为腹腔动脉、肠系膜前动脉、肾动脉、睾丸动脉或卵巢动脉和肠系膜后动脉等（图2-82）。

①腰动脉：有 7 对，前 6 对起自腹主动脉，后 1 对起自髂内动脉。每一腰动脉分为背侧支和腹侧支：背侧支分布于腰椎背侧的肌肉、皮肤和脊髓；腹侧支沿相应的腰椎横突后缘向外延伸，分布于软腹壁的肌肉和皮肤。

②腹腔动脉：在膈的主动脉裂孔处后方，起于腹主动脉，向前下方延伸，并分为肝动脉、脾动脉和胃左动脉，主要分布与脾、胃、肝、胰及十二指肠前部等器官。

③肠系膜前动脉：在腹腔动脉起始处后方起于腹主动脉，有时与腹腔动脉同起于一短干。主要分布于小肠、盲肠、结肠等器官。

④肾动脉：约在第 2 腰椎腹侧由腹主动脉分出，短而粗，左右各一，至肾门附近分成数支后入肾。主要分布于肾、肾上腺、肾淋巴结和输尿管等。

⑤睾丸动脉或卵巢动脉：在肠系膜后动脉附近起于腹主动脉，左右各一。睾丸动脉细而长，走向腹股沟管，参与形成精索，分布于睾丸和附睾；卵巢动脉短而粗，在子宫阔韧带内向后延伸，在分出输卵管支和子宫支后，经卵巢系膜进入卵巢，分布于卵巢、输卵管和子宫角。

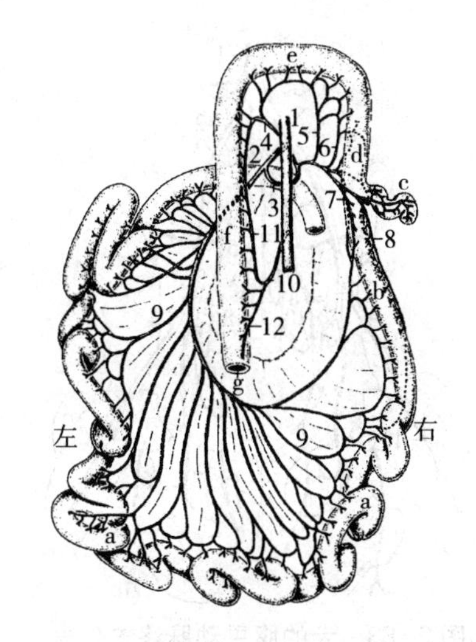


图 2-82　犬的肠系膜前动脉和肠系膜后动脉的分支（背侧观）

a. 空肠　b. 回肠　c. 盲肠　d. 升结肠　e. 横结肠　f. 降结肠　g. 直肠

1. 腹主动脉　2. 肠系膜前动脉　3. 回肠结肠动脉　4. 结肠中动脉　5. 结肠右动脉　6. 回盲结肠动脉的回肠支　7. 肠系膜回肠支　8. 对侧肠系膜回肠支　9. 空肠动脉　10. 肠系膜后动脉　11. 结肠左动脉　12. 直肠前动脉

（安铁洙，犬解剖学，2003）

⑥肠系膜后动脉：在第 4～5 腰椎腹侧起于腹主动脉，较细，主要分布于结肠后段和直肠前段。

（6）骨盆部和荐尾部动脉　其主要分支有髂内动脉和荐中动脉（图 2-83、图 2-84）。

①髂内动脉：为骨盆部动脉的主干，沿荐骨腹侧和荐结节韧带的内面向后伸延，在分出脐动脉后，主干分为臀后动脉和阴部内动脉，主要分布于骨盆腔器官和荐臀部的肌肉皮肤。

②荐中动脉：为腹主动脉的最终延续，沿荐腹侧正中线向后伸延，在发出一些分支到荐后部和尾根部肌肉皮肤后，主干延续为尾中动脉。

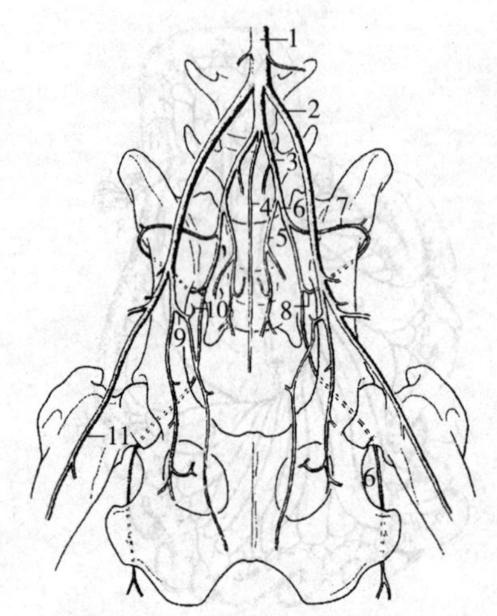


图 2-83　犬的腹主动脉终末分支
（腹侧观）

1. 腹主动脉　2. 髂外动脉　3. 髂内动脉
4. 荐中动脉　5. 阴部内动脉　6. 臀后动脉
7. 髂腰动脉　8. 臀前动脉　9. 股深动脉
10. 腹壁阴部动脉干　11. 股动脉
（安铁洙，犬解剖学，2003）

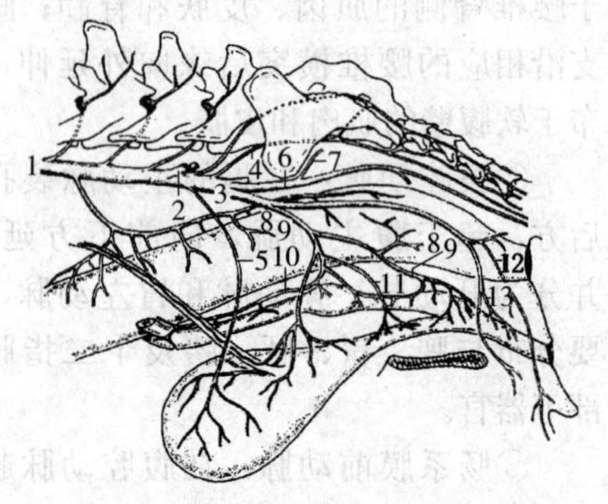


图 2-84　犬的骨盆腔动脉（左外侧观）

1. 腹主动脉　2. 髂外动脉　3. 髂内动脉
4. 荐中动脉　5. 脐动脉　6. 臀后动脉
7. 臀前动脉　8. 阴部内动脉　9. 阴道动脉
10. 子宫动脉　11. 尿道动脉　12. 腹侧
会阴动脉　13. 阴蒂动脉
（安铁洙，犬解剖学，2003）

（7）后肢动脉　由腹主动脉分出的髂外动脉是后肢动脉的主干，由近端至远端依次为髂外动脉、股动脉、腘动脉和胫前动脉等（图 2-85）。

①髂外动脉：约在第 5 腰椎腹侧由腹主动脉向左右侧分出，沿盆腔前口侧缘向后下方延伸，至耻骨前缘延续为股动脉。髂外动脉分支主要有股深动脉和腹壁阴部动脉干。

②股动脉：髂外动脉在离开腹腔后在股部延续为股动脉，沿股管下行至膝关节后方，至腓肠肌两头之间延续为腘动脉。股动脉沿途分出许多的分支，其中最重要的分支为隐动脉。隐动脉较粗大，约在股内侧中部起于股动脉，沿后肢内侧皮下向下伸延，在小腿内侧中部分为背侧支和跖侧支，其分支分布于趾部末端。

③腘动脉：沿腓肠肌两头之间和腘肌深部下行，于小腿部近端分出胫后动脉后，移行为胫前动脉，主要分布于膝关节和胫骨后面的肌肉。

④胫前动脉：穿过小腿骨间隙，与腓深神经一起，沿胫骨背外侧下行，分支分布于小腿部和后脚部背外侧的肌肉皮肤。

**3. 体循环的静脉**　体循环的静脉可归纳为前腔静脉系、后腔静脉系和奇静脉系（图 2-86）。

(1) 前腔静脉　前腔静脉是汇集头颈部、前肢和前部胸壁血液的静脉干，在胸腔前口处由左、右颈外静脉和左、右锁骨下静脉汇合而成。颈静脉和锁骨下静脉汇合后先形成臂头静脉，然后左、右侧臂头静脉再汇合成前腔静脉。前腔静脉在纵隔内沿气管和臂头动脉干的腹侧向后延伸，沿途接受与胸廓内动脉和肋颈动脉等同名静脉后，最后开口于右心房。

①头颈部静脉：有2对颈静脉，即深部的颈内静脉和浅表的颈外静脉。

②锁骨下静脉：前肢上部的大部分静脉与同名动脉相伴行，汇集相应区域的血液，最终汇合成锁骨下静脉。而在前肢下部皮下，有不与动脉伴行的一些浅静脉，与深静脉之间形成大量的吻合支。其中，桡侧皮静脉（又名头静脉）是犬临床上进行静脉采血或注射的常用部位，因此具有很重要的临床意义。桡侧皮静脉在腕部掌内侧形成后，在掌部下内缘处接受桡侧副皮静脉，沿掌背侧伸延，在肘关节内侧与正中静脉发生吻合后，移行为头静脉（图2-87）。头静脉行走于胸头肌和臂头肌之间形成的胸外侧沟，在颈后部进入颈外静脉。

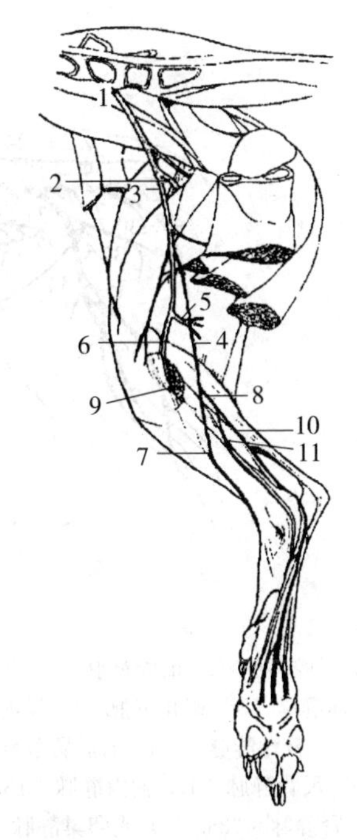


图2-85　犬右后肢的主要动脉
(内侧观)

1. 髂外动脉　2. 股深动脉　3. 股动脉　4. 隐动脉　5. 股后动脉　6. 腘动脉　7. 隐动脉的背侧支　8. 隐动脉的跖侧支　9. 胫前动脉　10. 足底外侧动脉　11. 足底内侧动脉

(安铁洙，犬解剖学，2003)

(2) 后腔静脉　后腔静脉是由回收盆腔壁和盆腔大部分器官血液的髂内静脉与回收后肢血液的髂外静脉汇合后，在腹腔背侧形成的静脉主干。后腔静脉沿腹主动脉右侧前行，经肝壁面并穿过膈上的腔静脉裂孔后进入胸腔，再经右肺副叶和后叶之间向前开口于右心房。后腔静脉在向前延伸途中接受腰静脉、睾丸静脉或卵巢静脉、肾静脉和肝静脉。胃、脾、胰、小肠和大肠（除直肠后段）的静脉血汇集成一短静脉干，称为门静脉，由肝门入肝。其属支有胃十二指肠静脉、脾静脉、肠系膜前静脉和肠系膜后静脉等。门静脉的血液与肝动脉的血液在肝脏内混合后汇集成3～4条肝静脉注入后腔静脉。

①髂内静脉：为骨盆部静脉和尾静脉的主干，与同名动脉伴行。其分支也与动脉的分支伴行。

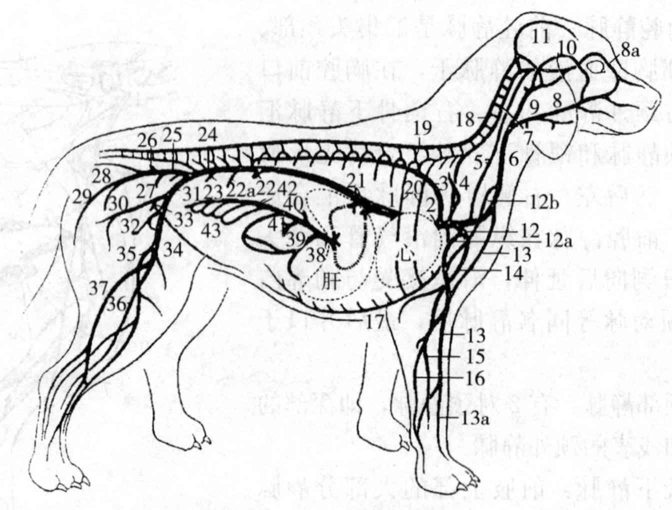


图2-86　犬的静脉系

1. 后腔静脉　2. 前腔静脉　3. 奇静脉　4. 椎静脉　5. 颈内静脉　6. 颈外静脉　7. 舌面静脉　8. 面静脉　8a. 眼角静脉　9. 颌内静脉　10. 颞浅静脉　11. 背侧矢状静脉窦　12. 锁骨下静脉　12a. 腋臂静脉　12b. 肩胛臂静脉　13. 头静脉　13a. 副头静脉　14. 臂静脉　15. 桡骨静脉　16. 尺骨静脉　17. 胸内静脉　18. 椎骨静脉丛　19. 椎骨间静脉　20. 肋间静脉　21. 肝静脉　22. 肾静脉　22a. 睾丸或卵巢静脉　23. 旋髂深静脉　24. 髂总静脉　25. 右髂内静脉　26. 荐中静脉　27. 前列腺或阴道静脉　28. 尾外侧静脉　29. 臀后静脉　30. 阴部内静脉　31. 右髂外静脉　32. 股深静脉　33. 阴部腹壁静脉　34. 股静脉　35. 内侧隐静脉　36. 胫前静脉　37. 外侧隐静脉　38. 门静脉　39. 胃十二直肠静脉　40. 脾静脉　41. 肠系膜后静脉　42. 肠系膜前静脉　43. 空肠静脉

（安铁洙，犬解剖学，2003）

②髂外静脉：为后肢静脉的主干。后肢静脉也分伴随动脉的深静脉和位于皮下的浅静脉，两者之间有吻合支。浅静脉主要有内侧隐静脉和外侧隐静脉，其中的外侧隐静脉也可用作犬临床上静脉采血或注射的部位（图2-88）。

③肝静脉：有3～4支，收集肝动脉和门静脉的回流血，在肝壁面的腔静脉沟中，直接开口于后腔静脉。

④门静脉：位于后腔静脉腹侧，为引导胃、小肠、大肠（直肠后部除外）、脾和胰等血液入肝的一条大的静脉干，由肝门入肝后反复分支至肝血窦，最后汇合为数支肝静脉而导入后腔静脉。

(3) 右奇静脉系　为胸壁静脉的主干，起自右侧第1腰椎腹侧，由腰大肌、腰小肌和膈肌脚的小静脉汇合而成，沿胸主动脉右侧前行，横过食管气管右侧，注入前腔静脉或右心房。

**(四) 胎儿血液循环的特征**

胎儿在母体子宫内发育所需要的全部营养物质和氧气都是由母体通过胎盘供给，代谢产物也是通过胎盘经母体排出。因此胎儿血液循环具有与此相适应

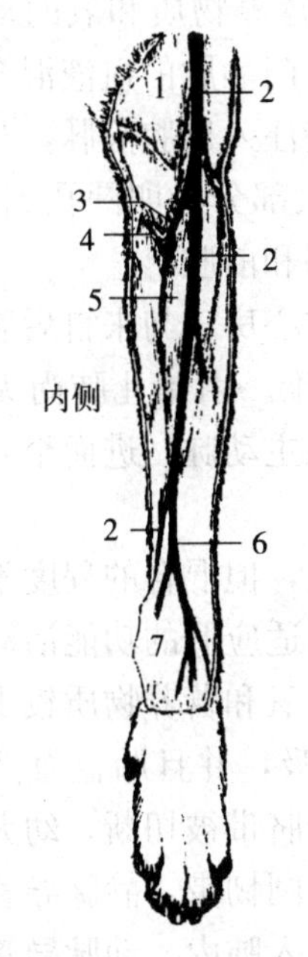


图 2-87 犬左前肢浅层静脉（背侧观）

1. 臂头肌 2. 桡侧皮静脉（头静脉） 3. 正中皮静脉 4. 臂静脉 5. 腕桡侧伸肌 6. 桡侧副皮静脉(头副静脉) 7. 腕部

（安铁洙，犬解剖学，2003）

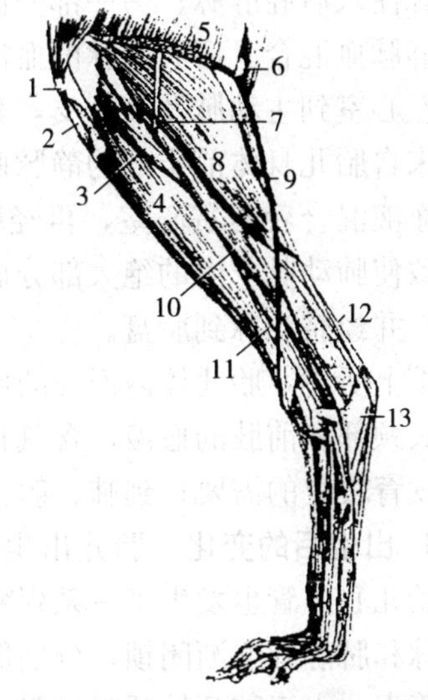


图 2-88 犬左后肢浅层静脉（外侧观）

1. 髌骨 2. 膝直韧带 3. 腓骨长肌 4. 胫骨前肌 5. 臀股二头肌 6. 腘淋巴结 7. 腓总神经 8. 腓肠肌的外侧头 9. 外侧隐静脉 10. 趾深屈肌 11. 腓浅神经 12. 跟腱 13. 跟骨

（安铁洙，犬解剖学，2003）

的一些特点。

**1. 胎儿心脏和血管的构造特点** 胎儿心脏的房间隔上有一卵圆孔，沟通左右心房。当右心房的血压高于左心房时，血液便从右心房流向左心房。孔的左心房侧有瓣膜，可防止血液逆流。

胎儿主动脉和肺动脉干之间以一动脉导管连通，因此右心室入肺干的大部分血液经此流入主动脉，仅有少量进入肺内。

胎盘是胎儿与母体进行物质交换的特有器官，以脐带和胎儿相连。脐带内有两条脐动脉和两条脐静脉。脐动脉由胎儿髂内动脉分出，沿膀胱侧韧带至膀胱顶，再沿腹腔底壁伸至脐孔，经脐带到胎儿胎盘，并在胎盘上分支成毛细血管网，与母体子宫内膜（母体胎盘）的毛细血管间进行物质交换；胎盘上的毛细血管汇集成 2 条脐静脉，经脐带由脐孔进入胎儿腹腔后合为一支，再沿腹腔底壁前行，经肝门入肝。此外，脐静脉在进入肝脏前，还分出一支静脉导管与后腔静脉直接相连。

**2. 胎儿血液循环的路径** 脐静脉将胎盘内富含营养物质和氧的动脉血引入胎儿体内，一部分血经肝门入肝，在血窦内与来自门静脉的血液混合，再经肝静脉注入后腔静脉；另一部分血液经静脉导管直接注入后腔静脉，与胎儿自身的静脉血混合。后腔静脉的血液注入右心房后，大部分经卵圆孔到左心房，再经左心室到主动脉及其分支，其中大部分到头颈部和前肢。

来自胎儿身体前半部的静脉血，经前腔静脉入右心房，与来自后腔静脉的少量血液混合后到右心室，再经肺动脉口入肺动脉干。因胎儿肺尚无功能活动，致使肺动脉干内的绝大部分血液经动脉导管流入主动脉，进而至身体的后半部，并经脐动脉到胎盘。

综上所述，胎儿体内循环的血液大部分是混合血，但混合的程度不同。到肝及头颈部和前肢的血液，含氧和营养物质较多，以适应肝的功能活动和头部生长发育较快的需要；到肺、躯干和后肢的血液，含氧和营养物质较少。

**3. 出生后的变化** 胎儿出生后，由于肺开始呼吸，并且胎盘血液循环中断，胎儿心血管也发生了一系列变化。出生后，由于脐带被切断，幼犬体内的脐动脉和脐静脉逐渐闭锁，分别形成膀胱圆韧带和肝圆韧带，静脉导管成为静脉导管索；由于肺开始呼吸扩张，肺动脉干的血液注入肺内，动脉导管闭锁成为动脉导管索或称动脉韧带；由于从肺静脉回左心房的血量增多，左右心房的血压渐趋平衡，卵圆孔的瓣膜发生结缔组织增生，将卵圆孔封闭而在房间隔右侧面形成卵圆窝。此后，心脏的左半部与右半部完全分开。

## 三、血　　液

### （一）体液和机体内环境

体液是指动物机体内水以及溶解于水中的物质总称。体液占体重的60%～70%，其中存在于细胞内的称为细胞内液，占体重的40%～45%；存在于细胞外的称为细胞外液，包括血浆、组织液、淋巴液和脑脊液等，占体重的20%～25%，各种体液彼此隔开而又相互联系，通过细胞膜和毛细血管壁进行物质交换。

动物从外界吸入的氧和各种营养物质，都先进入血浆，然后由毛细血管扩散到组织液，以供组织细胞代谢的需要。而组织细胞所产生的代谢产物也是先到组织液中，然后扩散入血浆再排出体外。由此可见，组织液是细胞直接生活的具体环境，也是细胞与外界环境进行物质交换的媒介。因此，我们通常把细胞外液称为机体的内环境。尽管机体外环境不断发生变化，但机体内环境却在神经、体液的调节下保持相对稳定，从而保证细胞的正常生命活动。

## （二）血液的组成

正常血液为红色黏稠的液体，由血浆和悬浮在血浆中的有形成分共同组成。血液的组成如下：

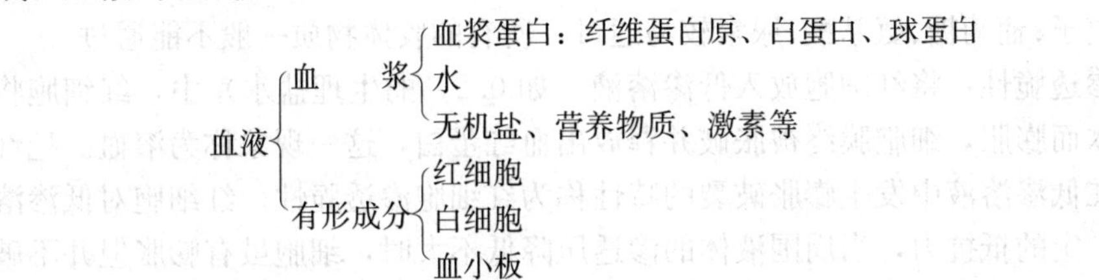


如将加有抗凝剂的血液置于离心管中离心沉淀后，能明显地分成3层：上层淡黄色液体为血浆；下层深红色的为红细胞；在红细胞与血浆之间有一白色薄层为白细胞和血小板。离体血液如不作抗凝处理，将很快凝固成胶冻状的血块，并析出淡黄色的透明液体，称为血清。血清与血浆的主要区别在于血清中不含纤维蛋白原。

**1. 血浆**　血浆是血液中的液体成分，主要由水、血浆蛋白质、血糖、血脂、无机盐、维生素、激素等物质组成，其中水分占90%～92%，其他溶质占8%～10%。

（1）血浆蛋白质　血浆蛋白占血浆总量的6%～8%。包括白蛋白、球蛋白和纤维蛋白原三种。其中白蛋白最多，球蛋白次之，纤维蛋白原最少。血浆蛋白可形成血浆胶体渗透压，调节血液与组织液之间液体平衡；血浆蛋白也可形成蛋白缓冲对，调节血液的酸碱平衡；某些球蛋白还含有大量的抗体，参与体液免疫；纤维蛋白原可参与血液凝固。

（2）血糖　血液中所含的葡萄糖称为血糖，占0.06 %～0.16%。

（3）血脂　血液中脂肪称为血脂，占0.1%～0.2%，大部分以中性脂肪形式存在，少部分以磷脂、胆固醇等形式存在。

（4）无机盐　血浆中无机盐的含量为0.8%～0.9%，均以离子状态存在，如$Na^+$、$K^+$、$Ca^{2+}$、$Cl^-$、$HCO_3^-$等，它们对维持血浆渗透压、酸碱平衡和神经肌肉的兴奋性有重要作用。

（5）其他物质　包括维生素、激素和酶等物质，虽然含量甚微，但对机体的代谢和生命活动具有重要的作用。

**2. 血液的有形成分**

（1）红细胞　成熟的红细胞无核，呈双面凹的圆盘状。在血涂片标本上，中央染色较浅，周围染色较深。单个红细胞呈淡黄绿色，大量红细胞聚集在一起则呈红色。红细胞在血细胞中数量最多，犬的正常红细胞数为6.8（5.5～8.5）$\times 10^{12}$/L。

①红细胞的生理特性：主要包括膜的通透性、渗透脆性和悬浮稳定性等。

膜的选择性通透：水、氧和二氧化碳等分子可以自由通过红细胞膜；$Cl^-$、$HCO_3^-$等负离子也较容易透过，$Ca^{2+}$则很难透入，所以红细胞内几乎没有钙离子；葡萄糖、氨基酸、尿素较易通过，所有的胶体物质一般不能通过。

渗透脆性：将红细胞放入低渗溶液（如0.2%的生理盐水）中，红细胞将因吸水而膨胀，细胞膜终被胀破并释放出血红蛋白，这一现象称为溶血。把红细胞在低渗溶液中发生膨胀破裂的特性称为红细胞渗透脆性。红细胞对低渗溶液有一定的抵抗力，当周围液体的渗透压降低不大时，细胞虽有膨胀但并不破裂溶血。如红细胞在低渗溶液中不易破裂表示脆性小，反之则脆性大。衰老的红细胞脆性大，在某些病理状态下，红细胞脆性会显著增大或减小。

红细胞的悬浮稳定性：红细胞能均匀地悬浮于血浆中不易下沉的特性，称为红细胞的悬浮稳定性。悬浮稳定性的大小可用红细胞沉降率来表示，简称血沉（ESR）。通常以1h内红细胞下沉的距离表示。正常犬的血沉值为2mm/h。犬在患某些疾病时，血沉会发生明显变化，因此测定血沉有诊断价值。

②红细胞的功能：红细胞具有运载氧和二氧化碳的能力，这一运载功能是由血红蛋白来完成。红细胞的细胞质内充满大量血红蛋白，约占红细胞成分的33%。血红蛋白的含量受品种、性别、年龄、饲养管理等因素的影响。正常犬血红蛋白的含量为150（120～180）g/L。另外，红细胞对机体所产生的酸性或碱性物质起着缓冲作用。

③红细胞的生成和破坏：红细胞主要在红骨髓生成而进入血液循环。在体内存活的时间平均为120d。最后衰老的红细胞由脾、肝、骨髓中的巨噬细胞将其吞噬和破坏。

（2）白细胞　白细胞数量较少，体积较大，多呈球形，有细胞核。大多由骨髓产生，寿命比较短，有的只有几小时或几天。衰老的白细胞，除大部分被单核吞噬细胞系统的巨噬细胞清除外，有相当数量的白细胞由唾液、尿、胃肠黏膜和肺排出，有的在执行功能时被细菌或毒素所破坏。

根据白细胞的细胞质中有无特殊颗粒，可将白细胞分为有粒白细胞和无粒白细胞两类。有粒白细胞又根据颗粒对染料的亲和性差异，分为中性粒细胞、嗜酸性粒细胞和嗜碱性粒细胞三种；无粒白细胞有单核细胞和淋巴细胞两种。

①中性粒细胞：是有粒白细胞中数量最多的一种，约占白细胞总数的61%。胞体呈球形，胞质中有许多细小而分布均匀的淡紫红色中性颗粒，可被酸性、碱性染料着色。细胞核呈蓝紫色，其形状分为杆状核和分叶核。中性粒细胞具有很强的变形运动和吞噬能力，能吞噬进入血中的细菌、异物和衰老死亡的细胞，对机体起保护作用。

②嗜酸性粒细胞：数量较少，约占白细胞总数的6%。细胞呈球形，胞核多分为2叶，细胞质内充满粗大而均匀的圆形嗜酸性颗粒，一般染成橘红色。嗜酸性粒细胞能以变形运动穿出毛细血管进入结缔组织，在过敏性疾病或某些寄生虫疾病时明显增多。

③嗜碱性粒细胞：数量最少，约占白细胞总数的1%。细胞呈球形，细胞核常呈S形，细胞质内含有大小不等、分布不均的嗜碱性颗粒，被染成深紫色，胞核常被颗粒掩盖。颗粒内有肝素、组织胺。组织胺对局部炎症区域的小血管有舒张作用，能加大毛细血管的通透性，有利于其他白细胞的游走和吞噬活动。肝素具有抗凝血作用。

④单核细胞：约占白细胞总数的7%。是白细胞中体积最大的细胞，呈圆形或椭圆形。细胞核呈肾形、马蹄形或不规则形，着色较浅，呈淡紫色。细胞质呈弱嗜碱性，内有散在的嗜天青颗粒，常被染成浅灰蓝色。巨噬细胞是体内吞噬能力最强的细胞，能吞噬较大的异物和细菌。

⑤淋巴细胞：数量较多，约占白细胞总数的25%。呈球形，一般按直径大小分为大、中、小三种。健康犬血液中，大淋巴细胞极少，小淋巴细胞较多。细胞核较大，呈圆形或肾形，呈深蓝或蓝紫色。胞质很少，仅在核周围形成蓝色的薄层。淋巴细胞主要参与体内免疫反应。

（3）血小板　血小板是一种无色、呈圆形或卵圆形的小体，有细胞膜和细胞器，但无细胞核，体积比红细胞小，是骨髓巨核细胞的胞质脱落碎片。其主要机能为促进止血和加速血液凝固。

### （三）血液的理化特性

**1. 血色和血味**　血液的颜色随红细胞中血红蛋白的含氧量而变化。含氧量高的动脉血呈鲜红色，含氧量低的静脉血则呈暗红色。血液中因存在挥发性脂肪酸而带有腥味。

**2. 相对密度**　血液的相对密度主要决定于红细胞的浓度，其次决定于血浆蛋白质的浓度。红细胞数越多，血液的相对密度越大。正常犬血液的相对密度为1.051～1.062，平均为1.056。

**3. 黏滞性**　血液流动时，由于内部分子间相互碰撞摩擦产生阻力，表现出流动缓慢和黏着的特性，称为黏滞性。犬血液的黏滞性比水大4～5倍。血液黏滞性大小主要决定于它所含红细胞数量和血浆蛋白质的浓度。

**4. 血浆渗透压**　水通过半透膜向溶液中扩散的现象称为渗透。溶液促使水向半透膜另一侧溶液中渗透的力量，称为渗透压。血浆的渗透压由两部分构成，一种是由血浆中的无机盐离子和葡萄糖等晶体物质构成的晶体渗透压，约占总渗透压的99.5%，对维持细胞内外水平衡起重要作用；另一种是由血浆蛋白质等胶体物质构成的胶体渗透压，仅占总渗透压的0.5%，对维持血浆和组织液间水平衡起重要作用。

有机体细胞的渗透压和血浆的渗透压是相对恒定的，凡与细胞和血浆渗透压相等的溶液称为等渗溶液，如0.9%的氯化钠溶液（生理盐水）或5%的葡萄糖溶液是临床上常用的等渗溶液，输液应以上述两种溶液为主。

**5. 酸碱度** 犬的血液呈弱碱性，pH 7.31～7.42。在正常情况下，血液pH之所以保持稳定，是因为血液中含有许多成对的既可中和酸又可中和碱的缓冲对，如 $NaHCO_3/H_2CO_3$、$Na_2HPO_4/NaH_2PO_4$，Na-蛋白质/H-蛋白质等，其中以 $NaHCO_3/H_2CO_3$ 最为重要，临床上把每100ml血浆中含有的 $NaHCO_3$ 的量称为碱储，在一定范围内，碱储增加表示机体对固定酸的缓冲能力增强。

### (四) 血量

血液的总量一般可按体重百分比计算，犬约为7.7%。这些血液在安静时并不全部参加血液循环，总有一部分交替贮存于脾、肝、皮肤的毛细血管等处。这些具有贮存血液机能的脏器或部位称为血库，其贮存的血量为血液总量的8%～10%。在机体剧烈活动或大失血时会迅速放出，参加血液循环。因此，犬一次失血如果不超过10%，不会影响健康。但如果一次性失血超过20%，机体生命活动会受到影响。短时间内失血超过30%，可能危及生命。

### (五) 血液的凝固

血液从血管流出以后，很快会形成胶冻状的固体，这种现象称为血凝。

**1. 血凝过程** 血凝是一个复杂的连锁性生化反应过程，大体可分为三步：

(1) 凝血酶原激活物的形成 凝血酶原激活物不是一种单纯物质，而是由多种凝血因子经过一系列的化学反应而形成的复合物。当组织受到损伤（外源性）或血管内皮损伤（内源性）时，就会使体内原来存在的一些没有活性的组织因子和接触因子被激活，这些因子进一步活化凝血因子，在 $Ca^{2+}$ 的参与下，即可形成凝血酶原激活物。

(2) 凝血酶原转变成凝血酶 凝血酶原激活物在 $Ca^{2+}$ 的参与下，使血浆没有活性的凝血酶原转变为有活性的凝血酶。

(3) 纤维蛋白原转变为纤维蛋白 凝血酶在 $Ca^{2+}$ 的参与下，使纤维蛋白原转变为非溶解状态的纤维蛋白。纤维蛋白呈细丝状，互相交织成网，把血细胞网罗在一起，形成胶冻状的血凝块。

血液在血管内流动时一般不发生凝固，其原因：一方面是心血管内皮光滑，上述反应不易发生；另一方面是血浆中存在一些抗凝血物质（如肝素），可抑制凝血酶原激活物的形成，阻止凝血酶原转化为凝血酶，抑制血小板黏着、聚集，影响血小板内凝血因子的释放；此外，如果血液在心血管中由于纤维蛋白的出现而产生凝血时，血浆中存在的纤维蛋白溶解酶也往往被激活，迅速将纤维蛋白溶解，使血液不再凝固，保证血液在血管内正常流动。

**2. 抗凝和促凝的措施**

（1）抗凝或延缓血凝的方法

①低温：血液凝固是一系列酶促反应，而酶的活性受温度影响很大，把血液置于较低温度下可降低酶促反应而延缓凝固。

②加入抗凝剂：在凝血的三个阶段中，都有 $Ca^{2+}$ 的参与，如果设法除去血液中 $Ca^{2+}$ 可防止血凝。血液化验时常用的草酸盐、柠檬酸盐等抗凝剂，就是与血浆中的 $Ca^{2+}$ 结合，形成不易溶解的草酸钙或不易电离的可溶性络合物。

将血液置于特别光滑的容器内或预先涂有石蜡的器皿内，可以减少血小板的破坏，延缓血凝。

③使用肝素：肝素在体内、外都有抗凝血作用。

④脱纤维：若将流入容器内的血液，迅速用木棒搅拌，或容器内放置玻璃球加以摇晃，由于血小板迅速破裂等原因，加快了纤维蛋白的形成，使形成的纤维蛋白附着在木棒或玻璃球上，从而除去了血液中纤维蛋白原，血液不再凝固。通常把这种血液称为“去纤血”。

（2）加速血凝的方法

①升高温度：血液加温后能提高酶的活性，加速凝血过程。

②提高创面粗糙度：可促进凝血因子的活化，促使血小板解体，释放凝血因子，最后形成凝血酶原激活物。

③注射维生素 K：维生素 K 可促使肝脏合成凝血酶原，并释放入血，还可促进某些凝血因子在肝脏合成。因此，维生素 K 对出血性疾病具有止血的作用，是临床上常用的止血剂。

## 四、心脏生理

### （一）心肌的生理特性

**1. 兴奋性** 心肌对适宜刺激发生反应的能力称为兴奋性。当心肌兴奋时，它的兴奋性也发生相应的周期性变化。主要包括以下几个时期：

（1）绝对不应期 心肌在受到刺激而出现一次兴奋后，有一段时间兴奋性极度降低到零，无论给予多大的刺激，心肌细胞均不发生反应，这一段时间称为绝对不应期。心肌细胞的绝对不应期比其他任何可兴奋细胞都长得多，对保证心肌细胞完成正常功能极其重要。

（2）相对不应期 在心肌开始舒张的一段时间内，给予较强的刺激，可引起心肌细胞产生兴奋，称为相对不应期。此期心肌的兴奋性已逐渐恢复，但仍低于正常。

(3) 超常期　在心肌舒张完毕之前的一段时间内，给予较弱的刺激就可引起兴奋，此期称为超常期。超常期过后，心肌细胞的兴奋性逐渐恢复至正常水平。

**2. 自律性**　心肌自律细胞在没有神经支配和外来刺激的情况下，能自动产生节律性兴奋的特性，称为自动节律性，简称为自律性。这些自律细胞主要存在于心脏的传导系统中，但自律性高低不一，窦房结的自律性最高，成为心脏正常活动的起搏点，其他部位自律细胞的自律性依次逐渐降低，在正常情况下不自动产生兴奋，只起传导兴奋作用。

以窦房结为起搏点的心脏节律性活动，称为窦性心律。当窦房结的功能出现障碍，兴奋传导阻滞或某些自律细胞的自律性异常升高时，潜在起搏点也可以自动发生兴奋而引起部分或全部心脏的活动。这种以窦房结以外的部位为起搏点的心脏活动，称为异位心律。

**3. 传导性**　是指心肌细胞的兴奋沿着细胞膜向外传播的特性。正常生理情况下，由窦房结发出的兴奋可以心脏的特殊传导系统传播到心脏各部，顺次引起整个心脏中的全部心肌细胞进入兴奋状态。兴奋在房室结的传导速度明显放慢，并有约 0.07s 的短暂延搁，保证心房完全收缩把血液送入心室，使心室收缩时有充足的血液射出。

**4. 收缩性**　心肌的收缩性是指心房和心室的细胞具有接受阈刺激产生收缩反应的能力。心肌收缩的机理与骨骼肌相同，但其最大特点是不产生强直收缩，原因是心肌细胞的绝对不应期比其他任何可兴奋细胞都长得多，只有进入舒张期后，才能接受新的刺激而发生下一次收缩，从而使心脏保持舒缩活动交替进行，保证心脏的射血和血液的回流等功能的实现。

在心脏的相对不应期内，如果给予心脏一个较强的额外刺激，则心脏会发生一次比正常心律提前的收缩，称为额外收缩（期前收缩）；额外收缩后，往往发生一个较长的间歇期，称为代偿间歇，恰好补偿上一个额外收缩所缺的间歇期时间，以保证心脏有充足的时间补偿氧和营养物质，而不致发生疲劳。

### （二）心动周期

心脏每收缩和舒张一次，称为一个心动周期。一个心动周期包括心房收缩、心房舒张、心室收缩、心室舒张四个过程，且具有严格的顺序性，一般依次分为三个时期：①心房收缩期：此时，左、右心房基本上同时收缩，两心室处于舒张状态；②心室收缩期：当心房舒张时，左、右心室几乎立即同时收缩，且持续时间长于心房收缩期；③间歇期：此时，心室已收缩完毕，进入舒张状态，而心房继续保持舒张状态。在一个心动周期中，心房和心室收缩期都比舒张期短，所以心肌在每次收缩后能够有效地补充氧和营养物质以及排出代谢产物，这是心肌所以能够不断活动而不发生疲劳的根本原因。

由于心房的舒缩对射血意义不大，所以一般都以心室的舒缩为标志，把心室的收缩期称为心缩期，而把心室的舒张期称为心舒期。

### （三）心脏的泵血过程

在心房收缩期，心房的压力大于心室的压力，房室瓣处于开放状态，血液便通过开放的房室瓣进入心室，使心室血液充盈；进入心室收缩期，心房舒张，心室即开始收缩，室内压逐渐升高，当超过房内压时，将房室瓣关闭，使血液不能逆流回心房。室内压继续升高，当超过主动脉和肺动脉内压时，血液冲开动脉瓣，迅速射入主动脉和肺动脉内。心室收缩时，心房已处于舒张期，可吸引静脉血液流入心房。在间歇期，心室开始舒张，室内压急剧下降，低于动脉内压时，动脉瓣立即关闭，防止血液逆流回心室。之后，心室内压继续下降至低于房内压时，房室瓣开放，吸引心房血液流入心室，为下一个心动周期做准备。

### （四）心率

健康动物单位时间内心脏搏动的次数称为心跳频率，简称心率。心率的快慢直接影响到每一心动周期的时间，心率愈快，每一心动周期的持续时间愈短。在一个心动周期中，由于心脏收缩的时间较短，因此，心率加快，被缩短的主要是心脏的舒张期。所以，过快的心率不利于心脏的舒缓和休息。心率可因动物种类、年龄、性别、所处环境、地域等情况而不同，犬的正常心率为70～120次/min。

### （五）心输出量及其影响因素

**1. 每搏输出量和每分输出量**　心脏收缩时，从左右心室射进动脉的血量基本上是相等的。每一个心室每次收缩排出的血量称为每搏输出量。动物在安静状态下，每个心室每分钟排出的血液总量称为每分输出量。一般所说的心输出量是指每分输出量，它是衡量心脏功能的一项重要指标。每分输出量大致等于每搏输出量和心率的乘积，即：

$$心输出量（L/min）= 每搏输出量 \times 心率$$

正常生理状态下，心输出量是随着机体新陈代谢的强度而改变的。新陈代谢增强时，心输出量也会相应增加。心脏这种能够增加心输出量来适应机体需要的能力，称为心脏的储备力。当心脏的储备力发挥到最大限度后，仍不能适应机体的需要，就易发生心力衰竭。

**2. 影响心输出量的主要因素**　决定心输出量的因素是每搏输出量和心率，而每搏输出量的大小主要受静脉回流量和心室肌收缩力的影响。

（1）静脉回流量　当静脉回心血量增加时，心室容积相应增大，收缩力加强，每搏输出量就增多；反之，静脉回心血量减少，每搏输出量也相应减少。

(2) 心室肌收缩力　在静脉回流量和心舒末期容积不变的情况下，心肌可在神经系统和各种体液因素的调节下，改变心肌的收缩力量。心肌收缩力量增强，使心缩末期的容积比正常时进一步缩小，减少心室的残余血量，从而使每搏输出量明显增加。

(3) 心率　心率加快在一定范围内能够增加心输出量。但心率过快会使心动周期的时间缩短，特别是舒张期的时间缩短，这样就能造成心室还没有被血液完全充盈的情况下进行收缩，结果每搏输出量反而减少。此外，心率过快会使心脏过度消耗供能物质，从而使心肌收缩力降低。所以，动物心力衰竭时，尽管心率增快，但并不能增加心输出量而使循环功能好转。

### (六) 心音

在心脏收缩和舒张过程中，由于瓣膜启闭和血液撞击心室壁产生的声音，称为心音。它由"通-嗒"两个声音组成，分别叫第一心音和第二心音。

第一心音为心缩音，是在心缩期，由于房室瓣关闭、腱索弹性震动，血液冲开主动脉瓣、肺动脉瓣及血液在动脉根部的震动而产生的。其特点是音调低而持续时间长。

第二心音为心舒音，是在心舒期，心室内压突然下降，引起心室壁震动，主动脉瓣、肺动脉瓣关闭产生的震动。其特点是音调高而持续时间短。

心音通常在胸壁的心区内可以听到。但心音的产生主要与瓣膜的启闭关系密切，因此，临床上将心音听得最清楚的地方称为心音最强听取点。犬心音最强听取点为站立姿势下，两侧第 4～6 肋间隙的腹侧，且左侧强于右侧。其中，主心缩音（左房室口）在左侧第 4 或者第 5 肋间隙的下 1/3 处最为清楚，主心舒音（主动脉口）在左侧第 4 肋间隙与肩关节的水平线交接处最为清楚。

## 五、血管生理

### (一) 动脉血压和动脉脉搏

**1. 动脉血压**　血压是指血液在血管内流动时对血管壁产生的侧压力，其单位用千帕（kPa）来表示。通常所说的血压是指动脉血压。

在一个心动周期中，动脉血压随心室的舒缩而波动。在心室收缩期，动脉血压上升达到的最高值，称为收缩压。它的高低可以反映心室肌收缩力量的大小。在心室舒张期末，动脉血压下降至最低值，称为舒张压。它主要反映外周阻力的大小。收缩压与舒张压的差值，称为脉搏压，它可以反映动脉管壁弹性大小。如大动脉管壁弹性良好，使收缩压降低，舒张压升高，脉搏压减小；反之，当大动脉硬化时，弹性降低，缓冲能力减弱，则收缩压升高而舒张压降低，使脉搏压加大。犬在正常生理状态下的收缩压平均为16.0 kPa，舒张压平均为9.3 kPa。

动脉血压的数值主要取决于心输出量和外周阻力，因此，凡是能影响心输出量和外周阻力的各种因素，都会影响动脉血压。

**2. 动脉脉搏**　心室收缩时，血液进入主动脉，使主动脉内压在短时间内迅速升高，富有弹性的主动脉管壁向外扩张；心室舒张时，主动脉内压下降，血管壁弹性回缩而复位。因此，心室的节律性收缩和舒张使主动脉壁发生同样节律扩张和回缩的振动，这种振动沿着动脉管壁以弹性压力波的形式传播，形成动脉脉搏。通常临床上所说的脉搏就是指动脉脉搏。

由于脉搏是心搏动和动脉管壁的弹性所产生的，所以凡是能影响动脉血压的各种因素，都会影响动脉脉搏的特性。它不但能够直接反映心率和心动周期的节律，而且能够在一定程度上通过脉搏的速度、幅度、硬度、频率等特性反映整个循环系统的功能状态。因此检查动脉脉搏有很重要的临床意义，检查脉搏一般选择比较接近体表的动脉，犬为股动脉。

### （二）静脉血压和静脉回流

**1. 静脉血压**　血液对静脉管壁的侧压力，称为静脉血压。体循环的血液通过动脉和毛细血管到达静脉时，血压已所剩无几，右心房作为体循环的终点，血压最低，接近于零。

**2. 静脉回流**　血液在静脉内的流动，主要依赖于静脉与右心房之间的压力差。凡能引起这种压力差发生变化的任何因素都能影响静脉内的血流，从而改变由静脉流回右心室的血量，即静脉回流量。影响静脉回流量最主要的因素有：

（1）胸腔负压的抽吸作用　呼吸运动时胸腔内产生的负压变化，是影响静脉回流的重要因素。胸腔内压比大气压低，吸气时更低，由于静脉管壁薄而柔软，故胸腔内的大静脉受到负压牵引而扩张，使静脉容积增大，内压下降，因而对静脉回流起抽吸的作用。

（2）骨骼肌的收缩的挤压作用　骨骼肌收缩时能挤压附近静脉，提高静脉内压力，使其中的血液推开瓣膜产生向心性流动。

### （三）微循环

血液循环的主要功能是完成体内的物质运输，实现血液与组织细胞间的物质交换。血液与组织间的物质交换是在微动脉与微静脉之间的毛细血管网实现的，这部分血管网的结构机能具有适应物质交换需要的特性，因此将微动脉与微静脉之间毛细血管网的血液循环称为微循环。

典型的微循环由微动脉、后微动脉、毛细血管前括约肌、真毛细血管、通血毛细血管、动-静脉吻合支和微静脉等部分组成。微动脉的管壁有环形的平滑肌，其收缩和舒张可控制微血管的血流量。在真毛细血管起始端通常有1～2个平滑肌细胞，形成一个环，即毛细血管前括约肌，该括约肌的收缩状态决定进入真毛细血管的血流量（图2-89）。

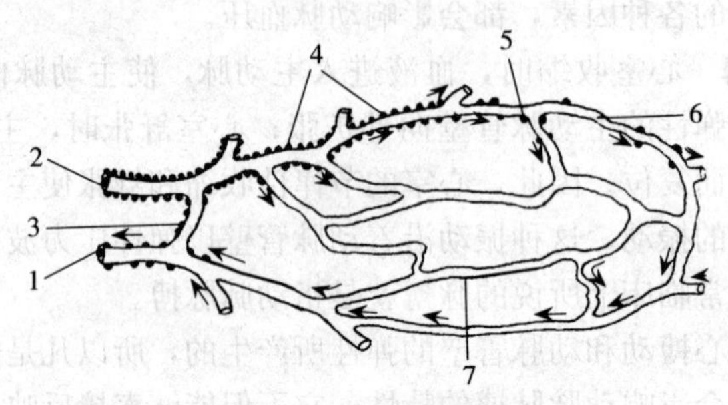


图2-89 微循环组成模式图

1. 微静脉 2. 微动脉 3. 动静脉吻合 4. 后微动脉
5. 毛细血管前括约肌 6. 直捷通路 7. 真毛细血管
（马仲华，家畜解剖学及组织胚胎学，第三版，2002）

在微循环系统中，血液由微动脉到微静脉有三条不同的途径：

1. **直捷通路** 血液从微动脉经后微动脉和通血毛细血管进入微静脉的通路。这一通路途径较短，血流快并经常处于开放状态，物质交换功能较小，主要是促使血液迅速通过微循环而由静脉回流入心。

2. **营养通路** 又称为迂回通路，指血液经微动脉和开放的毛细血管前括约肌，进入迂回曲折的真毛细血管网，最后汇集于微静脉的通路。这一通路的血管壁薄，途径长，血流速度慢，通透性好，有利于物质交换，是血液与组织细胞进行物质交换的主要场所。

3. **动-静脉短路** 指由动-静脉吻合支连接于微动脉与微静脉之间的通路。这一通路的血管壁较厚，途径最短，血流速度快，完全不进行物质交换。动-静脉短路在一般情况下，经常处于关闭状态。但在体温调节中发挥作用。

### （四）组织液与淋巴液

存在于血管外组织细胞间隙中的液体，称为组织液。它构成了组织细胞与血液之间进行物质交换的必需环境。体内绝大部分组织液呈凝胶状态，不能自由流动，故组织液不会因重力作用而流向身体较低部位。

1. **组织液的生成与回流** 组织液是血浆透过毛细血管壁形成的，组织液形成后，又被毛细血管重吸收回血液中，从而保持动态平衡。组织液与毛细血管间的物质交换正是在这一动态平衡中完成的。在这一过程中，因毛细血管壁具有通透性，故除血细胞和大分子物质（如高分子蛋白质）外，水和其他小分子物质，如营养物质、代谢产物、无机盐等，都可以弥散或滤过的方式透过毛细血管壁。因此，组织液中各种离子成分与血浆相同，但蛋白质浓度明显低于血浆。

组织液的生成取决于四个因素：即毛细血管血压、组织液胶体渗透压、组织液静水压、血浆胶体渗透压。其中，毛细血管血压和组织液胶体渗透压是促使液体由毛细血管内向血管外滤过的力量；组织液静水压和血浆胶体渗透压是将液体从血管外重吸收入毛细血管内的力量。滤过的力量和重吸收的力量之差，称为有效滤过压。

有效滤过压＝（毛细血管血压 ＋ 组织液胶体渗透压）－（组织液静水压 ＋ 血浆胶体渗透压）

如果有效滤过压为正值，则血浆中的液体由毛细血管滤出，形成组织液；如果为负值，则组织液回流入血液。一般在毛细血管动脉端的有效滤过压为正值，促进组织液生成；在静脉端的有效滤过压为负值，促进部分组织液回流入血液。

**2. 淋巴液及其回流** 组织液约90%在毛细血管静脉端回流入血，其余10%则进入毛细淋巴管内生成淋巴液，以淋巴循环的方式回流入血（详见免疫系统）。

**3. 影响组织液和淋巴液生成的因素** 组织液的生成与回流是由有效滤过压决定的，因此凡能影响有效滤过压的因素，均可影响组织液的生成。

（1）毛细血管血压 凡能使毛细血管血压升高的因素都可促进组织液的生成。

（2）血浆胶体渗透压 在正常生理状况下，血浆胶体渗透压的变化幅度很小，不会成为引起有效滤过压明显变化的因素。但在病理状况下，如某些肾脏疾患，因有大量蛋白尿，使血浆蛋白质损失，血浆胶体渗透压降低，导致有效滤过压升高，组织液生成量增加，回流减少，可出现水肿。

（3）毛细血管壁的通透性 组织活动时，代谢增强，能使局部温度升高，pH降低，氧消耗增加等，这些都可以使毛细血管壁通透性增大，促进组织液的生成。

（4）淋巴回流 由于一部分组织液经淋巴管回流入血液，如果淋巴回流受阻，在受阻部位远端的组织间隙中组织液积聚，也可引起水肿，如丝虫病引起的肢体水肿等。

## 【技能训练】

### 一、心脏形态结构的观察

**【目的要求】**识别犬心脏的形态、构造和位置。

**【材料设备】**犬心脏的浸制标本，犬尸体标本、解剖器械。

**【方法步骤】**

1. 在犬心脏的浸制标本上，观察心脏的外形、冠状沟、室间沟、心房、心室及连接在心脏上的各类血管；切开右心房、右心室和右房室口，观察右心房、前腔及后腔静脉入口、右房室瓣、乳头肌、腱索、右心室和肺动脉瓣；切开左心室、左心房和左房室口，观察左心房、肺静脉入口、左房室瓣，沿左房室瓣深面找到主动脉口，观察主动脉瓣的结构，观察左心室壁厚度并和右心室壁作比较。

2. 在犬尸体标本上，打开胸腔，观察心脏的位置、心包和心包腔。

**【技能考核】**能在犬心脏浸制标本上正确识别心脏的外形、心房、心室的主要结构特征，以及连接在心脏上的各类血管。

## 二、血细胞形态结构的观察

**【目的要求】**通过观察血液中各种血细胞的形态、构造特点，准确识别各种血细胞的种类。

**【材料设备】**显微镜、犬血涂片。

**【方法步骤】**用高倍镜或油镜观察血涂片，观察红细胞和各种白细胞的形态结构。

**【技能考核】**绘出各种血细胞的形态、结构图。

## 三、犬心脏体表投影位置观察与静脉注射、脉搏检查、心音听诊

**【目的要求】**能准确地在活体上找到犬心脏的体表投影位置和静脉注射、脉搏检查部位，正确听诊心音和检查脉搏。

**【材料设备】**犬、保定设备、采血针头、橡皮带、听诊器。

**【方法步骤】**

1. 先采用扎口（或口套）保定法将犬保定。

2. 犬心脏体表投影及心音听诊：实验犬站立或右侧卧保定后，于左侧肩关节水平线下，3～6 肋间的肘窝处，用听诊器听诊心音，并分辨第一、第二心音。

3. 犬采血与静脉注射：实验犬俯卧或右侧卧保定后，在教师指导下，准确找到桡侧皮静脉（前肢）或外侧隐静脉（后肢），用采血针采血。

4. 脉搏的检查:在犬大腿近端内侧找到股动脉,在教师指导下,检查脉搏。

**【技能考核】** 在犬活体上,指出心脏的体表投影、静脉注射和检查脉搏的部位,能正确地听诊心音和检查脉搏。

## 四、蛙心活动与肠系膜微循环观察

**【目的要求】** 了解血液在活体的动脉、静脉、毛细血管中流动情况。

**【材料设备】** 青蛙、有孔蛙板、显微镜、固定夹、纱布、缝合线、小动物解剖器、生理盐水、0.1%肾上腺素。

**【方法步骤】** 教师示教,然后学生分组操作。

1. 用纱布包裹蛙身,使其头部露出,左手持蛙身,右手持剪刀,将其上腭连眼剪断,去掉蛙脑。或用探针沿枕骨大孔刺入脑腔,破坏脑髓。

2. 用探针刺入椎管,上下抽动,破坏脊髓。抽出探针,以脱脂棉填塞伤口,防止出血。

3. 从胸骨剑突下沿正中线将皮肤向头部剪开,再用剪刀剪开腹壁,沿胸骨两侧向头部剪开胸腔,并用镊子将胸骨向上拉起,剪去胸骨及胸肌,暴露不断跳动的心脏。注意观察、识别心脏及连接心脏的动脉、静脉血管。

4. 将青蛙置于有孔蛙板上,拉出一段小肠,展开肠系膜置于蛙板大孔上,以大头针固定,并以生理盐水湿润。将蛙板放于显微镜载物台上,蛙板大孔对准物镜,进行观察。

(1) 以低倍镜找出一条动脉、一条静脉。注意两者口径的大小、管壁的厚薄、血流方向、血流速度以及颜色特征。

(2) 注意血管中的血柱,在血管中运行的和靠近管壁的是什么细胞?血流速度有何不同?

(3) 观察毛细血管的血流情况,血流速度和血细胞流经毛细血管的特点。

(4) 用一小片滤纸将已观察过的肠系膜上的生理盐水吸干,而后滴加1滴0.1%肾上腺素,观察血管舒缩、血流速度、血浆和血细胞渗出等现象。

**【注意事项】** 在固定肠管时注意不要破坏肠系膜。

## 【复习思考题】

1. 叙述心脏的构造,并说明心音产生的原因。

2. 简述主动脉及主要分支情况。

3. 简述门静脉在血液循环中的作用。

4. 简述胎儿血液循环的主要特征。
5. 凝血过程分哪几个步骤？实际工作中有哪些抗凝和促凝的措施？
6. 结合组织液的生成与回流，说明水肿发生的机理。
7. 影响心输出量的因素有哪些？
8. 微循环是由哪几部分组成的？
9. 影响静脉回流的因素有哪些？
10. 简述各类白细胞形态特征和生理功能。
11. 什么叫机体的内环境？它的稳定有何生理意义？

# 第八节 免疫系统

**【学习目标】**了解免疫细胞、免疫组织和免疫器官的概念；掌握犬淋巴结及脾的形态、位置、结构和机能；能在犬体标本上识别常检淋巴结的位置，能在显微镜下识别淋巴结和脾的组织结构。

免疫系统由淋巴管和淋巴、免疫细胞及免疫组织和免疫器官组成，它与心血管系统有着密切的关系。

## 一、淋巴管和淋巴

### (一) 淋巴管

根据结构和功能可将淋巴管分为毛细淋巴管、淋巴管、淋巴干和淋巴导管。毛细淋巴管彼此吻合，并汇合成淋巴管，淋巴管再集合形成一些较大的淋巴干，淋巴干最后汇合成胸导管和右淋巴导管。

1. **毛细淋巴管** 毛细淋巴管以盲端起始于组织间隙，彼此吻合成网，除脑、脊髓、骨髓、软骨、上皮、角膜以及晶状体外，几乎遍及全身。毛细淋巴管常与毛细血管伴行，二者形态结构相似，由单层内皮细胞构成，但毛细淋巴管通透性大于毛细血管，组织液中的大分子物质如蛋白质、细菌、异物等，易进入毛细淋巴管。小肠内的毛细淋巴管尚能吸收脂肪，使其淋巴呈现乳白色，故又称乳糜管。

2. **淋巴管** 由毛细淋巴管汇合而成，形态结构与小静脉相似，但管径较细，管壁较薄，数量较多，形成广泛的吻合。淋巴管内膜突入腔内形成瓣膜，可防止淋巴逆流。淋巴管在向心流程中，通常要经过一个或多个淋巴结。

3. **淋巴干** 全身的浅、深淋巴管经过局部淋巴结后，主要汇集成5条较大的淋巴干，即左、右气管淋巴干，左、右腰淋巴干和单一的内脏淋巴干。

（1）气管淋巴干　由咽后淋巴结的输出淋巴管汇合而成。分别伴随左、右颈总动脉，沿气管腹侧后行，各自收集左、右侧头颈、肩带部和前肢的淋巴。左气管淋巴干注入胸导管，右气管淋巴干注入右淋巴导管。

（2）腰淋巴干　由髂内淋巴结的输出淋巴管形成，收集后肢骨、盆部和部分腹壁的淋巴，左、右腰淋巴干分别沿腹主动脉和后腔静脉前行，注入乳糜池。

（3）内脏淋巴干　由腹腔淋巴干和肠淋巴干汇合而成，注入乳糜池，有时两者分别单独注入乳糜池。

**4. 淋巴导管**　由淋巴干汇合而成，包括右淋巴导管和胸导管。

（1）右淋巴导管　右淋巴导管位于胸腔前口附近，由右支气管淋巴干、右前肢和胸腔右侧器官的淋巴管汇合而成。收集右侧头颈部、肩带部、前肢和右半胸壁以及心右侧部、右肺的淋巴，一般注入前腔静脉或右颈外静脉。

（2）胸导管　胸导管为乳糜池向前延续而成。位于腹主动脉和右膈脚之间，进入胸腔后，沿胸主动脉右背侧前行，经食管和气管的左侧向下行，于胸腔前口处，注入前腔静脉或左颈外静脉。有时胸导管分左、右 2 条，最后合并成 1 条。乳糜池是胸导管的起始部，一般位于最后胸椎和前 3 个腰椎腹侧，腹主动脉和膈脚之间，呈长梭形，左、右腰淋巴干和内脏淋巴干的淋巴注入其中。

**（二）淋巴**

**1. 淋巴的生成与循环途径**　血液经动脉运行至毛细血管动脉端时，其中一部分血液成分经毛细血管壁滤出，进入组织间隙形成组织液。组织液与周围组织进行物质交换后，大部分在毛细血管静脉端被重吸收入血，小部分则进入毛细淋巴管成为淋巴。淋巴在淋巴管内向心流动，在流经淋巴结后，最后注入静脉。

**2. 淋巴的生理意义**　淋巴是免疫系统的重要组成部分，同时又是体内主要的体液之一，它与血液和组织液一起，在维持机体内环境稳定的过程中起着重要的作用。其生理意义包括：

（1）调节血浆和组织细胞之间的体液平衡　淋巴的回流虽然缓慢，但对组织液的生成与回流平衡却起着重要的作用。如果淋巴回流受阻，可引起淋巴淤积而出现组织液增多，局部肿胀等症状。

（2）免疫、防御、屏障作用　淋巴在循环、回流过程中，要经过免疫系统的许多器官，而且液体中含有大量免疫细胞，能有效地参与免疫反应，清除细菌、异物等抗原，产生抗体。

（3）回收组织液中的蛋白质　由毛细血管动脉端滤出的血浆蛋白，不能逆浓度差从组织间隙重吸收入毛细血管，只有经过淋巴回流，才不至于在组织液中积聚。据测定，每天经淋巴回流入血的血浆蛋白约占循环血浆蛋白总量的 1/4。

(4) 运输脂肪　由小肠黏膜上皮细胞吸收的脂肪微粒，主要经肠绒毛内毛细淋巴管回收，然后经过乳糜池到胸导管后，回流入血。

## 二、免疫细胞

1. **淋巴细胞**　呈球形，大小不一，一般在 5～18μm，胞核大，胞质少，可随血液循环到达全身各处。淋巴细胞不但能识别外来的“非己”物质，而且能辨别自体成分，这种能力是淋巴细胞的主要特征，也是免疫反应的起点。现已发现的淋巴细胞有如下几种：

(1) T 细胞　由骨髓的淋巴干细胞在胸腺分化发育而成，也称胸腺依赖性淋巴细胞，成熟后进入血液和淋巴液，参与细胞免疫。

(2) B 细胞　由淋巴干细胞直接在骨髓分化发育而成，为骨髓依赖性淋巴细胞，成熟后进入血液和淋巴液，在抗原刺激下分化成浆细胞，产生抗体，参与体液免疫。

(3) K 细胞　是发现较晚的淋巴样细胞，分化途径尚不明确。具有非特异性杀伤功能，能杀伤与抗体结合的靶细胞。

(4) NK 细胞　又称自然杀伤细胞，它不依赖抗体，不需抗原作用即可杀伤靶细胞。尤其是对肿瘤细胞及病毒感染细胞，具有明显的杀伤作用。

2. **单核吞噬细胞系统**　是指分散在许多器官和组织中的一些形状不同、名称各异，但都来源于骨髓的幼单核细胞，并具有吞噬能力的巨噬细胞。主要包括疏松结缔组织中的组织细胞、肺内的尘细胞、肝血窦中的枯否氏细胞、血液中的单核细胞、脾和淋巴结内的巨噬细胞、脑和脊髓内的小胶质细胞等。血液中的中性细胞虽有吞噬能力，但不是由单核细胞转变而来，且只能吞噬细胞而不能吞噬较大的异物，因此不属于单核吞噬细胞系统。

单核吞噬细胞系统的主要机能是吞噬侵入体内的细菌、异物以及衰老、死亡的细胞，并能清除病灶中坏死的组织和细胞；在炎症的恢复期参与组织的修复；肝脏中的枯否氏细胞还参与胆色素的制造等。

3. **抗原提呈细胞**　指在特异性免疫应答中，能够摄取、处理、转递抗原给 T 细胞和 B 细胞的一类细胞，其作用过程称为抗原提呈。有此作用的细胞主要有巨噬细胞、B 细胞、周围淋巴器官中的树突状细胞、指状细胞及真皮层中的郎格罕氏细胞等。

4. **粒性白细胞**　细胞质中含有特殊颗粒的白细胞称为粒性白细胞（或称有粒白细胞）。其中，中性粒细胞除具有吞噬细菌、抗感染能力外，尚可与抗原、抗体相结合，形成中性粒细胞－抗体－抗原复合物，从而大大加强对抗原的吞噬作用，参与机体的免疫过程；嗜碱性粒细胞主要参与体内的过敏性反应和变态反应；嗜酸性粒细胞与免疫反应过程密切相关，常见于免疫反应的部位，有较强的吞噬能力，抗寄生虫的作用也较强。

## 三、免疫器官

免疫器官包括中枢免疫器官和周围免疫器官。中枢免疫器官包括骨髓和胸腺，为免疫细胞发生分化和成熟的场所；周围免疫器官包括淋巴结、脾和扁桃体等器官，为T淋巴细胞和B淋巴细胞定居并进行免疫应答的场所。

### （一）中枢免疫器官

**1. 骨髓**　骨中的红骨髓可以生成血液中的一切血细胞，如：骨髓中多数干细胞经过增殖和分化，成为髓系干细胞和淋巴系干细胞。髓系干细胞是粒性白细胞和单核吞噬细胞的前身；淋巴系干细胞则演变为淋巴细胞。淋巴细胞在骨髓内即可分化、成熟为B淋巴细胞，然后进入血液和淋巴，参与机体的免疫反应。

**2. 胸腺**

（1）胸腺的形态和位置　胸腺分为左右两叶，呈粉红色，质地柔软，位于胸腔纵隔前部腹侧，从胸腔前口至心包，略偏左。犬胸腺在出生后第6～9周龄完全发育，约4月龄开始萎缩，并逐渐被脂肪组织所替代，但终身不完全萎缩。

（2）胸腺的组织结构　胸腺的表面覆有一层结缔组织构成的被膜，被膜伸入实质将胸腺分隔成许多不完整的小叶，每一小叶均由皮质和髓质构成。皮质主要由胸腺上皮细胞和大量密集排列的T淋巴细胞构成，T淋巴细胞通过血流转移到其他免疫器官和组织，进行分裂增殖；髓质细胞排列较疏松，主要由许多胸腺上皮细胞、少量的T淋巴细胞和胸腺小体构成（图2-90）。胸腺上皮细胞能分泌胸腺素，胸腺小体的机能尚不清楚。

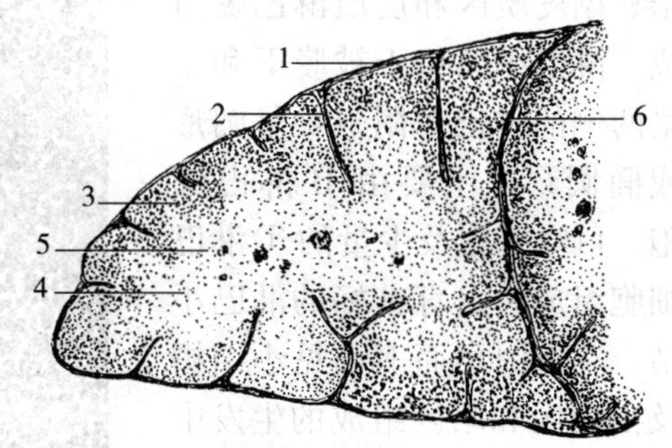

图2-90　胸腺的组织构造

1. 被膜　2. 小梁　3. 皮质　4. 髓质　5. 胸腺小体　6. 小叶间隔

### （二）周围免疫器官

**1. 淋巴结**

（1）淋巴结的形态和位置　淋巴结位于淋巴管径路上，多位于凹窝或隐蔽处，如腋窝、关节屈侧、内脏器官的门部和大血管附近。为大小不一的圆形或椭圆形小体，常成群分布。其颜色变化较大，在活体呈粉红色或微红褐色，在尸体则呈不同程度的灰白色或略带黄色。淋巴结一侧隆凸，有数条输入淋巴管注入；另一侧凹陷，是输出淋巴管、神经和血管出入的地方，称为淋巴结门（图2-91）。

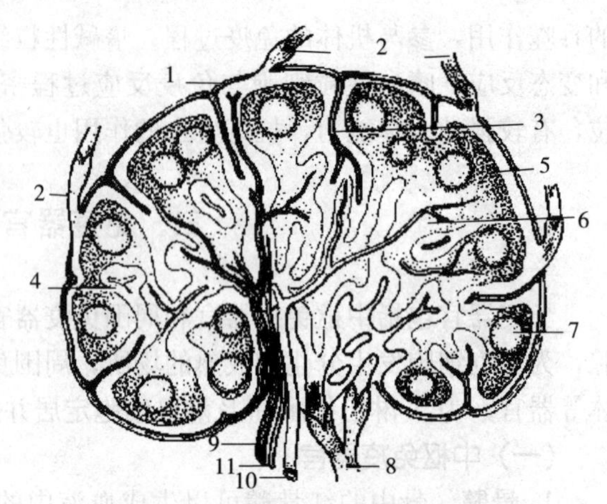

图2-91　淋巴结构造模式图

1. 被膜　2. 输入淋巴管　3. 小梁　4. 皮质淋巴窦　5. 浅皮质区　6. 深皮质区　7. 淋巴小结　8. 输出淋巴管　9. 动脉　10. 静脉　11. 神经

（2）淋巴结的组织结构　淋巴结由被膜和实质构成。

①被膜：为覆盖在淋巴结表面的结缔组织薄膜，含有少量的弹性纤维。被膜深入实质形成许多小梁并彼此连接，构成淋巴结的网状支架。

②实质：分为外围的皮质和中央的髓质。

皮质颜色较深，由淋巴小结、副皮质区和皮质淋巴窦组成。淋巴小结位于被膜下和小梁两侧的淋巴窦附近，呈圆形或椭圆形，主要由B淋巴细胞、巨噬细胞及少量的T淋巴细胞组成。发育良好的淋巴小结，在正中切面上可见小结帽及由明区和暗区组成的生发中心；副皮质区位于淋巴小结之间及皮质和髓质的交界处，主要由T淋巴细胞组成，呈弥散状分布；皮质淋巴窦为位于被膜下、小梁与淋巴小结之间的不规则腔隙，是淋巴在皮质内的通路（图2-92）。

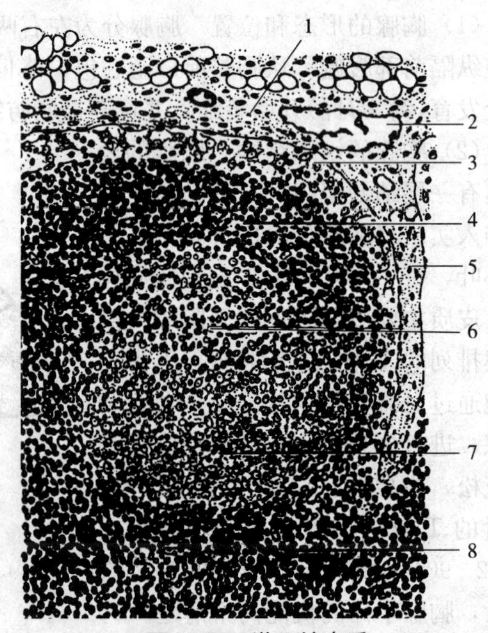

图2-92　淋巴结皮质

1. 被膜　2. 输入淋巴管　3. 被膜下淋巴窦　4. 小结帽　5. 小梁　6. 明区　7. 暗区　8. 副皮质区

（沈霞芬，家畜组织学与胚胎学，第三版，2002）

髓质颜色较淡，由髓索和髓质淋巴窦组成。髓索由淋巴细胞呈索状排列形成，彼此吻合成网，主要由B淋巴细胞、浆细胞和少量的巨噬细胞、T细胞构成，其中的浆细胞数量变化很大，当有抗原刺激时，浆细胞大量增加，髓索增粗；髓质淋巴窦位于髓索之间，同皮质淋巴窦相连，是淋巴在髓质内的通路。

（3）淋巴结的功能　淋巴结是体内分布最广泛的免疫器官，其主要功能是滤过淋巴，产生淋巴细胞，清除侵入体内的细菌和异物，参与免疫反应，同时也是重要的造血器官。在相应抗原的刺激下，皮质的淋巴小结可产生大量的B淋巴细胞，随淋巴液迁移到髓质，并通过淋巴和血液循环进入其他淋巴器官或组织，转变为能分泌抗体的浆细胞，参与体液免疫；在相应抗原的刺激下，副皮质区的T淋巴细胞也可大量增殖，并离开淋巴结，经淋巴管进入血液，参与细胞免疫。因此，经淋巴结滤过后的淋巴中细菌和异物较少，而含有较多的淋巴细胞和抗体。在临床上，犬局部淋巴结肿大，常反映其收集的区域有病变。

（4）犬全身主要淋巴结分布　有浅、深之分，浅层淋巴结位于皮肤下的结缔组织中，一般可在体表触摸到（图2-93）；深层淋巴结大都位于深层肌肉或内脏器官附近。

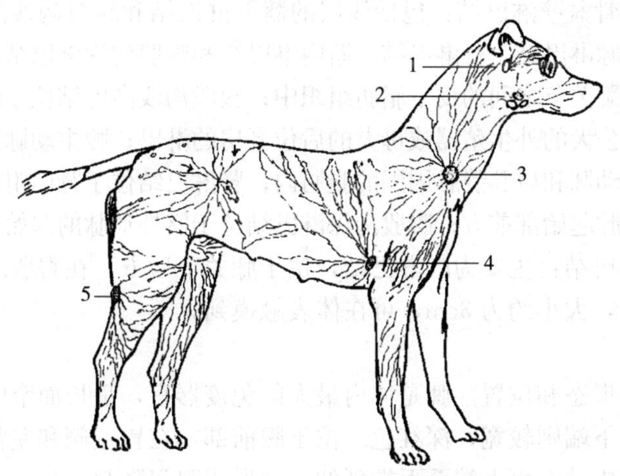


图2-93　犬体表浅层淋巴结及淋巴走向示意图

1. 腮腺淋巴结　2. 下颌淋巴结　3. 颈浅淋巴结　4. 腋副淋巴结　5. 腘淋巴结

①头部淋巴结：包括浅层的腮腺淋巴结、下颌淋巴结及深层的咽后淋巴结。腮腺淋巴结位于颞下颌关节后方或耳根部前方的咬肌后缘；下颌淋巴结位于下颌角内侧皮下，每侧有2～3个，长为1～5cm，常被舌面静脉分为背腹两群；咽后淋巴结包括大的咽后内侧淋巴结和小的咽后外侧淋巴结（有时无），前者位于环椎翼与咽之间，后者位于腮腺和颌下腺的后缘。

②颈部淋巴结：包括颈浅淋巴结和颈深淋巴结。颈浅淋巴结位于体表浅

层，肩关节前上方，被肩胛横突肌覆盖，一般有1～3个，长约2.5cm，可通过向后牵引前肢从体表触摸；颈深淋巴结较小，常散在于甲状腺与气管之间。

③前肢淋巴结：主要为腋淋巴结，位于大圆肌下端的脂肪内，大小约2.5cm。

④胸腔淋巴结：包括肋间淋巴结、纵隔前淋巴结和气管支气管淋巴结。肋间淋巴结很小，位于第5或第6肋间隙上端附近；纵隔前淋巴结位于前纵隔内，在气管、食管和血管的腹侧或外侧；气管支气管淋巴结位于气管分叉处和左、右主支气管附近。

⑤腹腔内脏淋巴结：主要有肝淋巴结、脾淋巴结、胃淋巴结、胰十二指肠淋巴结、肠系膜前淋巴结、肠淋巴结和肠系膜后淋巴结等。肝淋巴结位于肝门附近，可分为左、右两部分；脾淋巴结沿脾动脉和静脉分布，其数目不定，大小不等；胃淋巴结位于胃的小弯附近；胰十二指肠淋巴结位于胰腺和十二指肠之间的结缔组织内；肠系膜前淋巴结位于肠系膜前动脉的起始部；肠淋巴结按部位又可分为空肠淋巴结、盲肠淋巴结和结肠淋巴结，均位于相应的肠系膜上；肠系膜后淋巴结位于降结肠系膜上。

⑥腹壁和骨盆壁淋巴结：包括浅层的髂下淋巴结和腹股沟浅淋巴结，以及深层的腰主动脉淋巴结、肾淋巴结、髂内淋巴结和腹股沟深淋巴结。髂下淋巴结位于膝关节与髋关节之间的皮下脂肪组织中；腹股沟浅淋巴结位于腹股沟部，引流腹股沟部、公犬的外生殖器或母犬的后位乳房的淋巴；腰主动脉淋巴结体积较小，位于腹主动脉和后腔静脉周围的脂肪内；肾淋巴结位于肾门附近；髂内淋巴结位于髂外动脉起始部前方；腹股沟深淋巴结位于髂外动脉的起始部后方。

⑦后肢淋巴结：主要为腘淋巴结，位于膝关节后方，在臀股二头肌与半腱肌之间，较浅，大小约为3cm，可在体表触摸到。

2. 脾

(1) 脾的形态和位置　脾是体内最大的免疫器官，呈长而窄的镰刀形，上端窄而稍弯，下端则较宽，深红色。位于腹前部，在胃左侧和左肾之间。脾门位于脾的脏面中部，由上端至下端延伸，并形成脾门隆起。

(2) 脾的组织结构　与淋巴结有相似之处，但脾位于血液循环通路上，没有输入淋巴管和淋巴窦，而有大量的血窦。脾由被膜和实质构成（图2-94）。

①被膜　脾的表面衬以一层富含弹性纤维和平滑肌的结缔组织被膜，被膜伸入实质内形成小梁，并吻合成网状，构成网状支架。弹性纤维和平滑肌的伸缩可调节脾的血量。

②实质　又称脾髓，分白髓、边缘区和红髓。

白髓在新鲜脾的切面上呈灰白色，由淋巴细胞聚集而成，包括动脉周围淋巴鞘和脾小结。动脉周围淋巴鞘主要由密集排列的T细胞和散在的巨噬细胞环绕中央动脉而成；脾小结位于动脉周围淋巴鞘的一侧，主要由B淋巴细胞构成，与淋巴小结的结构相似，但脾小结内常有动脉的分支。

边缘区位于白髓与红髓的交界处，主要由B淋巴细胞、T淋巴细胞、巨噬细胞、浆细胞和各种血细胞构成，此处的淋巴细胞较白髓稀疏。

红髓位于白髓周围，主要由脾索和脾窦组成，因富含红细胞而在新鲜切面上呈红色。脾索为富含血细胞的淋巴细胞索，互相吻合成网状，主要由B淋巴细胞、浆细胞和巨噬细胞构成；脾窦即脾内的血窦，发达，为血液在脾内的主要通路。

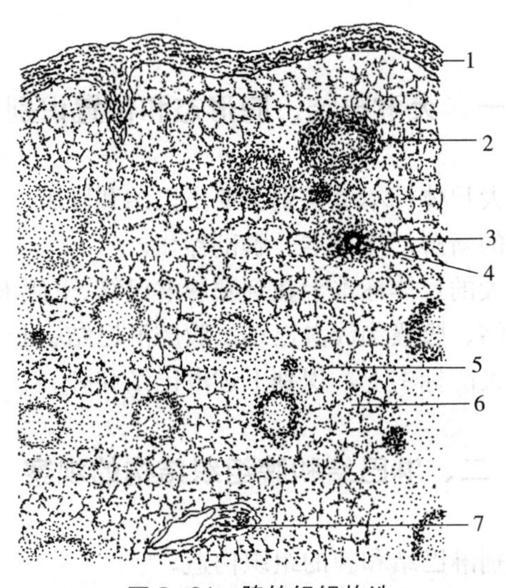


图2-94　脾的组织构造

1. 被膜　2. 脾小结　3. 动脉周围淋巴鞘　4. 中央动脉　5. 脾索　6. 脾窦　7. 小梁

（3）脾的血液通路　脾动脉从脾门入脾后分支进入小梁，称为小梁动脉。小梁动脉离开小梁进入白髓，称为中央动脉。中央动脉沿途发出一些分支形成毛细血管供应白髓，其末端膨大形成边缘窦。边缘窦位于边缘区和白髓的交界处，是血液和淋巴细胞进入脾内的重要通道，也是脾内首先捕获抗原和引起免疫应答的重要部位。中央动脉的主干穿出白髓进入红髓并反复分支成血窦。最后，脾窦汇入髓微静脉、小梁静脉、脾静脉出脾。

（4）脾的功能　脾为重要的免疫器官，进入血液的病原微生物均可进入边缘区引起免疫应答。发生细胞免疫时，动脉周围淋巴鞘增厚；发生体液免疫时，脾小结增生，脾索内浆细胞及巨噬细胞显著增加。此外，脾还具有造血、灭血、滤血和储血等功能。

**3. 其他免疫器官或组织**

（1）扁桃体　位于口咽外侧壁的扁桃体窝内，仅有输出淋巴管注入附近的淋巴结内。扁桃体可以产生淋巴细胞，并发生免疫反应。

（2）弥散淋巴组织　淋巴细胞排列稀疏，没有特定的外形结构，与周围组织无明显的分界，常分布在消化管、呼吸道和尿生殖道的黏膜上皮下。

（3）淋巴孤结和淋巴集结　淋巴小结除分布在淋巴结和脾外，还广泛分布于消化道和呼吸道的黏膜或黏膜下层内，其中单独存在的称为淋巴孤结，聚集成群的称为淋巴集结。如回肠黏膜的淋巴孤结和淋巴集结。

## 【技能训练】

### 一、犬淋巴结、脾形态和位置识别

**【目的要求】**在犬尸体标本上识别主要淋巴结和脾脏。

**【材料设备】**犬的新鲜尸体标本、解剖器械。

**【方法步骤】**在犬的尸体标本上找到腮腺淋巴结、下颌淋巴结、颈浅淋巴结、腋淋巴结、髂下淋巴结、腹股沟浅淋巴结、腹腔淋巴结、肠系膜淋巴结和脾。

**【技能考核】**在犬的标本上，识别上述淋巴结和脾。

### 二、淋巴结和脾组织结构的观察

**【目的要求】**识别淋巴结和脾的组织构造。

**【材料设备】**犬淋巴结和脾的组织切片、显微镜。

**【方法步骤】**

**1. 淋巴结组织结构的观察**　先用低倍镜区分皮质和髓质部，然后用高倍镜观察被膜、淋巴小结、副皮质区、皮质淋巴窦、髓索和髓窦。

**2. 脾组织结构的观察**　先用低倍镜区分白髓和红髓，然后用高倍镜观察被膜、脾小梁、脾小结、动脉周围淋巴鞘、边缘区、脾索和脾窦。

## 【复习思考题】

1. 犬体表浅层主要有哪些淋巴结？位置在哪里？
2. 为什么检查淋巴结可以判断动物是否有疾病？
3. 什么叫淋巴小结，主要存在哪些器官或组织中？

4. 什么是单核吞噬细胞系统？它的主要功能是什么？

5. 简述犬淋巴结和脾的组织结构特点。

6. 血液、组织液、淋巴液三者之间有何关系？

# 第九节 神经系统

**【学习目标】** 了解神经系统组成；脑、脊髓各部分的结构、脑和脊髓各部分的机能；植物性神经的构成及其机能。掌握神经解剖及神经生理的一些基本概念。

神经系统是有机体重要的调节系统，可接受和传导体内器官和外界环境的各种刺激。一方面协调全身各系统器官的功能活动，保持器官之间的平衡和协调；另一方面保证机体与外界环境之间的平衡和协调一致，以适应环境的变化。

神经系统由中枢神经和外周神经构成，中枢神经包括脑和脊髓，外周神经包括脑和脊髓发出的神经和神经节。神经器官是分化程度很高的器官，因此，神经器官在结构上具有与机体其他器官完全不同的特点。

在脑和脊髓中神经细胞的胞体和树突聚集在一起时表现出较为灰暗的颜色，称为灰质。神经细胞的轴突（神经纤维）聚集在一起时表现出较为白亮的颜色，称为白质。在脑部覆盖在脑表层的灰质称为皮质或皮层，而在脑内部聚集成团块状的灰质称为神经核。在脊髓部的灰质主要构成脊髓灰质柱。脑白质是不同传导方向的神经纤维的高度聚集，主要有联合纤维、联络纤维和投射纤维。脊髓白质也是不同传导方向的神经纤维的高度聚集，根据其传导方向可分为上行传导束和下行传导束。

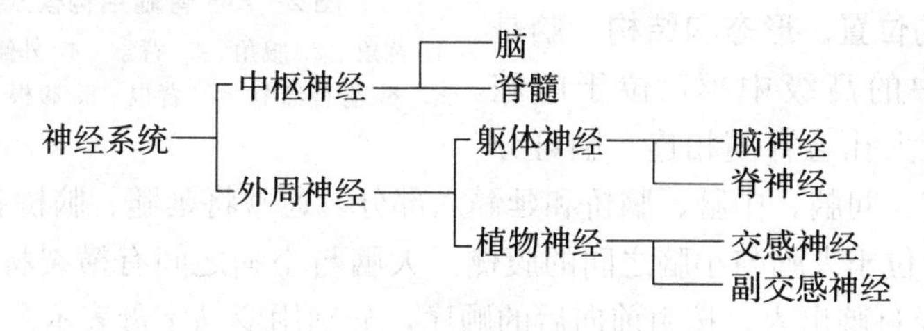


## 一、神经系统的构造

### （一）中枢神经

**1. 脊髓的位置、形态和结构** 脊髓位于椎管内，呈柱状，中央为灰质，周围为白质，灰质中央有一纵贯脊髓的中央管。

(1) 灰质　主要由神经元的胞体构成，横断面呈蝶形，有一对背侧角（柱）和一对腹侧角（柱）。背侧角和腹侧角之间为灰质联合。在脊髓的胸段和腰荐段腹侧柱基部的外侧，还有稍隆起的外侧角(柱)。腹侧柱内为运动神经元的胞体,支配骨骼肌纤维。外侧柱内有植物性神经节前神经元的胞体,背侧柱内含有各种类型的中间神经元。此外，灰质内还含有神经纤维和神经胶质细胞。

(2) 白质　被灰质柱分为左、右对称的三对索。背侧索位于背正中沟与背侧柱之间，腹侧索位于腹侧柱与腹正中裂之间，外侧索位于背侧柱与腹侧柱之间。靠近灰质柱的白质都是一些短程的纤维，联络各节段的脊髓，称为固有束。其他都是一些远程的，连于脑和脊髓之间的纤维。这些远程纤维聚集成束，形成脑和脊髓的传导径。背侧索内的纤维是由脊神经节内的感觉神经元的中枢突构成的。外侧索和腹侧索均由来自背侧柱的中间神经元的轴突（上行纤维束）以及来自大脑和脑干的中间神经元的轴突（下行纤维束）所组成。

(3) 脊神经根　每一节段脊髓的背外侧沟和腹外侧沟,分别与脊神经的背侧根及腹侧根相连。背侧根(或感觉根)较粗,上有脊神经节。脊神经节由感觉神经元的胞体构成，其外周突随脊神经伸向外周；中枢突构成背侧根，进入脊髓背侧索或与背侧柱内的中间神经元形成突触联系。腹侧根(或运动根)较细,由腹侧柱和外侧柱内的运动神经元的轴突构成。背侧根和腹侧根在椎间孔附近合并为脊神经(图 2-95)。

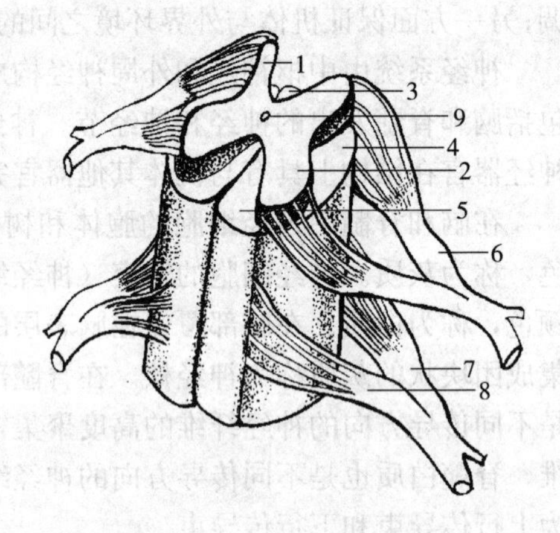

图 2-95　脊髓结构模式图

1. 背角　2. 腹角　3. 背索　4. 外侧索　5. 腹索　6. 脊神经节　7. 背根　8. 腹根　9. 中央管

**2. 脑的位置、形态和结构**　脑是神经系统中的高级中枢，位于颅腔内，在枕骨大孔与脊髓相连。脑可分大脑、小脑、间脑、中脑、脑桥和延髓六部分。通常将延髓、脑桥和中脑称为脑干。脑干位于大脑与小脑之间的腹侧。大脑与小脑之间有横裂将二者分开。12 对脑神经自脑出入，按由前向后的顺序，分别用罗马字母表示。

(1) 脑干　脑干包括延髓、脑桥和中脑，延髓、脑桥和小脑的共同室腔为第四脑室。中脑内部室腔狭细，称为中脑导水管。脑干上有第三至十二对脑神经根与脑相连。

脑干也由灰质和白质组成，灰质是由功能相同的神经细胞集合成团块状的神经核，分散存在于白质中。脑干内的神经核可分为两类：一类是与脑神经直接相连的脑神经核，其中接受感觉纤维的，称为脑神经感觉核；发出运动纤维的，称为脑神经运动核。另一类为传导径上的中继核，是传导径上的联络站。脑干内还有网状结构，它是由纵横交错的神经纤维网和其中的神经细胞所构成，在一定程度上也集合成团，形成神经核。网状结构即是上行和下行传导径的联络站，同时也分布着某些反射中枢。脑干的白质为上、下神经纤维束。较大的上行传导径多位于脑干的外侧部和延髓靠近中线的部分；较大的下行传导径位于脑干的腹侧部。

脑干在结构上比脊髓复杂，它联系着视、听、平衡等感觉器官，是内脏活动的反射中枢，是联系大脑高级中枢与各级反射中枢的重要途径；也是沟通大脑、小脑、脊髓以及骨骼肌运动中枢的直接桥梁（图 2-96）。

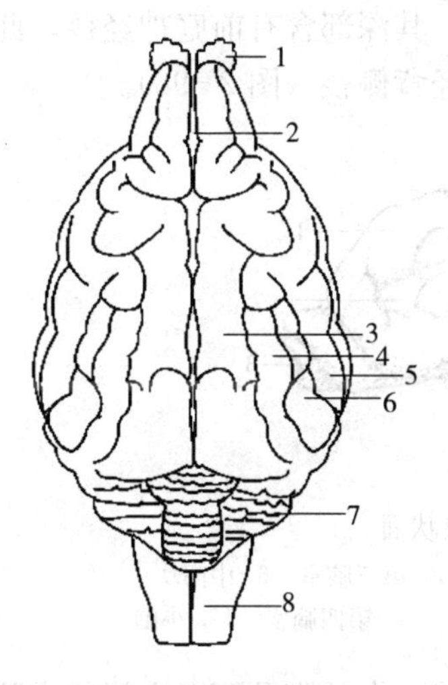


图 2-96　犬脑的背侧

1. 嗅球　2. 大脑纵裂　3. 缘回　4. 缘外回　5. 大脑外侧回　6. 大脑外侧上回　7. 小脑半球　8. 延髓

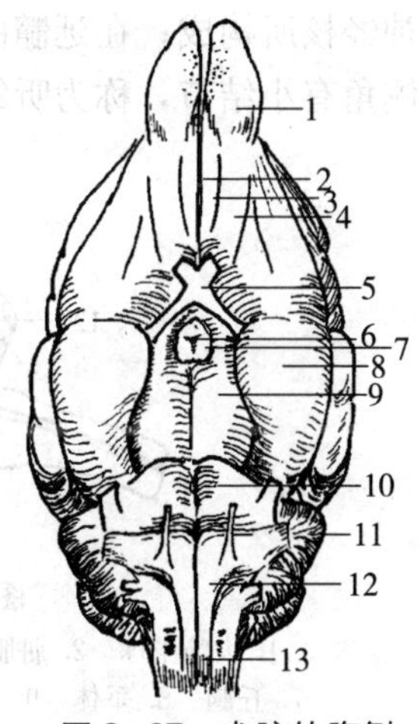


图 2-97　犬脑的腹侧

1. 嗅脑　2. 大脑纵裂　3. 内侧嗅束　4. 外侧嗅束　5. 视交叉　6. 漏斗（垂体已去）　7. 乳头体　8. 梨状叶　9. 大脑脚　10. 脑桥　11. 小脑半球　12. 锥体　13. 锥体交叉

①延髓：延髓为脑干的末段，位于枕骨基部的背侧，呈前宽后窄、上下略扁的柱状，自脑桥向后伸至枕骨大孔与脊髓相连。脊髓的沟裂延伸至延髓的表面。在延髓腹侧正中有腹侧正中裂。在腹侧正中裂的两侧各有一条纵行的隆起，称为锥体。锥体是由大脑皮质运动区发出到脊髓腹侧角的神经纤维束（即皮质脊髓束或锥体束）所构成。该束纤维在延髓后端大部分交叉至对侧，形成锥体交叉，交叉后的纤维沿脊髓外侧索下行。在延髓腹侧前端、脑桥后方有窄的横向隆起，称为斜方体，是耳蜗神经核发出的纤维到对侧所构成的。在延髓腹侧有第六至十二对脑神经根（图 2-97）。

②脑桥：脑桥位于小脑腹侧，前连中脑，后接延髓。背侧面凹，构成第四脑室底壁的前部，腹侧面呈横行的隆起。横行纤维自两侧向背侧伸入小脑，形成小脑中脚，又称为脑桥臂。在脑桥腹侧部与小脑中脚交界处有粗大的三叉神经（Ⅴ）根。在背侧部的前端两侧有联系小脑和中脑的小脑前脚又称为结合臂。

第四脑室位于延髓、脑桥与小脑之间，前端通中脑导水管，后端通延髓中央管。第四脑室顶壁由前向后依次为前髓帆、小脑、后髓帆和第四脑室脉络丛。前、后髓帆系白质薄板，分别附着于小脑前脚和后脚。脉络丛位于后髓帆与菱形窝后部之间，由富于血管丛的室管膜和脑软膜组成，能产生脑脊髓液。该丛有空隙与蛛网膜下腔相通。第四脑室底呈菱形，又称为菱形窝，前部属脑桥，后部属延髓开放部。在脑桥的内侧部有隆起的面神经丘，由面神经纤维绕外展神经核所构成；在延髓的外侧部为前庭区，其深部含有前庭神经核，此区的外侧角有小结节，称为听结节，其内为蜗神经背侧核（图 2-98）。

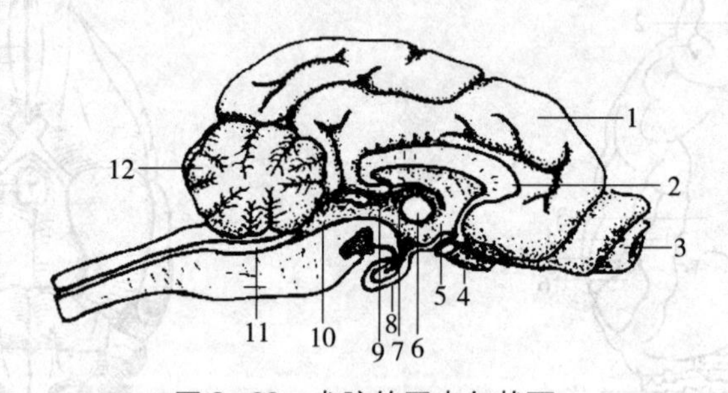


图 2-98　犬脑的正中矢状面

1. 大脑半球　2. 胼胝体　3. 嗅球　4. 视束　5. 第三脑室　6. 中间块
7. 丘脑　8. 垂体　9. 松果体　10. 中脑导水管　11. 第四脑室　12. 小脑

③中脑：中脑位于脑桥前方，包括中脑顶盖、大脑脚及两者之间的中脑导水管。中脑顶盖又称为四叠体，为中脑背侧部分，主要由前后两对圆丘构成。前丘较大，后丘较小。后丘的后方有滑车神经（Ⅳ）根，是唯一从脑干背侧面发出的脑神经。

大脑脚是中脑的腹侧部分，位于脑桥之前，为一对纵行纤维束构成的隆起，左右两脚之间的凹窝称为脚间窝，窝底有一些小血管穿通，称为后穿质。窝的外侧缘有Ⅲ脑神经根。

（2）小脑　小脑近似球形，位于大脑后方，在延髓和脑桥的背侧，其表面有许多沟和回。小脑被两条纵沟分为中间的蚓部和两侧的小脑半球。小脑的表面为灰质，称为小脑皮质；深部为白质，称为小脑髓质。髓质呈树枝状伸入小脑皮质，形成髓树（又称为小脑树）。小脑借 3 对小脑脚（小脑后脚、小脑中脚及小脑前脚）分别与延髓、脑桥和中脑相连。

(3) 间脑　间脑位于中脑和大脑之间，被两侧大脑半球所遮盖，内有第三脑室。间脑主要可分为丘脑和丘脑下部。

①丘脑：丘脑占间脑的最大部分，为1对卵圆形的灰质团块，由白质分隔为许多不同机能的核群。左、右两丘脑的内侧部相连，断面呈圆形，称为丘脑间联合，其周围的环状裂隙为第三脑室。丘脑一部分核是上行传导径的总联络站，接受来自脊髓、脑干和小脑的纤维，由此发出纤维至大脑皮质。在丘脑后部的背外侧，有外侧膝状体和内侧膝状体。外侧膝状体较大，位于前方较外侧，接受视束来的纤维，发出纤维至大脑皮质，是视觉冲动传向大脑皮质的最后联络站。内侧膝状体较小，呈卵圆形，在丘脑后外侧，位于外侧膝状体、大脑脚和四叠体之间。接受由耳蜗神经核来的纤维，发出纤维至大脑皮质，是听觉冲动传向大脑的最后联络站。丘脑还有一些与运动、记忆和其他功能有关的核群。在左、右丘脑的背侧、中脑四叠体的前方，有松果体，属内分泌腺。

②丘脑下部：丘脑下部位于丘脑腹侧，包括第三脑室侧壁内的一些结构，是植物性神经系统的皮质下中枢。从脑底面看，由前向后依次为视交叉、视束、灰结节、漏斗、脑垂体、乳头体等结构。视交叉由两侧视神经交叉而成。交叉后的视束向后外侧、向上呈弓状伸延，绕过大脑脚和脑桥腹外侧，进入大脑脚和梨状叶之间，大部分纤维终止于丘脑的外侧膝状体，小部分到四叠体前丘。灰结节是位于视交叉和乳头体之间的灰质隆起，它向下移行为漏斗。

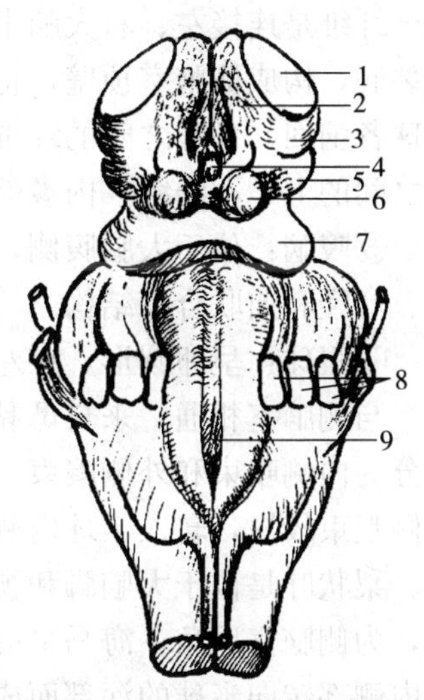

图2-99　脑干构造模式图

1. 内囊的纤维断面　2. 视丘的背侧　3. 外侧膝状体　4. 松果体　5. 内侧膝状体　6. 前丘　7. 后丘　8. 小脑脚　9. 正中沟

漏斗腹侧连接垂体。垂体为体内重要的内分泌腺，借漏斗附着于灰结节。乳头体为位于灰结节后方一对紧靠在一起的白色圆形隆起。

在丘脑下部的核团中，有一对位于视束的背侧神经核，称为视上核，一对位于第三脑室两侧神经核，称为室旁核，它们都有纤维沿漏斗柄伸向垂体后叶，能进行神经分泌，视上核分泌抗利尿激素，室旁核分泌催产素。

丘脑下部形体虽小，但与其他各脑有广泛的纤维联系。接受来自嗅脑、大脑皮质额叶、丘脑和纹状体等的纤维；发出纤维至丘脑、垂体后叶、脑干网状结构、脑神经核和植物性神经核，通过植物性神经主要调节心血管和内脏的活动。

第三脑室位于间脑内，呈环行围绕着丘脑间联合，向后通中脑导水管，其背侧壁为第三脑室脉络丛。此脉络丛向前与侧脑室脉络丛相连接。

（4）大脑　大脑又称端脑，位于脑干前背侧，被大脑纵裂分为左、右大脑半球，纵裂的底部是连接两半球的胼胝体。大脑半球包括大脑皮质、白质、嗅脑、基底神经核和侧脑室等。

①大脑皮质：皮质为覆盖于大脑半球表面的一层灰质，外侧面以前后向的外侧嗅沟与嗅脑为界。大脑皮质表面凹凸不平，凹陷处为沟，凸起处为回，以增加大脑皮质的面积。大脑皮质背外侧面可分为四叶，前部为额叶，后部为枕叶，背侧部为顶叶，外侧部为颞叶。一般认为额叶是运动区，枕叶是视觉区，顶叶是感觉区，颞叶是听觉区，各区的面积和位置因动物种类不同而异。大脑皮质内侧位于大脑纵裂内，与对侧半球的内侧面相对应。内侧面上有位于胼胝体背侧并环绕胼胝体的扣带回。

②白质：由各种神经纤维构成。大脑半球内的白质由以下三种纤维构成：联合纤维是连接左、右大脑半球皮质的纤维，主要为胼胝体。胼胝体位于大脑纵裂底，构成侧脑室顶壁，将左、右大脑半球连接起来；联络纤维是连接同侧半球各脑回，各叶之间的纤维；投射纤维是连接大脑皮质与脑其他各部分及脊髓之间的上、下纤维，内囊就是由投射纤维构成的。

③嗅脑：位于大脑腹侧，包括嗅球、嗅束、嗅三角、梨状叶、海马、透明隔、穹隆和前联合等结构。

④嗅球：呈卵圆形，在左、右半球的前端，位于筛窝中。嗅球中空为嗅球室，与侧脑室相通。来自鼻黏膜嗅区的嗅神经纤维通过筛板而终止于嗅球。嗅束分为内侧嗅束和外侧嗅束，内、外侧嗅束之间的三角形灰质隆起为嗅三角。内侧嗅束较短，转入半球内侧面与旁嗅区相连；外侧嗅束较长，向后连于梨状叶。梨状叶是位于大脑脚和视束外侧的梨状隆起，是海马回的前部。梨状叶中空，为侧脑室后角。海马呈弓带状，位于侧脑室底的后内侧，由梨状叶的后部和内侧部转向半球的深部而成。左、右半球的海马前端于正中相连接，形成侧脑室后部的底壁。

嗅脑中有的部分与嗅觉无关而属于“边缘系统”。大脑半球内侧面的扣带回和海马旁回等，因其位置在大脑和间脑之间，所以称为边缘叶。边缘系统由边缘叶与附近的皮质（如海马和齿状回等）以及有关的皮质下结构构成。

⑤基底神经核：为大脑半球内部的灰质核团，位于大脑半球基底部。是锥体外系的主要联络站，有维持肌紧张和协调肌肉运动的作用。

⑥侧脑室：侧脑室有两个，分别位于左、右大脑半球内，与第三脑室相通。侧脑室底壁的前部为尾状核，后部为海马；顶壁为胼胝体。在尾状核与海马之间有侧脑室脉络丛。

### 3. 脑脊膜、脑脊液

（1）脑脊膜　在脑和脊髓表面都包有3层膜，由外向内依次为硬膜、蛛网膜和软膜。它们有保护、支持脑和脊髓的作用（图2-100）。

①硬膜：是一层较厚而坚韧的致密结缔组织膜。脑部的硬膜厚，与颅骨的骨内膜联合。脊髓的硬膜与椎管内面骨膜之间形成的腔隙称为硬膜外腔，腔内充满大量的脂肪和疏松结缔组织。兽医临床上常用硬膜外腔麻醉的方法麻醉脊神经根。硬膜与蛛网膜之间的腔隙称为硬膜下腔。

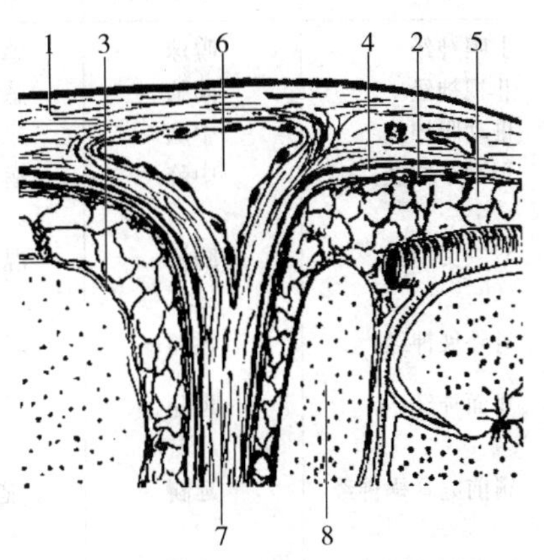


图2-100　脑脊膜构造模式图
1. 硬膜　2. 蛛网膜　3. 软膜
4. 硬膜下腔　5. 蛛网膜下腔
6. 上矢状窦　7. 大脑镰　8. 大脑皮质

②蛛网膜：薄而透明，位于硬膜的深面。蛛网膜与软膜间的腔隙称为蛛网膜下腔，内有脑脊液。

③软膜：薄而富有血管，紧贴于脑和脊髓表面，分别称为脑软膜和脊软膜。软膜上的毛细血管突入各脑室腔内形成脉络丛，可产生脑脊液。

（2）脑脊液　是由脉络丛产生的无色透明液体，充满脑室、脊髓中央管及蛛网膜下腔。

脑脊液的主要作用是维持脑组织渗透压和颅内压的相对恒定；保护脑和脊髓免受外力的震荡；供给脑组织的营养；参与代谢产物的运输等。

（3）脑、脊髓的血管　脑的血液主要来自颈内动脉、椎动脉及枕动脉，这些血管在脑底部吻合成一动脉环，动脉环分出的小动脉分布于脑。脊髓的血液来自椎动脉、肋间动脉和腰动脉的分支。在脊髓腹侧汇合成脊髓腹侧动脉，沿腹正中裂延伸，分布于脊髓。静脉血则汇入颈内静脉和一些节段性的同名静脉。

## （二）外周神经

外周神经系统是神经系统的外周部分，即除脑、脊髓以外，所有神经干、神经节、神经丛及神经末梢的总称。

外周神经可分为脑神经、脊神经和植物性神经。

**1. 脑神经**　共12对，大多数从脑干发出，通过颅骨的一些孔出颅腔。脑神经按其所含纤维的功能不同，分为感觉性、运动性和混合性三类神经。其中第Ⅰ、Ⅱ、Ⅷ对脑神经是感觉神经；第Ⅲ、Ⅳ、Ⅵ、Ⅺ、Ⅻ对脑神经是运动神经；第Ⅴ、Ⅶ、Ⅸ、Ⅹ对脑神经是混合神经。在第Ⅲ、Ⅶ、Ⅸ、Ⅹ对脑神经中含有副交感神经纤维。脑神经的名称、连接脑的部位及分布部位见表2-1。

**表2-1 脑神经的名称、分布及主要功能**

| 顺序及名称 | 与脑联系部位 | 纤维成分 | 分布部位 | 机能 |
|---|---|---|---|---|
| Ⅰ嗅神经 | 嗅球 | 感觉 | 鼻黏膜嗅区 | 嗅觉 |
| Ⅱ视神经 | 间脑 | 感觉 | 视网膜 | 视觉 |
| Ⅲ动眼神经 | 中脑 | 运动 | 眼球肌 | 眼球运动 |
| Ⅳ滑车神经 | 中脑 | 运动 | 眼球肌 | 眼球运动 |
| Ⅴ三叉神经 | 脑桥 | 混合 | 面部皮肤，口、鼻腔黏膜，咀嚼肌 | 头部皮肤、口、鼻腔、舌等感觉，咀嚼运动 |
| Ⅵ外展神经 | 延髓 | 运动 | 眼球肌 | 眼球运动 |
| Ⅶ面神经 | 延髓 | 混合 | 面、耳、睑肌和部分味蕾 | 面部感觉、运动、唾液的分泌 |
| Ⅷ前庭耳蜗神经 | 延髓 | 感觉 | 前庭、耳蜗和半规管 | 听觉和平衡觉 |
| Ⅸ舌咽神经 | 延髓 | 混合 | 舌、咽和味蕾 | 咽肌运动、味觉、舌部感觉 |
| Ⅹ迷走神经 | 延髓 | 混合 | 咽、喉、食管、气管和胸腹腔内脏 | 咽、喉和内脏器官的感觉和运动 |
| Ⅺ副神经 | 延髓和颈部脊髓 | 运动 | 咽、喉、食管以及胸头肌、斜方肌和臂头肌 | 头、颈、肩带部的运动 |
| Ⅻ舌下神经 | 延髓 | 运动 | 舌肌和舌骨肌 | 舌的运动 |

十二对脑神经的名称可以用一段简单的口诀来帮助记忆：

一嗅二视三动眼　四滑五叉六外展

七面八听九舌咽　十迷一副舌下全

2. **脊神经**　脊髓的每个节段连有一对脊神经。脊神经按部位分为颈神经、胸神经、腰神经、荐神经和尾神经。脊神经有35～38对，其中颈神经8对，胸神经13对、腰神经7对、荐神经3对和尾神经4～7对。第1对颈神经出寰椎椎外侧孔，第2～7对颈神经依次出相应的椎间孔，第8对颈神经出第7颈椎和第1胸椎之间的椎间孔。胸、腰、荐、尾神经，分别穿过其相对应椎骨的椎间孔出椎管。

每一对脊神经都由与脊髓相连的腹侧根和背侧根在椎间孔处汇合而成。腹侧根属运动性，又称为运动根，由脊髓腹角运动神经元轴突组成，在脊髓胸段、腰段和荐段还有中间外侧核神经元发出的轴突；背侧根属感觉性，又称为感觉根，由脊神经节中假单极神经元的中枢突组成。脊神经节是感觉神经元

（假单极神经元）在椎间孔处积聚形成，中枢突经脊髓背外侧沟进入脊髓，其周围突是走向外周的纤维，与腹侧根混合形成脊神经。

脊神经是混合神经，含有以下 4 种神经成分：将神经冲动由中枢传向效应器而引起骨骼肌收缩的躯体运动（传出）纤维；将神经冲动由中枢传向效应器引起腺体分泌、内脏运动及心血管舒缩的内脏运动（传出）纤维；将感觉冲动由躯体（体表、骨、关节和骨骼肌）感受器传向中枢的躯体感觉（传入）纤维；将感觉由腺体、内脏器官及心血管传向中枢的内脏感觉（传入）纤维。

脊神经出椎间孔后，分为背侧支和腹侧支。背侧支又分为内侧支和外侧支，分布于脊柱背侧的肌肉和皮肤；腹侧支分布于脊柱腹侧和四肢的肌肉及皮肤。

脊神经的腹侧支分为：

（1）颈神经的腹侧支　颈神经的腹侧支分布于颈腹侧的肌肉、并穿通臂头肌，分布于皮肤。主要分支有耳大神经、颈横神经和膈神经。

膈神经　为膈的运动神经，由第 5～7 颈神经的分支形成，沿斜角肌腹侧缘进入胸腔，在纵隔内经心基部向后行，分布于膈。

（2）胸神经的腹侧支　胸神经的腹侧支又称为肋间神经，沿肋骨的后缘向下伸延，与同名血管并行分布于肋间肌、腹壁肌和躯干皮肤；最后肋间神经又称为肋腹神经，经腰方肌背侧面向外侧伸延，在第 1 腰椎横突顶端的前下方分为深、浅两支：深支沿最后肋骨后缘在腹内斜肌与腹横肌之间下行，进入腹直肌，并分支到腹内斜肌和腹横肌；浅支穿过腹外斜肌，在躯干皮肌深面下行，分布于腹外斜肌、躯干皮肌及皮肤。

（3）腰荐神经的腹侧支　腰、荐神经的腹侧支相互连接形成腰荐神经丛。

（4）尾神经的腹侧支　尾神经的腹侧支形成尾腹侧神经，分布于尾腹侧肌肉和

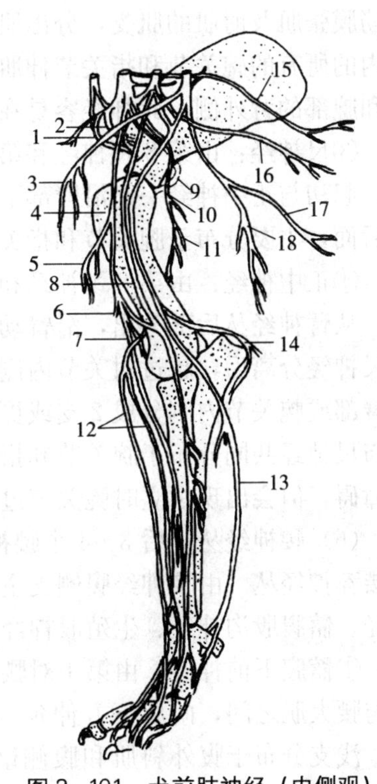


图 2-101　犬前肢神经（内侧观）

1. 肩胛上神经　2. 肩胛下神经　3. 胸前神经　4. 肌皮神经　5. 近侧肌支　6. 远侧肌支　7. 前臂内侧皮神经　8. 正中神经　9. 腋神经　10. 桡神经　11. 分布于伸肌的神经　12. 前臂背侧皮神经　13. 尺神经　14. 前臂掌侧皮神经　15. 胸长神经　16. 胸背侧神经　17. 胸外侧神经　18. 胸后神经

皮肤。

（5）臂神经丛　臂神经丛由第6～8颈神经和第1、2胸神经的腹侧支形成。从臂神经丛上发出8支神经，即肩胛上神经、肩胛下神经、腋神经、肌皮神经、胸神经、桡神经、尺神经和正中神经（图2-101）。

①腋神经：由第7、8颈神经的腹侧支形成。从臂神经丛中部发出后，经肩胛下肌与大圆肌之间，在肩关节后方分出数支，分布于肩胛下肌、大圆肌、小圆肌、三角肌和臂头肌，并分出皮支分布于臂部和前臂背侧面的皮肤。

②桡神经：由第7、8颈神经和第1胸神经的腹侧支构成，是臂神经丛中最粗的分支。从臂神经丛后部分出，沿尺神经后缘下行，进入臂三头肌长头与内侧头之间，通过臂肌沟出前肢的前外侧面，并在途中发出臂三头肌各头、前臂筋膜张肌及肘肌的肌支，分出肌支后，在臂部的下部分布于包括腕尺侧伸肌在内的所有的腕关节和指关节伸肌。其皮支为前臂背侧皮神经，常常反转至前臂和腕部的背外侧。此神经容易在外伤时受损。

③尺神经：由第8颈神经和第1颈神经的腹侧支形成。从臂神经丛后部分出，起初与正中神经一起沿臂部下行，然后离开正中神经至肘突，横过肘关节的后面，主要分布于腕关节和指关节屈肌、骨间肌和掌外侧的皮肤。

④正中神经：由第8颈神经和第1胸神经的腹侧支形成，是前肢最长的神经。从臂神经丛后部分出，沿臂动脉后缘与尺神经一起向下伸延，到臂骨中部与尺神经分离后，越过肘关节内侧副韧带，沿腕桡侧屈肌的深面，至腕部。在前臂部或腕关节内侧分成2支或更多支，穿过腕关节，分布于掌侧面。正中神经与尺神经共同分布于腕关节和指关节的所有屈肌。此神经的损伤不会引起运动障碍，但会出现站立时腕关节过度伸展，而出现前爪比正常翘起。

（6）腰神经丛　后3～4个腰神经腹侧支和前2个荐神经的腹侧支共同形成腰荐神经丛。由腰神经腹侧支主要分出以下分支：髂腹下前神经、髂腹下后神经、髂腹股沟神经、生殖股神经、股外侧皮神经、股神经和闭孔神经。

①髂腹下前神经：由第1对腰神经的腹侧支形成。起自腰神经丛，经腰方肌与腰大肌之间，向后下方伸延，达第2腰椎横突顶端的下方分为浅、深两支。浅支分布于腹外斜肌和腹侧壁后部的皮肤；深支分布于腹内斜肌、腹横肌、腹直肌及腹底壁的皮肤。

②髂腹股沟神经：由第2对腰神经的腹侧支形成。起自腰神经丛，从腰方肌与腰大肌之间穿出，经第4腰椎横突顶端的下方向后伸延，分为浅、深两支。浅支分布于膝褶外侧的皮肤；深支分布于腹内斜肌、腹直肌和腹底壁的皮肤。

③生殖股神经：由第2、3、4对腰神经的腹侧支形成。起自腰神经丛，横

过旋髂深动脉的外侧向下伸延，分为前、后二支，除分支到腹内斜肌外，二支均通过腹股沟管，公犬分布于包皮、阴囊和提睾肌，母犬则分布到乳房。

④股神经：第 5、6、7 对腰神经的腹侧支形成。起自腰神经丛，是腰神经丛中最粗的神经。由髂肌和腰大肌之间穿出，有分支分布于髂腰肌，分出隐神经后，主干与旋股外侧动脉一起进入股直肌与股内侧肌之间，分为数支，分布于股四头肌。此神经发生机能障碍时，出现膝关节僵直，股内侧感觉丧失。

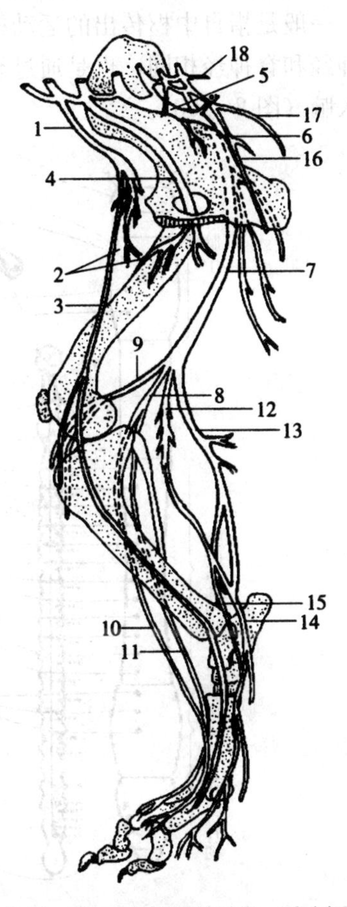

图 2-102 犬的后肢神经（内侧观）
1. 股神经 2. 分布于股四头肌的神经 3. 隐神经 4. 闭孔神经 5. 盆神经 6. 分布于闭孔内肌、股方肌等肌支 7. 坐骨神经 8. 腓总神经 9. 小腿外侧皮神经 10. 腓浅神经 11. 腓深神经 12. 胫神经 13. 小腿跖侧皮神经 14. 足底内侧神经 15. 足底外侧神经 16. 阴部神经 17. 股后神经 18. 直肠后神经

（7）荐神经丛 荐神经丛参与构成腰荐神经丛，位于荐骨腹侧，分出 5 个分支，即臀前神经、臀后神经、阴部神经、直肠后神经和坐骨神经（图 2-102）。

①阴部神经：由第 1～3 对荐神经的腹侧支形成。起自荐神经丛，在荐结节韧带内侧面走向后下方，分出皮支分布于股后部的皮肤，然后分出会阴神经，分布于尿道、肛门和会阴等处，主干绕过坐骨弓出盆腔，公畜转至阴茎背侧，称为阴茎背侧神经，沿阴茎背侧向前伸延，分布于阴茎和包皮；母畜则为阴蒂背神经，分布于阴唇和阴蒂。

②坐骨神经：坐骨神经是全身最粗大的神经，由第 6、7 腰神经和第 1～2 对荐神经的腹侧支形成。自腰荐神经丛，由坐骨孔出盆腔，沿荐结节韧带外侧面走向后下方，分出小支到髋结节及闭孔肌。主干经股骨大转子和坐骨结节之间绕至髋关节后方，在臀股二头肌和半膜肌之间下行，到股中部分为腓总神经和胫神经。腓总神经分布于小腿跗关节的屈肌和趾关节的伸肌，胫神经主要分布于跗关节的伸肌和趾关节的屈肌。此外，坐骨神经在股部分出大的肌支，分布于臀股二头肌、半腱肌和半膜肌。

3. **植物性神经** 在神经系统中，分布到内脏器官、血管和皮肤的平滑肌以及心肌和腺体的神经，称为植物性神经系统又称自主神经系统或内脏神经系统。一般是指自中枢传出的运动神经，植物性神经内也有传入神经，但它们与脑神经和脊神经相同，也是通过脊神经的背侧根进入脊髓，或随同相应的脑神经入脑（图 2-103）。

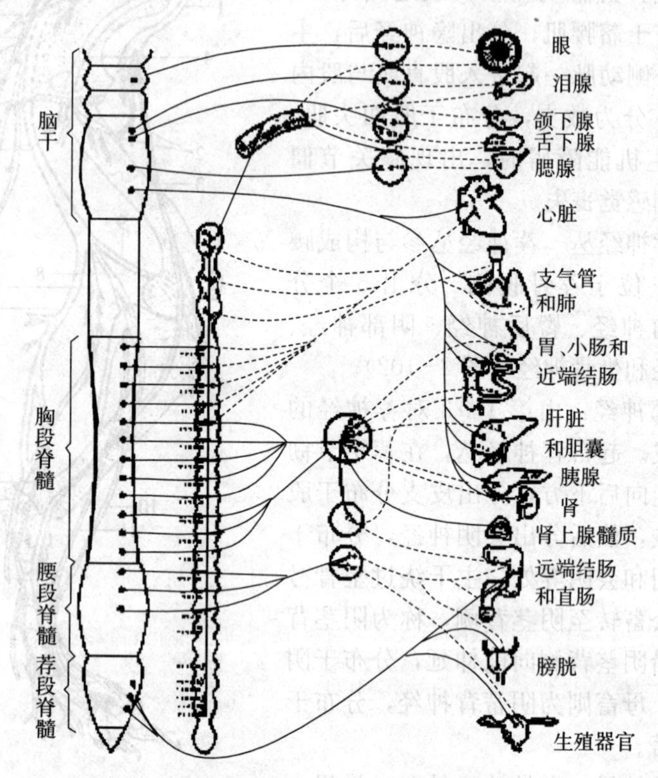


图 2-103 植物性神经分布模式图

（1）植物性神经与躯体神经的区别

①躯体运动神经支配骨骼肌；植物性神经则支配平滑肌、心肌和腺体。

②躯体运动神经自低级中枢到效应器只经过一个运动神经元。植物性神经自中枢到效应器要由 2 个神经元来完成。前一个神经元称为节前神经元，其胞体位于脑干和脊髓内，发出的轴突称为节前纤维。后一个神经元称为节后神经元，其胞体位于周围部的植物性神经节内，轴突称为节后纤维。节后神经元的数目较多，一个节前神经元可以和多个节后神经元形成突触，这有利于较多效应器同时活动。

③躯体运动神经的分布形式和植物性神经分布形式也有不同。躯体运动神

经以神经干的形式分布，而植物性神经节后纤维则攀附于脏器或血管周围形成神经丛，由神经丛再发出分支至效应器。

④躯体运动神经的纤维一般是较粗的有髓纤维。植物性神经的节前纤维是细的有髓纤维，而节后纤维则是细的无髓纤维。

⑤躯体运动神经受意识支配，而植物性神经在一定程度上不受意识的直接控制。

（2）植物性神经的分类　根据形态和功能的特点，植物性神经分为交感神经和副交感神经。分布于器官的植物性神经，一般是双重的，既有交感神经，也有副交感神经。但也有部分器官单独由一种植物性神经支配。

（3）交感神经的构造和分布　交感神经分为中枢部和周围部。交感神经的低级中枢（节前神经元）位于脊髓的胸段至腰段的灰质外侧柱，节前纤维由外侧柱细胞的轴突形成。交感神经的周围部包括交感神经干、神经节及其分支和神经丛所形成。

交感神经干位于脊柱两侧，其前端达颅底，后端两干于尾骨腹侧互相合并。交感神经干上有一系列的椎旁神经节。

交感神经干按部位可分为颈部、胸部、腰部和荐尾部四部分。

①颈部交感神经干：颈部交感神经干包含有 4 个神经节，即颈前神经节、颈中神经节、椎神经节和颈后神经节。颈前神经节与颈胸神经节之间的神经干，是由来自前部胸段脊髓的节前纤维所组成，向前终止于颈前神经节。颈部交感神经位于气管背外侧，与迷走神经合并成迷走交感神经干。

a. 颈前神经节：呈纺锤形，位于鼓泡腹内侧。由颈前神经节发出节后纤维连于附近的脑神经和颈静脉神经，并随动脉分布于唾液腺、泪腺和虹膜的瞳孔开大肌以及头部的汗腺、立毛肌。

b. 颈中神经节：较小，位于第 6 颈椎横突腹侧骨板的后方。自颈中神经节发出 1～2 心支，走向后下方加入心神经丛。

c. 椎神经节：又称为颈中椎神经节，位于双颈动脉干的前内侧，在肋颈动脉起始部的前方，常与颈中神经节和颈后神经节合并。

d. 颈胸神经节：由颈后神经节与前 1 或 2 胸神经节合并而成，其形状呈星芒状，又称为星状神经节，位于第 1 肋椎关节的腹侧，紧贴于颈长肌的腹外侧面，后接胸部交感神经干，前腹侧与椎神经节相连。由颈胸神经节发出交通支至臂神经丛并形成椎神经。由颈胸神经节后部分出数支粗大的心神经，走向主动脉、心肌、气管和食管，形成神经丛，分布于心、主动脉、气管、肺和食管，右侧的还加入前腔静脉神经丛。

②胸部交感神经干：胸部交感神经干位于胸椎椎体及颈长肌的两侧，表面

被覆有胸内筋膜和胸膜，由颈胸神经节伸延到膈，连于腰部交感神经干。胸部交感神经干上有胸神经节，并分出内脏大神经和内脏小神经走向腹腔器官。

a. 胸神经节：除前1或2胸神经节参加形成颈胸神经节外，在每个肋头附近交感神经干上，都有一对胸神经节。胸神经节以白交通支和1～2灰交通支，与各相应的胸神经相连。另外还有胸神经节分出走向心神经丛、肺神经丛和主动脉丛的小支。

b. 内脏大神经：主要由节前纤维构成，并含有神经细胞。起自第6至第13节胸部脊髓，与胸部交感神经干一起向后伸延，在第13胸椎的后方，离开胸部交感神经干，通过腰小肌与膈脚之间进入腹腔，连于腹腔肠系膜前神经节，并向外侧分出一系列小支至肾上腺。

c. 内脏小神经：由最后胸部脊髓和第1～2节腰部脊髓的节前纤维构成，由腰部交感神经干分出进入腹腔，一部分纤维入肾上腺神经丛和腹腔肠系膜前神经节，一部分纤维走向肾动脉，参与组成肾神经丛。

d. 腹腔肠系膜前神经节：位于腹腔动脉及肠系膜前动脉的根部，由一对圆的腹腔神经节和一个长的肠系膜前神经节组成。两侧的神经节由短的神经纤维相连。它们接受内脏大神经和内脏小神经的交感神经的节前纤维，发出的节后纤维参与形成腹腔神经丛和肠系膜前神经丛，沿动脉的分支分布到胃、肝、脾、胰、肾、小肠、盲肠和结肠前段等器官。肠系膜前神经节和肠系膜后神经节之间有节间支，沿主动脉的两侧伸延。

③腰部交感神经干：腰部交感神经干较细，位于腰小肌内侧缘，在腰椎椎体的侧面，其前端与胸部交感神经干相连，后端延续为荐部交感神经干。腰神经节通常有2～5个。腰部交感神经干的节前纤维走向肠系膜后神经节及盆神经丛，腰部交感神经节的节后纤维走向腰神经。

肠系膜后神经节由两个扁的小神经节合成，位于肠系膜后动脉的根部。肠系膜后神经节接受腰部交感神经干节前纤维和肠系膜前神经节来的节间支，节后纤维形成肠系膜后神经丛，随动脉分布到结肠后段、精索、睾丸和附睾或母畜的卵巢、输卵管及子宫角。肠系膜后神经节还向后发出较大的腹下神经沿输尿管进入盆腔，在直肠两侧下方加入盆神经丛。

④荐、尾部交感神经干：荐部交感神经干更细、位于荐骨的骨盆面，沿荐盆侧孔内侧向后伸延，与尾神经的腹侧支相连。内侧支在第1（或第3）尾椎腹侧面与对侧的内侧支汇合为一支，汇合处有一个奇神经节。尾部交感神经干沿尾中动脉腹侧后行，达第7～8尾椎部。荐部交感神经干常有4个荐神经节。尾部交感神经干有2～4个尾神经节。

（4）副交感神经的构造和分布　副交感神经的节前神经元的胞体位于脑干

和荐段脊髓灰质外侧核。节后神经元的胞体位于所支配器官旁或器官内，统称终末神经节。这些神经节一般亦有交感神经纤维通过，但并不在该节内交换神经元。

①颅部副交感神经：节前纤维走行于动眼神经、面神经、舌咽神经和迷走神经内，到相应的副交感终末神经节交换神经元，其发出的节后纤维到达所支配器官。

动眼神经内的副交感神经节前纤维伴随动眼神经腹侧支进入眼球，终止于睫状神经节；交换神经元后，节后纤维形成睫状短神经，至眼球的瞳孔括约肌和睫状肌。

②面神经内的副交感神经：其节前纤维伴随面神经出延髓后分为两部分：一部分纤维通过翼腭神经节更换神经元后，节后纤维伴随上颌神经至泪腺、颧腺、腭腺和鼻腺；另一部分纤维经鼓索神经加入舌神经，于下颌神经节更换神经元后，节后纤维至舌下腺和下颌腺。

③舌咽神经内的副交感神经：其节前纤维伴随舌咽神经出延髓后，顺次经鼓室神经、鼓室丛和岩小神经而终止于耳神经节；在耳神经节交换神经元后，节后纤维随下颌神经的颊神经分布于腮腺和颊腺。

④迷走神经：副交感神经的节前纤维起自延髓的迷走神经背核，伴随迷走神经分支伸延，在终末神经节换元，节后纤维至胸腹腔中大部分器官。

⑤荐部副交感神经：荐部或盆部副交感神经的节前纤维由第二至第四节荐部脊髓灰质外侧柱发出，伴随第三、四荐神经腹侧支出荐盆侧孔，形成1～2支盆神经，向腹侧伸延至直肠或阴道外侧，与腹下神经一起形成盆神经丛。丛内有许多盆神经节，盆神经的纤维部分在此终止并换元，部分在终末节换元。节后纤维分布于降结肠、直肠、膀胱、母犬的子宫和阴道以及公犬的阴茎等器官。

## 二、神经生理

### （一）神经系统活动的方式

神经系统的机能虽然非常复杂，但是它的最基本的活动形式是反射。所谓反射，是指机体在中枢神经系统参与下，有机体对内、外环境变化所作出的适应性反应。例如异物碰到角膜即引起眨眼反应。

反射的结构基础是反射弧。反射弧包括感受器、传入神经、神经中枢、传出神经、效应器五个部分。

反射弧的任何环节及其联结受到破坏或者功能障碍，都将使这一反射不能出现或者紊乱，导致相应器官的功能调节异常（图 2-104）。

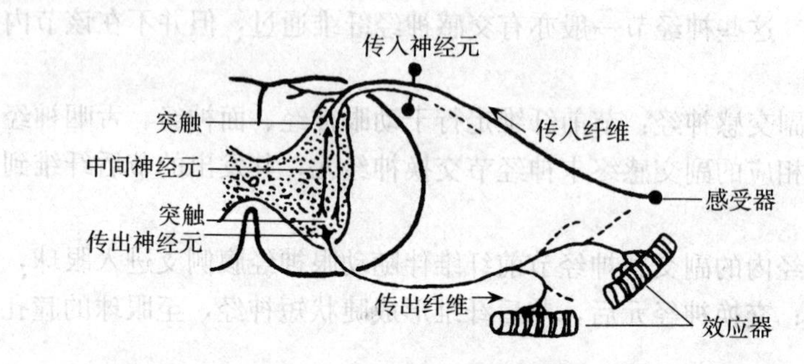


图 2-104　反射弧结构模式图

**（二）神经纤维的机能**

神经纤维的基本生理特性是具有高度的兴奋性和传导性，其功能是传导兴奋。每当神经纤维受到适宜刺激而兴奋时，立即表现出可传播的动作电位，即神经冲动。

**1. 神经纤维传导的特征**

（1）生理完整性　神经纤维必须保持结构上和功能上的完整才能传导冲动。神经纤维被切断后，破坏了结构上的完整性，冲动就不能传导。如果结扎或在麻醉、低温等作用下，使神经纤维机能发生改变，破坏了生理功能的完整性，冲动传导也将发生阻滞。

（2）绝缘性　一条神经干内有许多神经纤维，其中包含有传入和传出纤维，各条纤维上传导的兴奋基本上互不干扰，准确地实现各自的功能，这种特点叫做绝缘性传导。

（3）双向性　刺激神经纤维上的任何一点，兴奋就从刺激的部位开始沿着纤维向两端传导，称为传导的双向性。

（4）不衰减性　神经纤维在传导冲动时，不论传导距离多长，其冲动的大小、频率和速度始终不变，这一特点称为传导的不衰减性。这对于保证及时、迅速和准确地完成正常的神经调节功能十分重要。

（5）相对不疲劳性　在实验条件下，用每秒 50～100 次的电刺激连续刺激蛙的神经 9～12h 冲动仍能传导，这说明神经纤维是不容易发生疲劳的。

**2. 神经纤维的分类和传导速度**　根据传导速度、锋电位的时程和后电位的差异，将哺乳动物外周神经的神经纤维分为 A、B、C 三类。

A 类：包括有髓的躯体传入和传出纤维，传导速度快。

B 类：有髓的植物性神经的节前纤维。

C 类：包括无髓的躯体传入纤维和植物性神经节后纤维，这类神经纤维最细，传导速度最慢。

### （三）神经元的联系

神经系统内数以亿计的神经元并不是彼此孤立的，其调节功能不能单独完成，而是许多神经元联合活动的结果。一个神经元发出的冲动可以传递给很多神经元。同样，一个神经元也可以接受由许多神经元传来的冲动。但是，神经元之间在结构上并没有原生质联系，它们相接触的部位存在一定间隙。两个神经元相接触的部位就称之为突触。神经元与效应器相接触的部位也可称为突触。但通常所说的突触是指两个神经元所构成的突触。在突触前面的神经元称为突触前神经元，在突触后面的神经元称为突触后神经元。

#### 1. 突触的分类

（1）按突触接触部位分类

①轴-树突触：指神经元的轴突末梢与下一个神经元的树突发生接触。

②轴-体突触：指一个神经元的轴突末梢与下一个神经元的胞体发生接触。

③轴-轴突触：指一个神经元的轴突末梢与下一个神经元的轴丘（轴突始段）或轴突末梢发生接触。

此外，在中枢神经系统中，还存在树-树、体-体、体-树及树-体等多种形式的突触联系。近年来还发现，同一个神经元的突起之间还能形成轴-树或树-树型的自身突触。

（2）按突触性质分类　可分为化学性突触和电突触。化学性突触又可分为使突触后神经元产生兴奋的兴奋性突触和使突触后神经元产生抑制的抑制性突触。

#### 2. 突触的结构

（1）化学性突触　一个神经元的轴突末梢首先分成许多小支，每个小支的末端膨大呈球状，称为突触小体。小体与另一神经的胞体或树突形成突触联系。在电镜下观察到突触处两神经元的细胞膜并不融合，两者之间有一间隙，称为突触间隙。由突触小体构成突触间隙的膜称为突触前膜，构成突触间隙的另一侧膜称为突触后膜。故一个突触即由突触前膜、突触间隙和突触后膜三部分构成。在突触小体内含有较多的线粒体和大量的小泡，此小泡称为突触小泡。小泡内含有兴奋性递质或抑制性递质。线粒体内含有合成递质的酶。突触后膜上有特殊的受体，能与专一的递质发生特异性结合（图2-105）。

（2）电突触　神经元之间除了化学性突触连接外，还存在电突触。电突触的结构基础是缝隙连接，是两个神经元膜紧密接触的部位，两层膜之间的间隙仅2～3nm。其突触前神经元的轴突末梢内无突触小泡，也无神经递质。连接部位存在沟通两细胞胞浆的信道，带电离子可通过这些信道而传递电信号，这种信号传递一般是双向的。因此这种连接部位的信息传递是一种电传递，与经典突触的化学递质传递完全不同。电突触的功能可能是促进不同神经元产生同步性放电。电传递的速度快，几乎不存在潜伏期。电突触可存在于树突与树突、胞体与胞体、轴突与胞体、轴突与树突之间。

3. **突触传递** 冲动从一个神经元通过突触传递到另一个神经元的过程，称为突触传递。

(1) 化学性突触的传递 当神经冲动传至轴突末梢时，突触前膜兴奋，爆发动作电位和离子转移。此时突触前膜对 $Ca^{2+}$ 的通透性加大，$Ca^{2+}$ 由突触间隙顺浓度梯度流入突触小体，然后小泡内所含的化学递质以量子式释放的形式释放出来，到达突触间隙。

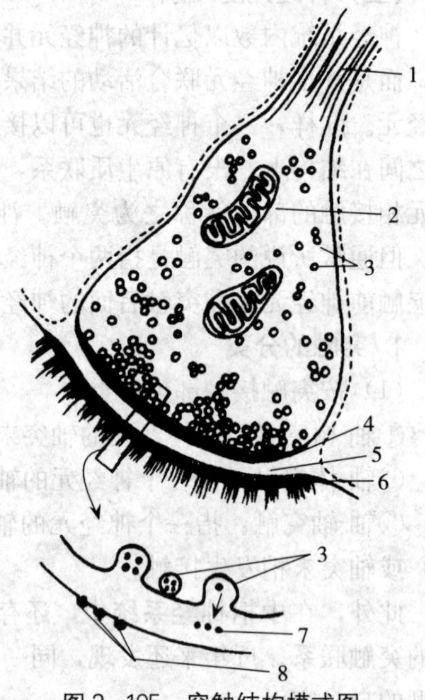

图 2-105 突触结构模式图
1. 轴突 2. 线粒体 3. 囊泡 4. 突触前膜 5. 突触间隙 6. 突触后膜 7. 乙酰胆碱 8. 受体

递质释放出来后，通过突触间隙，扩散到突触后膜，与后膜上的特殊受体结合，改变后膜对离子的通透性，使后膜电位发生变化。这种后膜的电位变化，称为突触后电位。由于递质及其对突触后膜通透性影响的不同，突触后电位有两种类型，即兴奋性突触后电位和抑制性突触后电位。

①兴奋性突触后电位：当动作电位传至轴突末梢时，使突触前膜兴奋，并释放兴奋性化学递质，递质经突触间隙扩散到突触后膜，与后膜的受体结合，使后膜对 $Na^+$、$K^+$、$Cl^-$，尤其是对 $Na^+$ 的通透性增大，$Na^+$ 内流，使后膜出现局部去极化，这种局部电位变化，称为兴奋性突触后电位（EPSP）。一般一个兴奋性突触后电位所引起的突触后膜去极化程度很小，不足以引发突触后神经元产生一次兴奋。如果同一突触前末梢连续传来多个动作电位，或多个突触前末梢同时传来一排动作电位时，则兴奋性突触后电位就可叠加起来，使电位幅度加大，当达到阈电位时便引起突触后神经元兴奋。这是兴奋性突触后电位的总和作用，前一种情况是兴奋性突触后电位的时间总和，后一种情况是兴

奋性突触后电位的空间总和。

②抑制性突触后电位：当抑制性中间神经元兴奋时，其末梢释放抑制性化学递质。递质扩散到后膜与后膜上的受体结合，使后膜对$K^+$、$Cl^-$，尤其是对$Cl^-$的通透性增大，$K^+$外流和$Cl^-$内流，使后膜两侧的极化加深，即呈现超极化，此超极化电位称为抑制性突触后电位（IPSP），此过程称为抑制性突触传递，抑制性突触后电位也有时间和空间上的总和作用。

（2）电突触的传递　电突触的传递是通过电的作用。即突触前神经元的动作电位到达神经末梢时，通过局部电流的作用引起突触后成分发生动作电位。在冲动未到达突触前末梢时，对突触后膜有阳极电紧张作用，使突触后膜的膜电位升高、兴奋性降低。当动作电位传到突触前末梢时，神经末梢呈负性，就好像一个阴极，起阴极电紧张作用，使突触后膜的膜电位下降，兴奋性提高。当兴奋性提高到一定程度时，就产生神经冲动，并以局部电流进行传播。

（3）动作电位在突触后神经元的产生　由于一个神经元的树突或胞体可和多个神经元的轴突末梢构成突触，这些突触中有些是兴奋性突触后电位，有些是抑制性突触后电位，因此，突触后神经元的胞体实质上起着整合器的作用，不断对电位变化进行整合。突触后膜上电位改变的总趋势取决于同时产生的兴奋性突触后电位和抑制性突触后电位的代数和。如果兴奋性影响大于抑制性影响，则呈现兴奋；反之则呈现抑制。在突触传递过程中，递质产生效应后迅速失活而停止作用。即被酶所破坏（如乙酰胆碱被胆碱酯酶破坏，去甲肾上腺素被儿茶酚胺氧位甲基移位酶和单胺氧化酶所破坏）或者被移走（如去甲肾上腺素大部分被突触前膜所摄取）。因此，一次冲动只引起一次递质释放，产生一次突触后电位的变化。

（4）突触传递的特性　神经冲动通过突触的传递明显不同于神经纤维上的冲动传导，这是由于突触本身的结构和化学递质的参与等因素所决定的。突触传递的特征表现为以下几个方面。

①单向性：兴奋在通过突触传递时只能从突触前神经元传递给突触后神经元，不能够向相反的方向传递。因为在突触部位，只有突触前膜能释放神经递质，而这些神经递质也只在突触后膜才有相应的受体，因此兴奋不能逆向传递。突触传递的这种特性使神经冲动能循着特定的方向和途径传播，从而保证神经系统调节和整合活动能有规律地进行。

②突触延搁：对于同样的传播距离，兴奋通过突触传递要比在神经纤维上传递要慢很多。这是因为突触传递过程较复杂，包括突触前膜释放递质，递质与受体的反应等。因此突触传递要有较长的时间。根据测定，兴奋通过一个突触所需的时间为0.3～0.5ms。在反射活动中，当兴奋通过中枢部分时，往往

需要多个突触的接替，因此延搁时间长达10～20ms，与大脑皮质活动相关联的反射活动可达500次左右。

③总和：在突触传递过程中，突触后神经元发生兴奋需要有多个兴奋性突触后电位，才能使膜电位的变化达到阈电位水平，从而爆发动作电位。兴奋的总和包括空间总和和时间总和，如果总和未达到阈电位，此时处于局部阈下兴奋状态的神经元，与其处于静息状态下相比，兴奋性有所提高。由于这种总和作用，突触传递就不像神经纤维与肌肉间传递那样以1∶1的方式来传播冲动，而需要许多次的突触前神经冲动，才能诱发一次突触后神经冲动。

④对内环境变化敏感和易疲劳：突触部位易受内环境理化因素变化的影响。如缺氧、二氧化碳及某些药物等均可作用于突触传递的某些环节，改变突触传递的传递能力。在反射弧中，突触是最容易出现疲劳的部位。疲劳的产生可能与突触前膜递质耗竭有关。疲劳的出现，可制止过度兴奋，因此具有一定的保护作用。

### （四）神经递质及受体

**1. 神经递质** 神经递质（又名神经介质）是突触前神经元合成并在末梢处释放的一类特殊化学物质，特异性地作用在突触后神经元或效应器细胞上的受体，从而把信息从突触前神经元传递到突触后神经元。中枢神经系统中的化学物质很多，神经递质只是其中的一类。只有具备如下条件的化学物质，才能算神经递质：

（1）在神经细胞内含有合成递质的原料（底物）与酶（生物催化剂），并按照生理需要来合成递质。而酶活性一旦被药物抑制，则递质很难合成。

（2）合成后的递质有专门储存的地方，如神经轴突末梢的囊泡内。

（3）当神经冲动到来时，囊泡能与突触膜融合，破坏并释放出递质，产生相应的兴奋或抑制效应。

（4）在突触后膜上有与递质相结合的特异性部位，即所谓受体。

（5）递质发挥作用后能被相应的酶分解破坏。在神经系统中，目前比较公认的重要神经递质有乙酰胆碱（Ach）、去甲肾上腺素（NE）、多巴胺（DA）、5-羟色胺（5-HT），以及一些氨基酸类（如γ-酪氨酸、甘氨酸、谷氨酸）等。它们广泛参与了机体内一些重要的生理机能活动，如睡眠与觉醒、脑垂体的内分泌调节、体温调节及镇痛、生殖、摄食等；较高级的神经活动如记忆、行为和情绪变化等也都离不开神经递质的参与。

**2. 受体** 是指细胞膜或细胞内能与某些化学物质（神经递质、激素等）发生特异性结合并诱发生物学效应的特殊生物分子。能与受体发生特异性结合并产生生物学效应的物质称为激动剂；只发生特异性结合，但不产生生物学效应的物质称为拮抗剂。两者统称为配体。一般认为受体与配体的结合具有以下三个特征：①特异性：特定的受体只能与特定的配体结合，激动剂与受体结合能产生特定的生物学效应，特异性结合并非绝对，而是相对的。②饱和性：分布于细胞膜上的受体数量是有限的，因此它能结合配体的数量也是有限的。③可逆性：配体与受体的结合是可逆的，可以结合也可以解离。

**3. 神经递质和受体系统**

（1）乙酰胆碱（Ach）及其受体　在周围神经系统，释放乙酰胆碱作为递质的神经纤维称为胆碱能纤维。所有植物性神经节前纤维、大多数副交感神经的节后纤维、少数交感神经的节后纤维（引起汗腺分泌和骨骼肌血管舒张的舒血管纤维），以及支配骨骼肌的神经纤维都属于胆碱能纤维。在中枢神经系统中，以乙酰胆碱作为递质的神经元，称为胆碱能神经元，胆碱能神经元在中枢的分布极为广泛。

凡是能与乙酰胆碱结合的受体都称为胆碱能受体，胆碱能受体可分为两种。

①毒蕈碱受体：毒蕈碱是一种从有毒的散菌科植物中提取的生物碱，对植物性神经节中的受体几乎没有作用，但能模拟乙酰胆碱对心肌、平滑肌和腺体的刺激作用。这些作用被称为毒蕈碱样作用（M 样作用），相应的受体称为毒蕈碱受体（M 受体），它的作用可被阿托品阻断。毒蕈碱受体分布在胆碱能节后纤维所支配的心脏、肠道、汗腺等效应器细胞和某些中枢神经元上。当乙酰胆碱作用于这些受体时，可产生一系列植物神经节后胆碱能纤维兴奋的效应，包括心脏活动的抑制，支气管平滑肌的收缩，胃肠平滑肌的收缩，膀胱逼尿肌的收缩，虹膜环形肌的收缩，消化腺分泌的增加以及汗腺分泌的增加和骨骼肌血管的舒张等。

②烟碱受体：这些受体存在于所有植物性神经节的突触后膜和神经-肌肉接头的终板膜上。小剂量的乙酰胆碱能兴奋植物性神经节后神经元，也能引起骨骼肌收缩，而大剂量乙酰胆碱则阻断植物性神经节的突触传递。这些效应不受阿托品影响，但可被从烟草叶中提取的烟碱所模拟，因此这些作用称为烟碱样作用（N 样作用），其相应的受体称为烟碱受体（N 受体）。

（2）儿茶酚胺及其受体　儿茶酚胺类递质包括肾上腺素、去甲肾上腺素和多巴胺。在周围神经系统，至今尚未发现释放肾上腺素作为递质的神经纤维。多数交感神经的节后纤维释放的是去甲肾上腺素。凡是释放去甲肾上腺素作为递质的神经纤维都称为肾上腺素能纤维。在植物性神经系统中，还有少量的神经末梢释放多巴胺的多巴胺神经纤维。在中枢神经系统中，以去甲肾上腺素为递质的神经元称为去甲肾上腺素能神经元。绝大多数去甲肾上腺素能神经元位于脑干（表2-2）。

表2-2 儿茶酚胺受体的分布及其效应

| 效应器 | 受 体 | 效 应 |
|---|---|---|
| 瞳孔散大肌 | α | 收缩 |
| 睫状肌 | β | 舒张 |
| 心脏 | β | 心率加快、传导加速、收缩加强 |
| 冠状动脉 | α、β | 收缩、舒张 |
| 骨骼肌血管 | α、β | 收缩、舒张（在体内为舒张） |
| 皮肤血管 | α | 收缩、舒张（舒张为主） |
| 脑血管 | α | 收缩 |
| 肺血管 | α | 收缩 |
| 腹腔内脏血管 | α、β | 收缩 |
| 支气管平滑肌 | β | 收缩、舒张（除肝脏血管外收缩为主） |
| 胃括约肌 | β | 舒张 |
| 小肠平滑肌 | α、β | 舒张 |
| 胃肠括约肌 | α | 收缩 |

凡是能与去甲肾上腺素或肾上腺素结合的受体均称为肾上腺素能受体。肾上腺素能受体分为α型肾上腺素能受体（α受体）和β型肾上腺素能受体（β受体）两种。α受体又能再分为 $\alpha_1$ 受体和 $\alpha_2$ 受体两个亚型，β受体也能再分为 $\beta_1$ 受体、$\beta_2$ 受体、$\beta_3$ 受体三个亚型。肾上腺素能受体的分布极为广泛，在周围神经系统、多数交感神经节后纤维末梢到达的效应细胞膜上都有肾上腺素能受体，但在某一效应器官上不一定都有α、β受体，有的仅有α受体，有的仅有β受体，也有的两种受体都有。肾上腺素能受体也能对血液中的肾上腺素和去甲肾上腺素，以及进入体内的儿茶酚胺药物起反应。

### （五）中枢神经系统各部的机能

#### 1. 脊髓的机能

（1）传导机能　通过上行和下行的神经纤维束，传导感觉和运动的神经冲动，把躯体的组织器官与脑的活动联系起来。因此，脊髓是重要的传导通路，若脊髓受损，会引起感觉障碍和运动失调。

（2）反射机能　脊髓是躯体运动最初级的反射中枢，它调节躯体运动主要的反射有屈肌反射、对侧伸肌反射和牵张反射（图2-106）。

①屈肌反射与对侧伸肌反射：在犬的皮肤受到伤害性刺激时，受刺激一侧肢体会出现屈曲的反应（关节的屈肌收缩、伸肌舒张），称为屈肌反射，对机体具有保护意义。屈肌反射的强度与刺激强度有关，例如足部的较弱刺激只引起跗关节屈曲，刺激强度加大时则膝关节和髋关节可发生屈曲；若刺激强度更大，除了同侧肢体发生屈肌反射外，还出现对侧肢体伸直的反射活动，称为对

侧伸肌反射。对侧伸肌反射是一种姿势反射，其意义是对侧身体的伸直，可以支持体重，防止歪倒，具有维持身体姿势的生理意义。

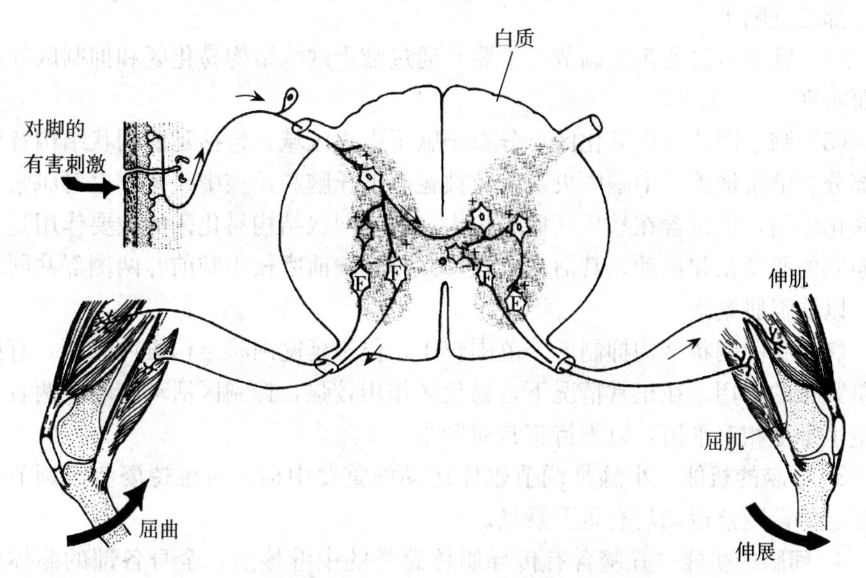


图 2-106　屈肌反射、交叉伸肌反射与双重交互神经支配

作用于皮肤的有害刺激激活痛觉传入神经，冲动传到同侧中间神经元。中间神经元兴奋同侧屈肌运动神经元（F）引起屈肌收缩；同时还兴奋抑制性中间神经元，使同侧伸肌运动神经元（E）被抑制。同侧中间神经元还使对侧中间神经元兴奋，引起对侧伸肌运动神经元（E）兴奋，屈肌运动神经元（F）抑制

（仿 Eckert，1983）

②牵张反射：在骨骼肌受到外力牵拉而伸长时，可反射性引起受牵拉的肌肉收缩，称为牵张反射。牵张反射有两种类型，即腱反射和肌紧张。

腱反射是指快速牵拉肌腱时发生的牵张反射。表现为被牵拉肌肉迅速而明显的地收缩。例如膝跳反射。当膝关节半屈曲时，叩击股四头肌肌腱，股四头肌因受牵拉而发生快速的反射性收缩。临床上常用检查腱反射的方法，了解神经系统某些功能状态，如果腱反射减弱或消失，常提示该反射弧的某个部分有损伤；腱反射亢进，说明控制脊髓的高级中枢作用减弱，可能是高级中枢有病变的指征。

肌紧张是由缓慢而持续地牵拉肌腱引起的牵张反射。表现为骨骼肌轻度而持续地收缩，维持肌肉的紧张性收缩状态。肌紧张由肌肉中的肌纤维交替收缩产生，不易发生疲劳；产生的收缩力较小，不会引起躯体明显移位。如果破坏肌紧张反射弧的任何部分，即可出现肌张力减弱或消失，表现为肌松弛，身体的正常姿势无法维持。

**2. 脑干的机能**

（1）传导功能 大脑皮质与脊髓、小脑相互联系的上行和下行传导纤维束，都经过脑干。

（2）脑干对肌紧张的调节 主要是通过脑干网状结构易化区和抑制区的活动而实现。

（3）脑干网状结构易化区 分布于脑干中央区域，包括延髓网状结构背外侧部分、脑桥被盖、中脑中央灰质及被盖。下丘脑和丘脑中线核群也对肌紧张有易化作用，也包含在易化区概念之内。脑干网状结构易化区的主要作用是加强伸肌的肌紧张和运动。其活动较强，并与延髓前庭核小脑前叶两侧部共同作用，以加强肌紧张。

（4）脑干网状结构抑制区 范围较小，位于延髓网状结构腹内侧部，有抑制肌紧张的作用。在正常情况下，易化区作用较强，抑制区活动较弱，两者在一定水平上相对平衡，以维持正常肌紧张。

**3. 小脑的机能** 小脑是调节躯体运动的重要中枢。对维持姿势、调节肌紧张、协调随意运动均有重要意义。

**4. 间脑的机能** 丘脑含有传导躯体感觉的中继核团，全身各部的躯体感觉冲动都需经丘脑腹后核中继后才能传至大脑皮质。丘脑的内侧膝状体与听觉传导有关；外侧膝状体与视觉传导有关。

（1）下丘脑 下丘脑含有多个核群，神经元联系广泛，有些神经元不仅能够接受神经冲动，还接受血液和脑脊液的理化信息；部分神经元能合成激素，其轴突既能传递神经冲动，又能将合成的激素运至神经末梢。下丘脑不仅能在内脏和激素分泌活动中起重要作用，对体温调节、摄食、水盐代谢和情绪改变等也有重要作用。

（2）丘脑的感觉投射系统 丘脑投射到大脑皮质的感觉投射系统分为特异性投射系统和非特异性投射系统两种。

①特异性投射系统：丘脑接受来自各种躯体感觉和特殊感觉传导束传来的冲动，换元后投射至大脑皮质特定区域而产生特异性的感觉，特异性投射系统引起特定的感觉并激发大脑皮质发出传出冲动。

②非特异性投射系统：各种特异性感觉传入纤维上行通过脑干时，发出侧支与脑干网状结构神经元发生突触联系，在此更换神经元后穿过丘脑弥散地投射到大脑皮层的广泛区域。这一感觉投射途径称为非特异性投射系统。非特异性投射系统的功能是维持或改变大脑皮质的兴奋性，不产生特定感觉。在脑干网状结构内存在有上行唤醒作用的功能系统，称为脑干网状结构上行激活系统。该系统主要通过丘脑非特异投射系统发挥作用。这一系统由于是多突触接

替的上行途径，易受药物（如麻醉药、催眠药）影响而发生传导障碍。全身麻醉药（如乙醚）可能是抑制了上行激活系统和大脑皮质活动而发挥麻醉作用。

正常情况下，特异和非特异两个感觉投射系统之间的作用和配合，使大脑既能处于醒觉状态，又能产生各种特定感觉。

5. **大脑的功能** 大脑是形成各种感觉、协调全身各种运动的最高级的部位，大脑皮质的不同区域存在着皮层厚度、细胞层次及纤维联系等差别，这种差别反映了功能的差异。这些区域的大脑皮质相对集中地完成特定的反射功能，称为大脑皮质的功能定位。主要功能中枢有躯体运动区、躯体感觉区、本体感觉区、内脏感觉区、视觉区、听觉区、嗅觉与味觉区等。

（1）大脑皮层的分析与综合机能 分析与综合活动是大脑皮层的主要机能，它是在兴奋和抑制过程相互作用的基础上所产生的高级神经活动，这种活动体现于各种形式的条件反射活动和完整复杂的行为中。大脑皮层的分析与综合活动是相互联系不能分割的。所谓分析，就是指大脑皮层将内外环境中的复杂多样的刺激，特别是那些相近似的刺激加以区分辨别，而只对其中与自身有意义的，并是严格限定的刺激加以反应。例如犬通过训练后能把坐、卧、来、叫等各个不同科目的口令、手势加以区分辨别，根据相应的口令、手势做出相应的动作。所谓综合，就是指大脑皮层能将那些对自身有意义的并且是经常相关联作用的刺激广泛地融合为一体，形成组合性刺激加以综合反应。例如：通过训练后，犬能把坐的口令与坐的手势（包括前坐、侧坐的不同手势）及按压腰部等不同刺激融合为一体以坐的动作来反应。分析与综合机能是密切联系不可分割的统一活动，没有分析犬就不能进行综合，同样没有综合也不会有分析。例如：犬所以能认识自己的主人，并能把主人和其他人区分开来，是由于犬同主人接触过程中，通过对主人的各个特点（声音、气味、外貌、举止等）进行分析的同时，又将其融合起来，并与日常对它的饲养、管理、训练等影响联系为一体加以综合反应。另一方面，犬对其他人也进行同样的分析综合，从中分辨出与主人这一特定刺激的差异并予以区别。又如：训练犬进行鉴别、追踪时，犬借助于综合机能可以对任何人的气味进行鉴别追踪，同时又借助于分析机能，从许多不同人的气味中区别出某一严格限定的气味来。在犬的大脑皮层内产生分析综合活动的机理是：分析活动是基于分化抑制过程达到的，综合活动则是通过兴奋过程的暂时联系完成的。犬借助于大脑皮层的分析与综合机能，不断地对外界复杂多变的环境影响进行分析综合，从而使它的行为能经常适应于变化着的生存条件。否则它就无法生存，我们也不可能对它进行训练。

（2）大脑皮质对躯体运动的调节 大脑皮质对躯体运动的调节是通过锥体系统和锥体外系统来完成的，皮质运动区支配对侧躯体运动，即左侧皮质运动区支配右侧躯体的骨骼肌，右侧皮质运动区支配左侧躯体的运动。

①锥体系统：是指由大脑皮质发出，并经延髓锥体下行，到达脊髓的传导束，即皮质脊髓束，是大脑皮质下行控制躯体运动的直接通路。锥体系统对躯体运动的调节大多表现为对侧控制。

②锥体外系统：皮质下某些核团的下行纤维在延髓锥体之外，故称为锥体外系统，它的下行纤维不直接到达脊髓或脑干运动神经元，对脊髓的控制是双侧的，主要调节肌紧张，协调全身各肌肉群的运动，保持正常的姿势。由于锥体外系统在下行中要经过多次更换神经元，因此其协调肢体运动就不像锥体系统那样精细。

6. **植物性神经的机能** 植物性神经的功能特点（表2-3）：

**表2-3 植物性神经的主要分布及机能**

| 器 官 | 交感神经 | 副交感神经 |
| --- | --- | --- |
| 心血管 | 心搏加快、加强<br>腹腔脏器血管、皮肤血管、唾液腺与外生殖器血管：收缩<br>肌肉血管：收缩或扩张（胆碱能） | 心搏减慢、收缩减弱<br>血管舒张：分布于软脑膜与外生殖器的血管 |
| 呼吸器官 | 支气管平滑肌舒张 | 支气管平滑肌收缩，黏液腺分泌 |
| 消化器官 | 分泌黏稠唾液，抑制胃肠运动，促进括约肌收缩，抑制胆囊活动 | 分泌稀薄唾液，促进胃液、胰液分泌，促进胃肠运动，括约肌舒张，胆囊收缩 |
| 泌尿、生殖器官 | 逼尿肌舒张，括约肌收缩，子宫（有孕）收缩和子宫（无孕）舒张 | 逼尿肌收缩，括约肌舒张 |
| 眼 | 瞳孔放大，睫状肌松弛，上眼睑平滑肌收缩 | 瞳孔缩小，睫状肌收缩，促进泪腺分泌 |
| 皮肤 | 竖毛肌收缩，汗腺分泌 | |
| 代谢 | 促进糖分解，促进肾上腺髓质分泌 | 促进胰岛素分泌 |

（1）植物性神经的双重支配与对立统一　在具有双重支配的器官中，交感神经和副交感神经的作用往往是彼此拮抗的，唯其如此，才能双向而灵敏地调节器官活动。例如对心搏活动，交感神经使之加速、加强，而副交感神经却使它变慢、减弱。这两种效应的生理意义在于：可使新增的泵血功能灵活地适应不同生理状态下对循环血量的需要。从能量代谢上看，交感神经活动与能量消耗、动员储备以及发挥器官潜力等过程有关；迷走神经活动则与同化代谢、能量吸收、储备及体能调整与恢复有关。交感神经与副交感神经一张一弛，收放有律，相互矛盾又协调统一，共同保持机能的稳态。

(2) 紧张性作用　在静息状态下，植物性神经经常发放低频的神经冲动传到效应器，称之为紧张性作用。例如，切断支配心脏的迷走神经，心跳就加快，说明迷走神经对心脏有持续性抑制作用，去除了紧张性作用后，于是心跳加速。交感神经对心脏的紧张性作用恰与此相反，切断心交感神经可使心跳变慢。

(3) 交感-肾上腺系统与应激　当动物遇到各种紧急情况，例如激烈运动、失血、疼痛、寒冷时，机体立即会发生一系列的交感-肾上腺系统活动的亢进现象，称为应激。这时候在神经体液因素作用下，动员各器官的潜在力量，提高适应能力，适应环境的剧烈改变。应激状态虽是全身广泛投入反应，但机体又选择性地作出对策。例如针对出血的反应，主要表现于心血管系统的应急活动；对于高温或者严寒刺激，则主要通过体温调节机制作出应答。

### (六) 条件反射

反射活动是中枢神经系统的基本活动形式。反射活动分为非条件反射和条件反射。

#### 1. 非条件反射和条件反射

(1) 非条件反射　是动物在种族进化过程中，适应变化的内外环境通过遗传而获得的先天性反射，是动物生下来就有的。这种反射有固定的反射途径。反射比较恒定，不易受外界环境影响而发生改变，只要有一定强度的相应刺激，就会出现规律性的特定反应，其反射中枢大多数在皮质下部位。例如，饲料进入动物口腔，就会引起唾液分泌；机械刺激角膜就会引起眨眼等都属于非条件反射。非条件反射的数量有限，只能保证动物的各种基本生命活动的正常进行，很难适应复杂的环境变化。

(2) 条件反射　是动物在出生后的生活过程中，适应于个体所处的生活环境而逐渐建立起来的反射，它没有固定的反射途径，容易受环境影响而发生改变或消失。因此，在一定的条件下，条件反射可以建立，也可以消失。条件反射的建立，需要有大脑皮质的参与，是比较复杂的神经活动，从而也就提高了动物适应环境的能力。

**2. 条件反射的形成**　条件反射是建立在非条件反射基础上的，以犬吃食来说，食物进入口腔引起唾液分泌，这是非条件反射。在这里，食物是引起非条件反射的刺激物，称为非条件刺激，如果食物入口之前或同时，都响以铃声，最初铃声和食物没有联系，只是作为一个无关的刺激出现，铃声并不引起唾液分泌。但由于铃声和食物总是同时出现，经过反复多次结合之后，只给铃声刺激也可以引起唾液分泌，就形成了条件反射。这时的铃声就不再是与吃食无关的刺激了，而成为食物到来的信号。因此，把已经形成条件反射的无关刺激（铃声）称为信号。可见，形成条件反射的基本条件为：第一，无关刺激与非条件刺激在时间上的反复多次结合。这个结合过程称为强化。第二，无关刺激必须出现在非条件刺激之前或同时。第三，条件刺激的生理程度比非条件刺激要弱。例如动物饥饿时，由于饥饿加强了摄食中枢的兴奋性，食物刺激的生理强度就大大提高，从而容易形成食物条件反射。

**3. 条件反射形成的原理** 条件反射是在非条件反射的基础上形成的。由此可以设想在条件反射形成之后，条件刺激神经通路与非条件反射的反射弧之间必定发生了一种新的暂时联系。

关于暂时联系的接通，目前尚有争论。曾经认为哺乳动物条件反射的暂时联系，是发生在大脑皮质的有关中枢之间。以上述铃声形成条件反射（唾液分泌）来分析，条件刺激（铃声）作用时，使内耳感受器产生兴奋，沿传入神经（听神经）经多次换元传到大脑皮质，使皮质听觉中枢形成一个兴奋灶。与此同时，非条件刺激也在皮质的唾液分泌中枢形成另一个兴奋灶。这两个兴奋灶之间虽有结构上的神经联系，但在条件反射形成之前没有功能上的联系，只有在条件刺激与非条件刺激多次结合强化之后，由于兴奋的扩散，这两个兴奋灶之间在功能上逐渐接通，即建立了暂时联系。

关于暂时联系的接通机制，巴甫洛夫当时曾认为非条件刺激（食物）的皮质代表区的兴奋较强，可以吸引条件刺激（如声音）的皮质代表区的兴奋，从而使两个兴奋区的神经联系接通。后来他的一位继承人认为，不是强的兴奋吸引弱的兴奋，而是强的兴奋沿皮质扩散开来，与弱兴奋相遇。最近，巴甫洛夫另一位继承者又提出一个假说，他认为接通机制是由于信号和非条件刺激的反复同时出现，引起两种刺激的皮质代表区兴奋性提高，使活化的神经元数量增加。在此之前，多数神经元仅为某种特定模式的刺激所活化，而现在则可以为另一些模式的刺激所激活，从而变为多模式的神经元，这就是暂时联系形成的功能基础。总之，暂时联系的接通机制问题还有待更深入的研究。

**4. 条件反射的消退** 已形成的条件反射，如果在给予条件刺激时，再不伴用非条件刺激强化，久而久之，原来的条件反射逐渐减弱，甚至不再出现，这称为条件反射的消退。例如，铃声与食物多次结合形成的条件反射，如果反复单独应用铃声而不给食物（即不强化）；则铃声引起的唾液分泌也就逐渐减少，最后不分泌，这就是说，原来引起唾液分泌的条件刺激（铃声）已失去信号的意义，变成了引起抑制过程逐渐发展的刺激，所形成的条件反射也就完全消退了。

除经常注意强化外，还有一些情况可使条件反射暂时消退，例如，一个条件反射正在进行时，突然出现一个新的强的刺激，就会抑制这个条件反射。就马装蹄不保定为例，正在装蹄过程中，突然出现新的音响或生人时，马就惊恐不安，屈肢条件反射即被抑制。此外，条件刺激太强或作用时间过久，也会抑制正在进行的条件反射。如装蹄时，锤敲打太重或时间过久，马也不再自动屈肢就是这个道理。

总之，为了建立条件反射，使用的条件刺激要固定、强度要适宜，而且要经常用非条件刺激来强化和巩固。否则已经建立的条件反射也会受到抑制而逐渐消失。

5. **条件反射的生理学意义**　条件反射的建立，极大地扩大了机体的反射活动范围，增加了动物活动的预见性和灵活性，从而对环境变化更能进行精确的适应。在动物个体的一生中，纯粹的非条件反射，只有在出生后一个不长的时间内可以看到，以后由于条件反射不断建立，条件反射和非条件反射越来越不可分割地结合起来。因此，个体对内外环境的反射性反应，都是条件反射和非条件反射并存的复杂反射活动。随着环境变化，动物不断地形成新的条件反射，消退不适合生存的旧条件反射。从进化的意义上说，越是高等动物，形成条件反射的能力越强，越能战胜环境而生存。

## 【技能训练】

### 脑、脊髓形态构造的识别

**【目的要求】**掌握脑和脊髓的形态构造。

**【材料设备】**脑和脊髓的浸泡标本，脑正中矢状面显示脑各部构造和脑室的标本、脑干标本，脑、脊髓形态构造挂图。

**【方法步骤】**

1. **脑**

（1）脑的外部观察　在脑的背侧面观察大脑半球、小脑半球、蚓部，脑沟、脑回。在脑的腹侧面观察嗅球、视神经交叉、脑垂体、大脑脚、脑桥和延髓等。

（2）脑的各部结构　在脑的正中矢状面上，观察胼胝体、灰质、白质、延髓、脑桥、中脑、间脑及脑室等。

2. **脊髓**　在标本上识别脊髓的外部形态和分段，观察背正中沟、腹正中裂、颈膨大、腰膨大、脊髓圆锥和马尾。

**【技能考核】**在犬脑、脊髓标本或模型上，指出脑、脊髓的上述结构。

## 【复习思考题】

1. 简述神经系统的组成和功能。
2. 简述交感神经与副交感神经的机能。
3. 什么叫条件反射？它是怎样形成的？有何实践意义？
4. 支配腹侧壁肌肉的神经有哪些？

# 第十节　感觉器官

**【学习目标】** 掌握眼和耳的形态、结构，了解犬嗅觉和味觉的一般特征。

感觉器官是由感受器及其辅助装置构成，如视觉、听觉器官。感受器是感觉神经末梢的特殊装置，广泛分布于身体各器官和组织内，其形态结构各异。感受器能接受体内外各种刺激，并将其转化为神经冲动，经感觉神经和中枢神经系内的传导路，把冲动传至大脑皮质而产生各种感觉，从而建立机体与内、外界环境间的联系。感受器通常根据所在部位和所接受刺激的来源，分为外感受器、内感受器和本体感受器三类。外感受器接受外界环境的各种刺激，如皮肤的触觉、压觉、温觉和痛觉，舌的味觉、鼻的嗅觉以及接受光波和声波的感觉器官眼和耳等；内感受器分布于内脏以及心、血管，能接受体内各种物理、化学性刺激，如压力、渗透压、温度、离子浓度等刺激；本体感受器分布于肌、腱、关节和内耳，能感受运动器官所处状况和身体位置的刺激。

## 一、眼

眼是视觉器官，能够感受光的刺激，经视神经传到中枢而产生视觉，眼由眼球和辅助器官组成（图2-107）。

### （一）眼球

眼球近于球形，位于眼眶内，并向前突出。后端有视神经与脑相连，其构造由眼球壁和眼球内容物两部分组成。

**1. 眼球壁**　眼球壁由三层膜构成，由外向内依次为纤维膜、血管膜和视网膜。

（1）纤维膜　纤维膜为致密而坚韧的纤维结缔组织膜，形成眼球的外壳，有保护眼球内容物和维持眼球外形等作用。可分为前部的角膜和后部的巩膜。

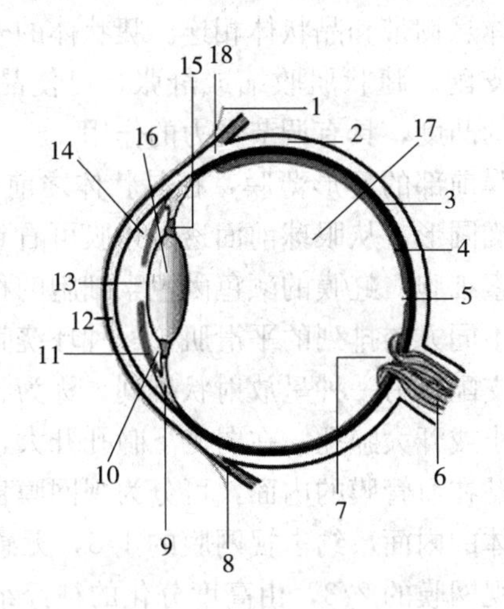


图 2-107 眼结构模式图

1. 球结膜 2. 巩膜 3. 脉络膜 4. 视网膜 5. 中央凹 6. 视神经 7. 盲点 8. 眼直肌腱 9. 睫状体 10. 眼后房 11. 虹膜 12. 角膜 13. 瞳孔 14. 眼前房 15. 悬韧带 16. 晶状体 17. 玻璃体 18. 巩膜静脉窦

①角膜：约占纤维膜的1/5，无色透明，具有折光作用。角膜前面隆凸后面凹陷，为眼前房的前壁。角膜内无血管和淋巴管，但有丰富的神经末梢，感觉灵敏。角膜上皮再生能力很强，损伤后易修复，如损伤较重，则形成疤痕或因炎症而不透明、严重影响视力。

②巩膜：占纤维膜的4/5，不透明，呈乳白色，主要由相互交织的胶原纤维所构成，含有少量弹性纤维。巩膜前接角膜，与角膜交界处深面有一环形巩膜静脉窦，是眼房水流出的通道；后下部有巩膜筛板，为视神经纤维的通路。巩膜在视神经穿出部最厚。

（2）血管膜　血管膜位于纤维膜与视网膜之间，含有大量血管和色素细胞，有营养眼内组织、形成暗环境和产生眼房水的作用。血管膜由后向前可分为脉络膜、睫状体和虹膜三部分。

①脉络膜：呈棕褐色，占血管膜后方大部，外面与巩膜相连，内面紧贴视网膜，后方有视神经穿过。脉络膜内面有薄的毛细血管层，供应视网膜外层的营养，这些血管在用检视镜检查眼底时呈现红色。在眼底的后壁上呈青绿色带金属光泽的区域，称为照膜。照膜反光很强，有助于动物在暗环境下对光的感应。

②睫状体：位于巩膜与角膜移行部的内面，是血管膜呈环形的增厚部分。其内面前部有许多呈放射状排列的皱褶，称为睫状突，后部平坦光滑，称为睫

状环。睫状突以晶状体悬韧带和晶状体相连。睫状体的外面为平滑肌构成的睫状肌，受副交感神经支配。睫状肌收缩或舒张，可使晶状体悬韧带松弛或拉紧，从而改变晶状体的凸度，具有调节视力的作用。

③虹膜：是血管膜前部的环形薄膜，在晶状体之前。虹膜的中央有一孔，称为瞳孔。瞳孔呈横椭圆形，从眼球前面透过角膜可看到虹膜和瞳孔。虹膜富含血管、平滑肌和色素细胞。虹膜的颜色因色素细胞的种类而有差异。犬呈黄褐色。虹膜内有两种不同方向排列的平滑肌，一种环绕瞳孔周围，称为瞳孔括约肌，受副交感神经支配；另一种呈放射状排列，称为瞳孔开大肌，受交感神经支配，它们分别缩小或开大瞳孔。在弱光下瞳孔开大，在强光下瞳孔缩小。

（3）视网膜　紧贴在血管膜的内面，可分为视网膜盲部和视部两部分。盲部贴附在虹膜和睫状体的内面，约占视网膜的1/3，无感光作用。视部贴附在脉络膜的内面，约占视网膜的2/3，由高度分化的神经组织构成，在活体上平滑而透明，略呈淡红色，后部较厚，愈向前愈薄，有感光作用。视部构造复杂，可分为内、外两层。外层为色素层，由单层色素上皮构成。内层为神经层，主要由三层神经细胞组成。其中外层为接受光刺激的感光细胞（视杆细胞和视锥细胞），是构成视觉器官的最主要部分；中层为传递神经冲动的双极细胞；内层为节细胞。节细胞的轴突在视网膜后部集结成束，并形成一圆形或卵圆形的白斑，称为视神经乳头，其表面略凹，是视神经穿出视网膜的地方。此处只有神经纤维，无感光能力，又称盲点。在视神经乳头处，视网膜中央动脉呈放射状分布于视网膜。视神经乳头和动脉在做跟底检查时可以看到。在视神经乳头的外上方，约在视网膜中央有一小圆形区称为视网膜中心，是感光最敏锐的部位，相当于人的黄斑。

**2. 眼球内容物**　眼球内容物包括晶状体、玻璃体和眼房水，均无血管而透明，和角膜一起构成眼球的折光装置，使物体在视网膜上映出清晰的物像，对维持正常视力有重要作用。

（1）晶状体　为富有弹性的双透镜状透明体，后面的凸度比前面的大，位于虹膜与玻璃体之间，以晶状体悬韧带和睫状突相连。晶状体表面包有一层透明而具有弹性的晶状体囊，其实质由许多平行排列的晶状体纤维组成。通过调节晶状体的凸度而调节焦距，当看近物时，睫状肌收缩，晶状体悬韧带放松，晶状体凸度变大；当看远物时，与此相反，这样都能使物体聚焦在视网膜上。晶状体若因疾病或创伤而变得不透明，临床上称为白内障。

（2）玻璃体　为无色透明的胶状物质，充满于晶状体和视网膜之间，除有折光作用外，还有支撑视网膜的作用。

（3）眼房水　为充满眼房的无色透明液体。眼房位于晶状体与角膜之间，被虹膜分为前房和后房，经瞳孔相通。眼房水由睫状体产生。由眼后房经瞳孔到眼前房，再渗入巩膜静脉窦至眼静脉。眼房水除有折光作用外，还具有营养角膜和晶状体及维持眼内压的作用。如果眼房水产生过多或回流受阻，可引起眼内压增高而影响视力，临床上称为青光眼。

### （二）眼球的辅助器官

眼球的辅助器官包括眼睑、泪器、眼球肌和眶骨膜。

1. **眼睑**　眼睑是位于眼球前方的皮肤褶，俗称眼皮，分为上眼睑和下眼睑，有保护眼球免受伤害的作用。上、下眼睑之间的裂隙称为睑裂，其内外两端分别称为内侧角和外侧角。眼睑外面为皮肤，内面为睑结膜，中间为眼轮匝肌和睑板腺。内外两面移行部称为睑缘，睑缘上长有睫毛。睑结膜为一薄层湿润而富有血管的膜，睑结膜折转覆盖于巩膜前部，称为球结膜。睑结膜和球结膜之间的裂隙称为结膜囊。

正常结膜呈淡红色，在发绀、黄疸或贫血时易显示不同的颜色，常作为临床诊断疾病的依据。睑板腺的导管开口于睑缘，分泌物为脂性，有润泽睑缘和睫毛的作用。眼轮匝肌收缩可闭合睑裂。在眼内角有小的黏膜隆起，称为泪丘。在泪丘和眼球之间的结膜褶，称为第三眼睑又称瞬膜，呈半月形，常有色素，内有一片“T”字形软骨，第三眼睑腺包在软骨柄上，开口于结膜囊，其眼球面上具有上皮下淋巴小结。第三眼睑无肌肉控制，仅在高举头时，眼球被眼肌向后拉，压迫眼眶内组织而使其被动露出。动物在闭眼后转动头部时，第三眼睑可覆盖至角膜中部。

2. **泪器**　泪器包括固有腺、第三眼睑腺等副腺以及用于蒸发泪腺的鼻泪管等。

（1）泪腺　呈扁平，位于眼球背外侧，有数条导管开口于结膜囊内。泪腺分泌泪液，借眨眼运动分布于眼球表面，起润滑和清洁作用。

（2）泪道　是泪液排出的通道，包括泪小管、泪囊和鼻泪管三段。泪小管有2条，分别始于眼内侧角处的2个缝状小孔即泪点，汇于泪囊；泪囊，为漏斗状的膜性囊，位于泪囊窝内。泪囊是鼻泪管上端的膨大。鼻泪管位于骨性鼻泪管中，沿鼻腔侧壁开口于鼻前庭。泪液在此随呼吸而蒸发。鼻泪管受阻时，泪液不能正常排泄，而从睑缘溢出，长期可刺激眼睑发生炎症。

3. **眼眶和眶骨膜**　眼眶（眶窝）是由额骨、泪骨、颧骨及颞骨构成，其额骨的颧突不与颧弓相接，以眼窝韧带相连，具有保护眼的作用；眶骨膜为一致密坚韧的纤维膜，位于骨性眼眶内，呈圆锥形，锥基附着于眶缘，锥顶附着于视神经孔周围。眶骨膜包围着眼球、眼肌、血管、神经和泪腺，其内、外填充有许多脂肪，与眶骨膜共同起着保护眼的作用。

**4. 眼球肌** 眼球肌属于横纹肌，位于眶骨膜内，包括眼球退缩肌、眼球直肌和眼球斜肌。眼球退缩肌起于视神经孔周缘，包于视神经的周围，止于巩膜，收缩时可退缩眼球；眼球直肌共 4 块，即上直肌、下直肌、内直肌和外直肌，均呈带状，分别位于眼球退缩肌的背侧、腹侧、内侧和外侧，起于视神经孔周围，止于巩膜，收缩时可使眼球作向上、向下、向内和向外运动；眼球斜肌共 2 块，即上斜肌和下斜肌。上斜肌是眼肌中最细长的，起于筛孔附近，沿内直肌内侧向前，再向外折转，止于上直肌与外直肌之间的巩膜表面，收缩时可使眼球向外上方转动。下斜肌较宽而短，起于泪囊窝后方的眶内侧壁，绕过眼腹侧向外伸延止于巩膜，收缩时可使眼球向外下方转动（图 2-108）。

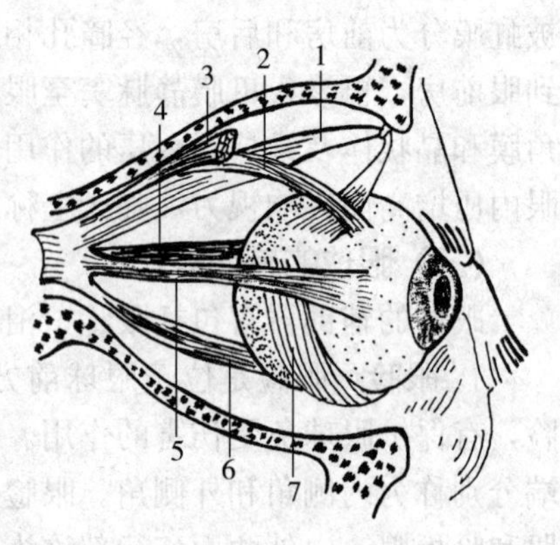

图 2-108 眼球外肌

1. 上斜肌 2. 上直肌 3. 上睑提肌 4. 内直肌 5. 外直肌 6. 下直肌 7. 下斜肌

### （三）眼的血管和神经分布

**1. 眼的血管分布** 眼球及其辅助器官的血液供应，主要来自上颌动脉的眼外动脉和颧动脉及颞浅动脉的分支。眼外动脉分出泪腺动脉；颧动脉分出第三眼睑动脉、下睑内侧动脉和眼角动脉；颞浅动脉分出上睑外侧动脉、下睑外侧动脉和泪腺支，这些分支分别分布于眼的各个部位。

眼的静脉主要经颞浅静脉汇入上颌静脉。

**2. 眼的神经分布** 共有 6 个神经分布于眼球及其辅助器官。视神经经眼窝分布于视网膜，感受视觉；动眼神经的运动神经出眶圆孔分布于眼球内直肌、上直肌、下直肌和上眼睑提肌、下斜肌及眼球退缩肌；滑车神经出滑车神经孔分布于上斜肌；三叉神经的眼神经和上颌神经，分出分支分布于虹膜、角膜、结膜、眼睑、泪腺及其眼部皮肤；外展神经经眶孔分布于眼外直肌；面神经的耳廓眼睑支支配眼轮匝肌；颈前神经节发出的节后纤维分布于眼肌和瞳孔散大肌；副交感神经的节后纤维在睫状神经节交换神经元后，支配睫状肌和瞳孔括约肌。

## 二、耳

耳是位听器官，包括听觉感受器和平衡感受器。这两种感受器功能虽然截然不同，然而其结构密切相关。位听器官按部位可分为外耳、中耳和内耳。外耳和中耳是收集和传导声波的部分，内耳则是兼具接收声波和平衡刺激的器官(图 2-109)。

## (一) 外耳

外耳包括耳廓、外耳道和鼓膜。

**1. 耳廓**　由于犬的品种不同，耳廓的形状各异。垂耳型犬的耳廓呈塌陷的漏斗形，外耳道的上方以比较柔软的耳廓软骨为支架，内外被覆皮肤。而大部分犬的耳廓直立，即立耳型犬，在外耳道的稍上方的耳环上有陷凹的皱褶，皮肤牢固地附着在其内。在软骨的凸面上有耳后动脉，其分支后穿过耳廓软骨，并分布耳廓内面。

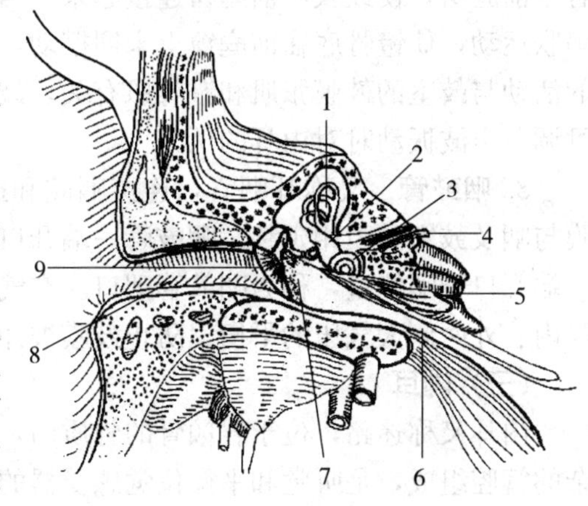

图 2-109　耳的结构模式图

1. 半规管　2. 前庭　3. 耳蜗　4. 面神经　5. 颈内动脉　6. 咽鼓管　7. 鼓室　8. 外耳道　9. 鼓膜

**2. 外耳道**　外耳道是从耳廓基部到鼓膜的管道，由外部的软骨性外耳道与内部的骨性外耳道两部分组成。软骨性外耳道以环状软骨为支架，外侧端与向颅骨的方向弯曲的耳廓软骨相连，内侧端以致密结缔组织与岩颞骨外耳道相连接。由此可见，外耳道是沿着腹侧方向，然后向内侧方向延伸至鼓膜。骨性外耳道即岩颞骨的外耳道，外口大，内口小，内口有鼓膜环沟。外耳道内面被覆皮肤，软骨性外耳道的皮肤具有短毛、皮脂腺和耵聍腺。耵聍腺的构造与汗腺相似，能分泌耵聍，又称耳蜡。

**3. 鼓膜**　鼓膜位于外耳道底部，在外耳道与中耳之间，周缘嵌在鼓膜环沟内。为一椭圆形半透明的纤维膜，坚韧而有弹性。鼓膜略向内凹陷，其内侧面附着于锤骨柄。鼓膜可分三层，外层为外耳道皮肤的延续，中层为纤维层，内层为鼓室黏膜的延续。

## (二) 中耳

中耳由鼓室、听小骨和咽鼓管组成。

**1. 鼓室**　鼓室为颞骨鼓泡内一个含气的小腔，内面被覆黏膜。其外侧壁为鼓膜，与外耳道隔开，内侧壁为骨质壁或迷路壁，与内耳为界。内侧壁上有一隆起称为岬，岬的前方有前庭窗，以镫骨及韧带封闭，岬的后方有蜗窗，以薄膜封闭。鼓室的前下方通咽鼓管。

**2. 听小骨** 听小骨共3块，由外向内为锤骨、砧骨和镫骨。它们借关节相连形成听小骨链，一端以锤骨柄附着于鼓膜，另一端以镫骨底的环状韧带附着于前庭窗，使鼓膜和前庭窗连接起来。当声波振动鼓膜时，听小骨呈一杠杆串联运动，使镫骨底在前庭窗上来回摆动，将声波的振动传到内耳。听小骨链的活动与鼓室的鼓膜张肌和镫骨肌有关，鼓膜张肌的作用为紧张鼓膜，镫骨肌可调节声波振动时对内耳的压力。

**3. 咽鼓管** 又称耳咽管，连接咽腔和鼓室，为一衬有黏膜的管道，其黏膜与咽及鼓室黏膜相延续。咽鼓管一端开口于鼓室前下壁，称为咽鼓管口；另一端开口于咽侧壁，称为咽鼓管咽口。空气从咽腔经此管到鼓室，可以保持鼓膜内、外两侧大气压的平衡，防止鼓膜被冲破。

### （三）内耳

内耳又称迷路，位于岩颞骨的骨质内，在鼓室与内耳道底之间，由构造复杂的管腔组成，是听觉和平衡位觉感受器的所在部位。内耳可分为骨迷路和膜迷路两部分。骨迷路由致密骨质构成；膜迷路为膜性结构，套在骨迷路内，形状与之相似，小部分附着于骨迷路上，大部分与骨迷路之间形成腔隙，腔内充满外淋巴。膜迷路内含有内淋巴。内外淋巴互不相通。

**1. 骨迷路** 包括前庭、骨半规管和耳蜗三部分。

（1）前庭 为位于骨迷路中部略膨大的腔隙。前庭的前部有一孔通耳蜗，后部有5个孔与3个骨半规管相连通。前庭的外侧壁即鼓室的内侧壁，有前庭窗和蜗窗；内侧壁即内耳道的底，其表面有一嵴称为前庭嵴，嵴的前方有一小窝称为球囊隐窝，嵴后方的窝较大，称为椭圆囊隐窝。前庭内侧壁的后下方有前庭导水管的内口。

（2）骨半规管 位于前庭的后上方，为3个互相垂直的半环形管，根据其位置分别称为上半规管、后半规管和外半规管。骨半规管的一端膨大称为壶腹，另一端称为上脚，上半规管与后半规管的脚合并为一总脚，因此3个半规管仅5个孔开口于前庭。

（3）耳蜗 位于前庭的前方，形似蜗牛壳。蜗底朝向内耳道，蜗顶朝向前外方。耳蜗由蜗轴和环绕蜗轴的骨螺旋管构成，蜗轴位于中央，呈圆锥形，由骨松质构成，轴底有许多小孔供耳蜗神经通过。骨螺旋管环绕蜗轴三周半。自蜗轴发出骨螺旋板突入骨螺旋管内，此板未达骨螺旋管的外侧壁，其缺损处由膜迷路（膜耳蜗管）填补封闭，而将骨螺旋管分为上下两部分，上部称为前庭阶，下部称为鼓阶。故耳蜗内共有3条管道，即上方的前庭阶，中间的膜耳蜗管，下方的鼓阶。前庭阶和鼓阶在蜗顶处经蜗孔相通。

**2. 膜迷路** 由椭圆囊、球囊、膜半规管和耳蜗管组成。

（1）椭圆囊 位于椭圆囊隐窝内，囊的后壁有5个孔与膜半规管相通，向前以椭圆球囊管与球囊相通，椭圆球囊管再发出内淋巴管，穿经前庭至脑硬膜间的内淋巴囊，内淋巴由此渗出至周围血管丛。椭圆囊内有椭圆囊斑，是平衡觉感受器。

（2）球囊 位于球囊隐窝内，囊的下部以连合管通于耳蜗管，另一细管与椭圆球囊管结合形成内淋巴管，它通过前庭水管到脑硬膜两层之间的静脉窦。球囊内有球囊斑，也是平衡觉感受器。

（3）膜半规管 套于骨半规管内。在壶腹壁上有半月状隆起称为壶腹嵴，也是平衡觉感受器。

（4）耳蜗管 在耳蜗内，一端连于球囊，另一端在蜗顶处，为一盲端。耳蜗管的断面呈三角形，位于前庭阶和鼓阶之间，顶壁为前庭膜，把前庭阶和膜耳蜗管隔开；外侧壁较厚，与耳蜗的骨膜结合；底壁由骨螺旋板和基底膜与鼓阶相隔，基底膜连于骨螺旋板与骨螺旋管外侧壁之间，其上有螺旋器，又称科蒂氏器，是听觉感受器。

## 【技能训练】

### 眼形态、结构的识别

**【目的要求】**掌握眼各个部分的结构、眼附属器官的位置及组成。

**【材料设备】**眼的模型或标本，剪刀、镊子。

**【方法步骤】**

1. **眼附属器官** 在标本或模型上观察各眼睑，眼肌。

2. **眼球** 用剪刀将眼球沿正中矢状面剪开，观察眼的基本结构——眼球壁、瞳孔、晶状体、睫状体、玻璃体、眼底的中央凹。

**【技能考核】**在犬眼标本或模型上，指出眼的上述结构。

## 【复习思考题】

1. 简述犬眼睑的各部分组成。
2. 简述眼球壁的结构。
3. 简述中耳和内耳的结构。

## 第十一节　内分泌系统

**【学习目标】** 理解激素的概念，掌握内分泌腺的形态、位置、结构，了解各内分泌腺分泌的激素及其作用。

动物体的各个器官和各个系统活动互相配合，协调一致，以作为一个整体来适应外部环境的变化，从而保证动物的生存和发展。神经系统在体内各部分活动的配合、协调以及机体对外界环境的适应中起着很重要的，甚至是决定性的作用。内分泌系统也像神经系统一样具有整合机能，与神经系统配合使机体各部分的活动形成一个协调的整体。

内分泌系统在动物体内有广泛的作用，概况起来有以下四个方面：①维持内环境的稳态，如参与机体的水盐平衡、酸碱平衡、体温、血压平衡等调节过程；②调节新陈代谢，多数激素都参与物质代谢及能量代谢；③促进组织细胞分化、成熟，保证机体的发育和功能活动；④调控生殖器官发育成熟和生殖活动。

内分泌系统和神经系统都是体内调节信号传递系统，它们在功能上存在着许多共同的特点：①所有神经元、内分泌细胞均具有分泌功能；②神经元和内分泌细胞都能产生动作电位；③部分细胞分泌的生物活性物质即可充当神经递质，又可作为激素；④神经递质和激素均需通过与受体结合后，才能发挥生理效应。

近年来的研究发现，神经系统、内分泌系统和免疫系统之间的关系极为密切，这三大系统通过体内一些共同的信息物质相互联系，构成即复杂又严密的神经-内分泌-免疫调节网络。它们即可以从不同的角度作用于机体组织，又能相互协调，共同完成机体功能活动的高级整合作用，维持体内环境相对稳定。

### 一、概　　述

**1. 内分泌的概念**　动物体内的腺体分两类，一类有导管，称为外分泌腺，如消化腺、汗腺、乳腺等，其分泌物由固定的导管运送到皮肤或体腔内；内分泌腺无导管，其分泌物（激素）直接进入体液，并以体液为媒介在体内传播信息。内分泌系统由内分泌腺体、内分泌组织和分散的内分泌细胞组成，它与神经系统联系和配合，共同调节机体的各种生理功能。

动物体内典型的内分泌腺包括脑垂体、甲状腺、甲状旁腺、肾上腺和松果体，此外，还有存在于其他器官内具有内分泌功能的细胞群，如胰腺内的胰岛、睾丸内的间质细胞、卵巢内的卵泡细胞和黄体细胞等。

**2. 激素的概念和分类**　激素是由内分泌腺或散在的内分泌细胞所分泌的高效能的生物活性物质。激素可以通过远距分泌、旁分泌、自分泌和神经分泌等多种方式传递化学信息，调节细胞、组织或器官的生理活动。常把激素作用的细胞、组织或器官，称为靶细胞、靶组织或靶器官。

机体内各种激素按其化学结构可分为三类。

（1）多肽/蛋白质激素　这是一类形式多样，相对分子质量差异大、生成和分布广泛的激素，都是由氨基酸残基构成的肽链；多肽类激素主要有下丘脑激素、降钙素、胰岛素、胰高血糖素、胃肠道激素、促肾上腺皮质激素、促黑激素等；蛋白质类激素主要有生长素、催乳素、促甲状腺素、甲状旁腺素等。

（2）胺类激素　主要是酪氨酸衍生物，包括甲状腺激素、儿茶酚胺类激素（肾上腺素和去甲肾上腺素等）和褪黑素等。此类激素的生成过程较为简单，在血液中的运输方式和对细胞的作用原理与多肽类激素等类似。

（3）脂类激素　主要包括类固醇激素、固醇激素和脂肪酸衍生物。这类激素相对分子质量较小，而且都是脂溶性的非极性分子，可以直接透过靶细胞膜，多与细胞内受体结合发挥生理效应：①类固醇激素，主要包括肾上腺皮质和性腺分泌的激素，如醛固酮、皮质醇、雄激素、雌激素和孕激素等，这类激素可口服。目前，许多激素已经能提纯或人工合成，并应用于畜牧生产和兽医治疗工作中。②固醇激素，主要由皮肤、肝脏、肾等器官转化并活化的胆固醇衍生物，如维生素 $D_3$ 等。③脂肪酸衍生物，这类激素的前体是细胞膜的脂质成分——膜磷脂。主要包括前列腺素、血栓素和白细胞三烯类等生物活性物质，它们均可作为短程信使参与细胞的代谢活动。

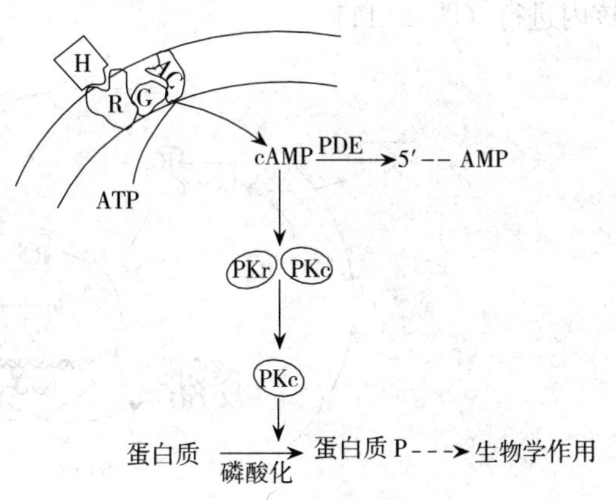


图 2-110　含氮类激素作用机制示意图
H. 激素　R. 受体　G. G 蛋白　AC. 腺苷酸环化酶　PDE. 磷酸二酯酶　PKr. 蛋白激酶 A 调节亚单位　PKc. 蛋白激酶 A 催化亚单位

**3. 激素的作用原理**　激素对靶细胞的作用大都通过与靶细胞特异性受体的结合和靶细胞内特定的效应系统实现。由于受体分布的部位不同，作用机制也有差异，可分为两类（图 2-110）。

（1）含氮激素的作用机制

含氮激素，特别是蛋白质和多肽类激素是大分子，一般不能通过细胞膜进入细胞，而是首先与细胞膜上的特异性受体结合，生成激素-受体复合物，并通过G蛋白激活位于细胞膜内侧的腺苷酸环化酶，在$Mg^{2+}$存在的条件下，腺苷酸环化酶促使ATP脱去焦磷酸形成环磷酸腺苷（cAMP），cAMP作为细胞内信使进一步激活一种或多种cAMP依赖性激酶，促进细胞内许多特异蛋白的磷酸化作用，生产各种磷酸化蛋白，从而引起靶细胞不同的生理反应。在这一机制中激素作为第一信使，其作用是通过与膜受体结合，活化膜内腺苷酸环化酶引起cAMP产生而实现，cAMP被称为第二信使，因此将这一激素的作用机制称为第二信使学说。现已证明，除cAMP作为第二信使外，激素与膜受体结合，活化鸟苷酸环化酶使三磷酸鸟苷（GTP）生成的环磷酸鸟苷（cGMP），以及$Ca^{2+}$、三磷酸肌醇（$IP_3$）、二酰甘油（DG）等也是细胞内的第二信使，它们都有相应的依赖性蛋白激酶，能分别使特异蛋白磷酸化而表现生理效应。

（2）类固醇激素的作用机制　类固醇激素分子小并易溶于脂类，可以穿过细胞膜，进入靶细胞内与细胞浆中的特异受体结合形成激素-胞浆受体复合物，后者的结构发生改变之后，能进入细胞核，形成激素-核受体复合物，它又作用于基因组，启动DNA的转录过程，从而促进mRNA的形成。mRNA转入细胞质后，与核蛋白结合，诱导新蛋白质的生成。新生成的蛋白质或酶参与生理活动过程，发挥该激素的作用。由于这类激素的作用是通过基因（DNA）的作用而实现的，因此把这一作用机制称为基因调节学说。近年的试验证明，类固醇激素的受体主要存在于细胞核内，激素的结合和受体的活化均可在细胞核内进行（图2-111）。

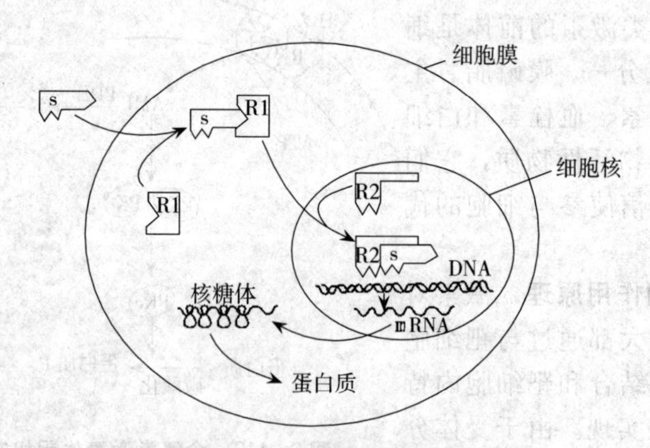


图2-111　类固醇激素作用机制示意图

s. 激素　R1. 胞质受体　R2. 核受体

除上述两种激素的作用机制外，还可能存在其他激素作用方式，如类固醇还可直接作用于细胞膜的类脂成分，引起细胞膜通透性的变化以及激素相互之间表现的允许作用和协同作用等。

4. **激素的作用特点**　激素虽然种类很多，作用也很复杂，但它们在对靶细胞的调节过程中却表现出许多共同的特点：

(1) 信使作用　激素发挥作用的方式犹如信使传递信息。它们作用于靶细胞时，既不添加成分，也不能被氧化分解提供能量，它的作用只是促进或抑制靶细胞内原有的生理生化过程，使其加快或减慢。

(2) 高效性　激素是一种高效能的生物活性物质，在体内含量很少，它们在血液的浓度一般在百分之几微克以下，但对机体的生长发育、新陈代谢都有着非常重要的调节作用。如 0.1μg 的肾上腺素就能使血压升高。

(3) 特异性　各种激素的作用都有较高的组织特异性和效应特异性，即激素能选择性地作用于某些器官和组织细胞，产生特定的作用。这是因为靶细胞膜上、或细胞浆内以及细胞核内具有该激素的受体。即使有些激素（如生长素、甲状腺激素等）能广泛地作用于身体许多靶细胞、靶组织，也是由于这些靶组织、靶细胞中普遍存在着它们的受体。

(4) 激素间的相互作用　当许多激素共同调节一种生理活动时，激素之间往往存在着协同或拮抗作用，如肾上腺皮质激素、胰高血糖素均能使血糖升高，两者同时存在可使升糖作用增强，即协同作用；相反，胰岛素能降低血糖，与上述激素有拮抗作用。另外，有的激素对某种组织细胞并无直接作用，但它的存在是其他激素发挥生理作用的必要条件，这种现象称为允许作用。如糖皮质激素对血管平滑肌并无收缩作用，但只有当它存在时儿茶酚胺才能很好地发挥对心血管的调节作用。

(5) 激素的分泌速度和发挥作用的快慢均不一致。如肾上腺素在数秒钟就能发生效应；胰岛素较慢，需数小时；甲状腺素则更慢，需几天。

(6) 激素在体内通过水解、氧化、还原或结合代谢过程，逐渐失去活性，不断从体内消失。

## 二、内分泌腺

### (一) 脑垂体

1. **脑垂体的形态、位置和构造**　脑垂体是体内最重要的内分泌腺，位于脑底部的垂体窝内，呈上下稍扁的卵圆形，红褐色（图 2-112）。

垂体可分为结节部、远侧部、中间部和神经部。神经部称为神经垂体，其余各部称为腺垂体。

2. 脑垂体的机能

(1) 腺垂体　腺垂体由许多不同类型的腺细胞组成，能分泌促甲状腺激素、促肾上腺皮质激素、促性腺激素、促黑色素细胞激素、催乳素和生长激素。其中前三种分别有促进甲状腺、肾上腺皮质和性腺生长发育以及促进激素分泌的作用；促黑色素细胞激素能促进黑色素的合成以使皮肤和被毛颜色加深；催乳素促进乳腺发育生长并维持泌乳，并刺激促黄体生成激素受体的形成；生长激素能促进骨骼和肌肉的生长以及蛋白质的合成，若分泌不足则生长停滞，体躯矮小，形成侏儒症。

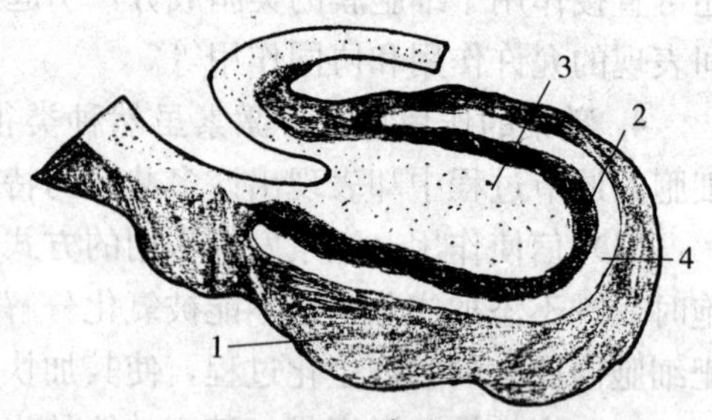

图 2-112　犬脑垂体
1. 远侧部　2. 中间部
3. 神经垂体　4. 垂体腔

(2) 神经垂体　神经垂体由神经组织构成，本身不分泌激素。但丘脑下部的某些神经核（视上核和室旁核）分泌的抗利尿激素和催产素，沿神经纤维运送到神经垂体并贮存于该处，根据需要释放入血液，发挥其生理效应。

抗利尿激素：主要作用是可促进肾脏的远曲小管、集合管对水分的重吸收，使尿量减少。由于抗利尿激素可使除脑、肾外的全身小动脉收缩而升高血压，故又称为加压素。但由于它可使冠状动脉收缩，使心肌供血不足，临床上不用作升压药。

催产素（子宫收缩素）：能促进妊娠末期子宫收缩，因而常用于催产和产后止血。此外，它还能引起乳腺导管平滑肌收缩，促进乳的排出。

**(二) 甲状腺**

**1. 甲状腺的形态、位置和构造**　甲状腺位于喉后方，气管前端两侧和腹面，红褐色。甲状腺分左右两个侧叶和中间的峡部。甲状腺表面有一层薄的致密结缔组织被膜，并深入腺体内将其分成许多小叶，小叶内充满大小不等的滤泡以及分散在滤泡间的滤泡旁细胞。滤泡周围由基膜和少量结缔组织围绕，并有丰富的毛细血管和淋巴管（图 2-113）。

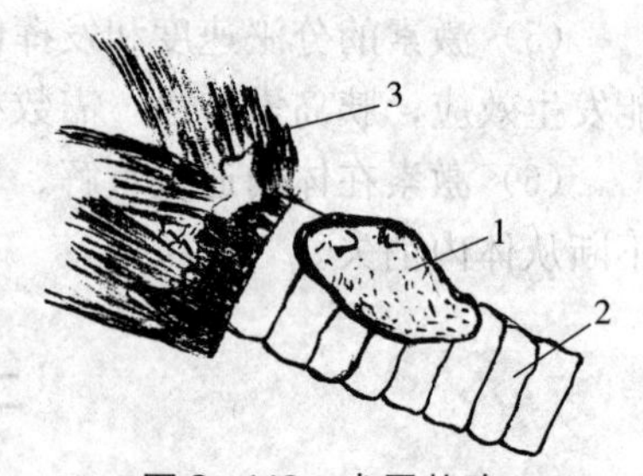

图 2-113　犬甲状腺
1. 甲状腺　2. 气管　3. 环咽肌

甲状腺滤泡由单层立方滤泡上皮细胞围成，滤泡上皮细胞合成和分泌甲状腺激素。甲状腺激素的形成要经过合成、碘化、贮存、重吸收、分解和释放等过程。滤泡旁细胞常单个或成群分布于滤泡之间，能产生降钙素（图 2-114）。

2. 甲状腺的生理机能

（1）甲状腺激素　包括甲状腺素和三碘甲腺氨酸两种，主要作用为促进机体的新陈代谢及生长发育。甲状腺激素可加速组织细胞内各种营养物质的氧化分解和合成，促进机体的新陈代谢和生长发育。特别影响幼畜的骨骼、神经和生殖器官的生长发育。甲状腺激素还有提高神经兴奋性，使心率增加，心缩力增强的作用。试验证明，切除幼畜甲状腺，不但生长停滞，体躯矮小，而且反应迟钝，形成呆小症。

（2）降钙素　由甲状腺内滤泡旁细胞分泌，有增强成骨细胞活性，促进骨组织钙化和血钙降低的作用。

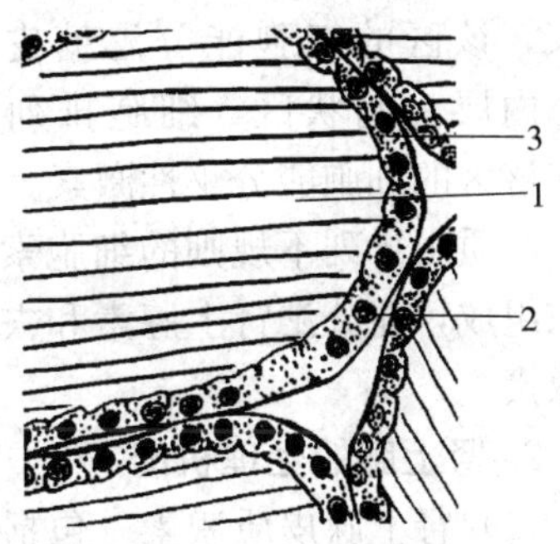

图 2-114　甲状腺组织构造

1. 甲状腺滤泡　2. 甲状腺细胞　3. 基膜

### （三）甲状旁腺

**1. 甲状旁腺的形态、位置和构造**　甲状旁腺位于甲状腺的前端或包埋于甲状腺内，仅有一对，很小，呈圆形或椭圆形。甲状旁腺为实质性器官，由被膜和实质组成。被膜由被覆于表面的结缔组织所构成；实质由排列呈团块或索状细胞和细胞团块之间有结缔组织和毛细血管构成。

**2. 甲状旁腺的生理机能**　甲状旁腺分泌的甲状旁腺素，主要作用是调节血钙浓度。

（1）在维生素 D 存在的情况下，可促进小肠对钙的吸收。

（2）刺激破骨细胞的活动，使骨骼中磷酸钙溶解并入血液中，以补充血磷，提高血钙含量。

（3）促进肾小管对钙重吸收和磷的排泄（即保钙排磷），使血钙浓度升高，血磷降低。

甲状旁腺素升高血钙的作用与甲状腺滤泡旁细胞分泌的降钙素降低血钙的作用有着密切的关系，二者分泌也都受着血钙浓度的调节。

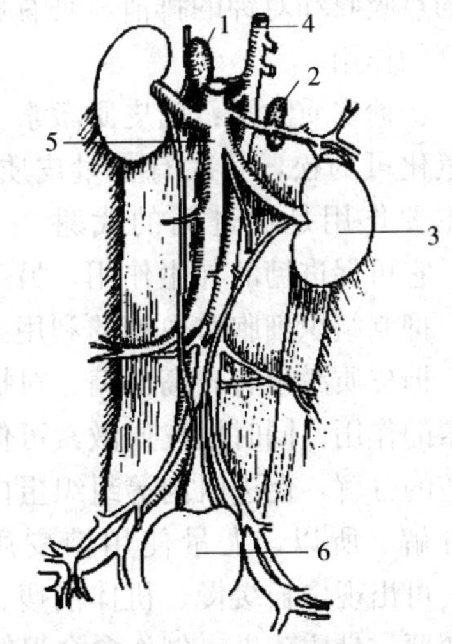

图 2-115　犬肾上腺的形态和位置

1. 右肾上腺　2. 左肾上腺　3. 肾脏　4. 腹主动脉　5. 后腔静脉　6. 膀胱

### （四）肾上腺

**1. 肾上腺的形态、位置和构造**　肾上腺是成对的红褐色腺体，犬的右肾上腺略呈梭形，左肾上腺稍大，为扁梭形，前宽后窄，背腹侧扁平，位于肾的前内侧。其实质分为皮质和髓质两部分。皮质在外，结构致密，颜色较浅；髓质在内，颜色较深（图 2-115、图 2-116)。

肾上腺皮质按细胞排列状态，可分为三层：外层为多形区，细胞排列成团块和索状，此区的细胞能分泌盐皮质激素；中层为束状区，细胞排列成束，该区的细胞能分泌糖皮质激素；内层为网状区，细胞排列成网状，该区的细胞能分泌性激素。

髓质由排列不规则的细胞索和窦状隙组成，能分泌肾上腺素和去甲肾上腺素。

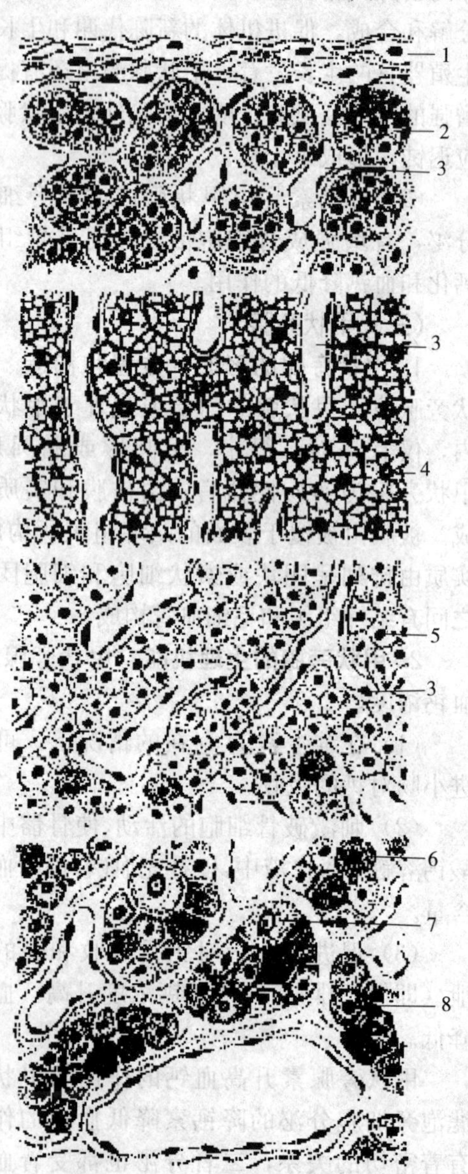

图 2-116　肾上腺组织结构

1. 被膜　2. 球状带细胞　3. 血窦　4. 束状带细胞　5. 索状带细胞　6. 去甲肾上腺素细胞　7. 交感神经节细胞　8. 嗜铬细胞

2. 肾上腺的生理机能

（1）肾上腺皮质激素　包括盐皮质激素、糖皮质激素和性激素。

①盐皮质激素：盐皮质激素以醛固酮为代表，这类激素主要参与体内水盐代谢的调节，它可促进肾小管对钠的重吸收和对钾的排泄，具有保钠排钾的作用。

②糖皮质激素：糖皮质激素主要是氢化可的松，其次有少量皮质酮，其主要作用是促进糖的代谢。一方面，它可促进糖的异生作用；另一方面，抑制组织细胞对血糖的利用。因此，糖皮质激素有升高血糖、对抗胰岛素的作用。同时糖皮质激素可促进脂肪的分解，促进肌肉等组织蛋白质的分解。所以，大量使用糖皮质激素，可出现生长缓慢、机体消瘦、皮肤变薄、骨质疏松、创伤愈合迟缓等现象。另外，糖皮质激素还有抗过敏、抗炎症、抗毒素的作用。

③性激素：包括雄性激素和雌性激素，正常情况下分泌很少，不会对机体产生影响。

（2）肾上腺髓质激素　包括肾上腺素和去甲肾上腺素两种，它们的生理机能基本相同，均有类似交感神经兴奋的作用，但也有某些差别。

①对心脏和血管的作用：肾上腺素和去甲肾上腺素均能使心跳加快、血管收缩和血压上升。在临床上，由于肾上腺素有较好的强心作用，常用作急救药物。去甲肾上腺素可使小动脉收缩，增加外周阻力使血压升高，因此是重要的升压药。

②对平滑肌的作用：肾上腺素能使气管和消化道平滑肌舒张，胃肠运动减弱。此外，肾上腺素还可使瞳孔扩大及皮肤竖毛肌收缩，被毛竖立。去甲肾上腺素也有这些作用，但较弱。

③对代谢的作用：两者均能促进肝和肌肉组织中糖原分解为葡萄糖，使血糖升高。能促进脂肪分解。

④对神经系统的作用：两者均能提高中枢神经系统的兴奋性，使机体处于警觉状态，以利于应付紧急情况。

### （五）松果体

**1. 松果体的形态、位置和结构**　松果体又称脑上腺，为一红褐色坚实的豆状小体，位于四迭体与丘脑之间，以柄连于丘脑上部。松果体表面有一薄层结缔组织被膜，被膜伸入实质形成间隔，把实质分为许多不规则的小叶。小叶由松果腺细胞（主细胞）和神经胶质细胞构成。随着年龄的增长，松果体内的结缔组织增多，成年后不断有钙盐沉着，形成大小不等的颗粒，称为脑砂。

**2. 松果体的生理机能**　松果腺细胞能分泌褪黑素。此外，松果体内还含有大量的5－羟色胺和去甲肾上腺素等物质。光照能抑制松果腺活动，使褪黑素分泌减少，黑暗则刺激它的活动，使褪黑素分泌增多。褪黑素的主要生理作用表现为抑制性腺和副性器官的发育，延缓性成熟。另外对甲状腺、肾上腺皮质和胰岛的功能也有抑制作用。

### （六）胰岛

胰腺的实质可分为外分泌部和内分泌部。外分泌部由许多腺泡和导管组成。内分泌部位于外分泌部的腺泡群之间，由大小不等的细胞群组成，形似小岛，故名胰岛。胰岛主要有α和β细胞两种。α细胞分泌胰高血糖素，β细胞分泌胰岛素。

**1. 胰岛素**　胰岛素的作用主要表现有以下三方面：①促进肝糖原生成和抑制糖原分解，并促进糖转变为脂肪，因而使血糖降低。因此，胰岛素分泌不足时，血糖升高，当超过肾糖阈时，则大量的血糖从尿中排出，导致依赖性糖尿病。②促进体内脂肪的储存，抑制储存脂肪的水解，使血中游离脂肪酸减少，还能抑制酮体的生成。当胰岛素分泌不足时脂肪大量分解，血内脂肪酸增高，在肝脏内不能充分氧化而转化为酮体，出现酮血症并伴有酮尿，严重时可导致酸中毒和昏迷。③促进细胞内蛋白质的合成，抑制蛋白质的分解。

**2. 胰高血糖素** 胰高血糖素的主要生理作用与胰岛素相反，作用主要表现有以下三方面：①激活肝细胞磷酸酶，加速肝糖原分解，促进肝内葡萄糖异生，因而使血糖升高。②促进脂肪分解，增加血中游离脂肪酸的浓度，使酮体增多。③增强心肌收缩力，增加心跳频率，使心输出量增加，血压升高。

### （七）性腺内的内分泌组织

性腺包括睾丸和卵巢，具有产生生殖细胞和内分泌的双重功能。睾丸可分泌雄性激素，卵巢可分泌雌性激素。性激素对于动物的生长、发育、生殖和代谢等方面都起着十分重要的作用。

**1. 雄激素** 雄激素是由睾丸间质细胞分泌，主要成分是睾丸酮，其主要生理作用是：①促进雄性生殖器官的生长发育，并维持其成熟状态。②激发公畜产生性欲和性行为。③促进精子的发育成熟，并延长在附睾内精子的贮存时间。④促进雄性动物特征的出现，并维持其正常状态。⑤促进蛋白质的合成，使肌肉和骨骼比较发达，并使体内贮存脂肪减少。⑥促进公畜皮脂腺的分泌增强。

**2. 雌激素** 雌激素是由卵巢内卵泡细胞分泌，其中作用最强的是雌二醇，其主要的生理作用是：①促进雌性生殖器官的生长发育。②促进雌性特征的出现，并维持其状态。③促进母畜发情。④刺激母畜发生性欲和性兴奋。

**3. 孕激素** 由排卵后的卵泡形成的妊娠黄体细胞所分泌，又称为孕酮。孕酮的主要作用是：①在雌激素作用的基础上，进一步促进排卵后子宫内膜的增厚，分泌子宫乳，为受精卵在子宫附植和发育准备条件。②抑制子宫平滑肌的活动，为胚胎创造安静环境，故有保胎作用。③在雌激素作用的基础上，进一步刺激乳腺腺泡的生长，使乳腺发育完全，准备泌乳。

**4. 松弛素** 由妊娠末期的黄体分泌，至分娩时大量出现，分娩后随即消失。松弛素的生理作用是扩张产道，使子宫和骨盆联合韧带松弛，便于分娩。

## 【技能训练】

### 主要内分泌腺的形态、位置观察

**【目的要求】** 在新鲜的标本上，识别甲状腺、肾上腺。

**【材料设备】** 犬的尸体标本、解剖器械。

**【方法步骤】** 在犬的尸体标本上找到气管，在前3～4个气管环的两侧和腹侧找到甲状腺；在肾的内侧前缘找到肾上腺。

**【机能考核】** 在犬的标本上，准确找到甲状腺和肾上腺。

## 【复习思考题】

1. 激素的概念及其作用特点。
2. 说出腺垂体内分泌哪些激素，有何作用？
3. 神经垂体内贮存哪些激素，有何作用？
4. 说出下列激素的机能：甲状腺激素、降钙素、甲状旁腺素、糖皮质激素、盐皮质激素、肾上腺素、去甲肾上腺素、胰岛素和胰高血糖素。

# 第十二节　能量代谢与体温

**【目的要求】** 了解能量代谢一般概念，明确体温相对恒定的意义及体温调节的机制。

## 一、能量代谢

新陈代谢包括物质代谢和能量代谢。能量代谢是指在生物体新陈代谢过程中伴随能量的释放、转移和利用等过程。在动物的生命现象中表现出动物体的产热、散热和体温的变化及调节。

### （一）动物体能量的来源与消耗

不同于植物，动物体不能进行光合作用来利用光能，能量只能来自食物。食物成分中糖类、脂肪和蛋白质三大营养物质含有大量可利用的能量，是动物能量的主要来源（表2-4）。

表2-4　饲料中各成分所含能量

| 饲料成分 | 提供能量（%） | 特　点 |
|---|---|---|
| 糖类 | 60～70 | 有氧氧化时，产能多，是主要供能方式。无氧酵解时，产能少，缺氧时急需 |
| 脂肪 | 30～40 | 能量物质贮存的主要形式，放能多 |
| 蛋白质 | 正常时很少 | 主要用于合成细胞成分或生物活性物质 |

食物在体外充分氧化（燃烧），会同时产生$CO_2$、水并释放出热量，该热

量称为食物的总能量，又称粗能。粗能实际上包括可消化能和粪能，粪能不仅包括饲料中未被消化的成分，还包含从体内进入胃肠道而未被吸收的物质所蕴藏的能量。可消化能包含代谢能和（草食动物）胃肠道中因发酵而丢失的，以及尿中未被完全氧化的物质所蕴藏的能量。

动物体可被利用的能量称为代谢能，是糖类、脂肪和蛋白质在体内经氧化作用最后产生水、$CO_2$（蛋白质还产生含氮废物）过程中所释放出的能量。代谢能又分为净能和特殊动力作用的能量。特殊动力作用的能量是营养物质在参与代谢时不可避免地以热的形式损失的能量。净能是动物自身维持生理活动（静息电位、吸收分泌、体温）、作功（肌肉收缩机能）、随意运动、调节体温和生产（肉、奶、皮毛、蛋等）的各种能量。

### （二）基础代谢和静止能量代谢

**1. 基础代谢** 基础代谢是指机体处于维持基本生命活动条件下的能量代谢。是指动物在清醒又非常安静的情况，排除神经紧张、肌肉活动、食物及环境温度等影响。具体为清晨进食前，以排除食物的特殊动力作用；静卧 30min 以上，全身肌肉松弛，尽量排除肌肉活动的影响；精神不能紧张；室温在18～25℃。这时机体各种生理活动均较稳定，消耗能量（并非最低能量消耗）仅用于完成血液循环、呼吸、泌尿等基本生理活动以及维持体温。

**2. 静止能量代谢** 对动物而言，测定基础代谢所需要的基础状态很难达到，所以一般用静止能量代谢代替基础代谢。在测定代谢率时，需要确定一个标准状态，这种状态应尽量控制影响代谢率的因素。其条件是早饲前安静休息（通常是伏卧状态），环境温度适中测定。在这种条件下测定的代谢率和基础代谢率不完全相同，因为它包含不确定的特殊动力效应的能量（草食动物即使饥饿三天，胃肠中仍存在不少食物，消化道并非处于空虚和吸收后的状态）。但静止能量代谢和基础代谢的实际测定结果表明，两者差异并不大，即静止能量代谢和基础代谢水平接近。

### （三）影响代谢率的因素

机体产热受一些因素的影响，实际测定能量代谢时必须考虑这些因素的影响。

**1. 肌肉活动影响** 肌肉活动是影响能量代谢最明显的因素。机体任何轻微的活动都会提高能量代谢率。据估测，动物在安静时的肌肉产热量占全身总产热量的 20%，在运动时可高达总产热量的 90%。肌肉活动时，能量消耗的多少随动物种类不同而不同，如以 100kg 的驮载量为标准，骆驼是能量消耗最少的。动物在剧烈运动停止后的一段时间内，能量代谢仍维持在较高水平。这是因为，运动开始时，机体需氧量立即增加，但机体的循环、呼吸机能有一个适应的过程，摄氧量暂时跟不上肌肉实际代谢耗氧量的需要，此时机体只能凭借贮备的高能磷酸键进行无氧代谢供能。通常把这部分的亏欠称为氧债。在运动持续过程中，机体的摄氧量和耗氧量刚好平衡，运动停止后的一段时间内则必须把前面的亏欠补回来，因此，循环和呼吸机能要继续维持在高水平，以摄取更多的氧。由于骨骼肌的活动对能量代谢的影响最为显著，因此，在冬季增强肌肉活动对维持体温相对恒定有重要作用。

**2. 环境温度** 环境温度明显变化时，机体代谢会发生相应的改变。哺乳动物安静时，其能量代谢在20～30℃的环境中最为稳定。当环境温度低于20℃时可反射性地引起寒战和肌肉紧张性增强而使代谢率增加。当环境温度低于10℃时，代谢率增加更为显著。当环境温度大于30℃时，化学反应加速，发汗，呼吸、循环机能增强。

**3. 食物特殊动力效应** 动物在进食后1h左右开始一直延续到7～8h的一段时间内，虽然处于安静状态下，但产热量比进食前增高，可见这种额外的能量消耗是由进食引起的。这种由食物刺激机体产生额外能量消耗的作用，称为食物的特殊动力效应。蛋白质的食物特殊动力效应最为明显，引起机体额外增加的产热量约为该蛋白质所含热量的30%；糖和脂肪仅相当于其所含热量的4%～6%;混合食物约为10%。不同食物的特殊动力效应的维持时间也不相同，蛋白质食物的特殊动力效应可持续6～7h，而糖类仅持续2～3h。食物特殊动力效应的机制尚不清楚。但有实验提示，进食后额外能量消耗可能来自肝脏对氨基酸的脱氨基反应，因为将氨基酸注入静脉同样也可引起增热效应。

**4. 精神活动**（神经-内分泌的影响） 动物在惊慌、恐惧等精神紧张状态下，能量代谢将显著提高。这是由于在精神紧张时，骨骼肌紧张性增强，产热量增加。精神激动时，由于促进代谢的激素分泌增多，能量代谢将会显著升高。在低温刺激下，交感神经和肾上腺髓质发生协同调节作用，机体产热量迅速增加。甲状腺激素能加速大部分组织细胞的氧化过程，使机体耗氧量和产热量明显增加。机体若完全缺乏甲状腺激素，能量代谢可降低40%；而甲状腺激素增加时可使代谢率增加100%。

## 二、动物的体温及其调节

动物有机体都有一定的温度，这就是体温。它是机体不断代谢中产热与体热由体表向外散热的过程的平衡，体温即是新陈代谢的结果，又是新陈代谢和正常生命活动的重要条件。

动物进化到鸟类和哺乳类，建立起一套复杂的体温调节机制，通过调节产热和散热过程，不仅能维持较高的体温平衡点（如37℃），而且还可以使其不受环境温度的过分影响，因而它们属于恒温动物。体温恒定，保证了动物体内酶的活性和生物化学反应速度维持在一定的范围内，保证生命活动的正常。此外体温的恒定反映了动物的进化程度，也赋予了动物对外界环境更强的适应能力。因此，体温是机体健康状况的重要指标。

**（一）动物的体温及其正常变动**

1. **动物的体温** 在生理学中，动物的体温通常分为体表温度和深部温度。体表温度指机体表层，包括皮肤、皮下组织和肌肉等的温度，又称表层温度。体表温度易受环境影响，由表及里有明显的温度梯度，体表各部分温度差异也大。深部温度指机体深部，包括心、肺、脑和腹部器官的温度。深部温度比体表温度高，且比较稳定，由于体内各器官的代谢水平不同，其温度也有差别，但变化不会超过0.5℃。

一般说的体温是指深部体温的平均温度，从理论上讲，最能代表深部温度的平均温度应该是右心房温度，但右心房温度在临床上不易测量，所以，临床上常用直肠温度代表平均体温。

不同种类的动物以及同一种动物不同性别和不同年龄段由于能量代谢的差异，体温也存在着一些差异。此外，动物机体在不同的生理状态下都会出现正常的变动。各种动物的正常体温见表2-5。

**表2-5 几种动物的正常体温**（直肠温度）

| 动物 | 体温（℃） |
|---|---|
| 犬 | 37.0～39.0 |
| 猫 | 38.0～39.5 |
| 豚鼠 | 37.8～39.5 |
| 大白鼠 | 38.5～39.5 |
| 小白鼠 | 37.0～39.0 |
| 鸽 | 42.0～43.0 |

人的肛温为36.5～37.5℃；口温小于肛温0.3℃；腋温小于口温0.4℃；腋温为36.0～37.4℃；肝最高38℃。生理和牧医实践中，多以肛温代表体温，接近且稳定。

2. **动物体温的生理波动** 在生理情况下，体温可在一定范围内波动，称为体温的生理波动。其受到昼夜、性别、年龄、肌肉活动、机体代谢等因素的影响。

（1）体温的昼夜波动 白天活动的动物，体温在清晨时最低，午后最高，一天内温差可达 1℃左右。体温的这种昼夜周期波动称为昼夜节律。实验表明，体温的昼夜节律与肌肉活动状态以及代谢率没有直接因果关系，而是由内在的生物节律所决定的。例如，将受试动物置于除去时间、光线、声音等外在因素影响下的特定环境中，体温仍呈现昼夜节律波动。这种内在的生物节律的周期要比地球自转周期（24h）长些，但在上述外界因素的影响下就和地球的自转周期相吻合了。

（2）年龄　体温与年龄有关。新生动物代谢旺盛，体温比成年动物高。动物在出生后的一段时间内，因其体温调节机制尚不完善，体温调节的能力弱，易受外界环境变化的影响而发生波动。因此，对新生动物要加强保温等护理措施。老龄动物因基础代谢率低，循环功能减弱，其体温略低于正常成年动物。

（3）性别　雌性动物体温高于雄性。雌性动物发情时体温升高，排卵时体温下降。实验表明，兔静脉注射孕酮后，其体温上升。因此，雌性动物的体温随性周期的变动可能与性激素的周期性分泌有关，其中孕激素或其代谢产物可能是导致体温上升的原因。

（4）肌肉活动　肌肉活动时代谢增强，产热量明显增加，导致体温上升。例如，马在奔驰时，体温可升高到 40～41℃，肌肉活动停止后逐步恢复正常水平。

此外，地理气候、精神紧张、采食和环境温度变化、麻醉等因素也可对体温产生影响。在测定体温时，对以上因素应予以注意。

**（二）机体的产热和散热过程**

正常体温的维持，依赖于机体的产热和散热过程的动态平衡。机体在新陈代谢过程中，不断地产生热量，用于维持体温。同时，体内热量又由循环血液带到体表，通过辐射、传导、对流以及蒸发等方式不断地向外界散发，产热过程与散热过程达到动态平衡，体温就维持在一定水平上。

**1. 产热过程**

（1）等热范围　机体的代谢强度（产热水平）会随环境温度的变化而改变，环境温度低代谢加强；环境温度高，代谢可以适当地降低。因此，在适当的环境温度范围内，动物的代谢强度和产热量可保持在生理的最低水平，而体温仍能维持稳定，这种环境温度称为动物的等热范围或代谢稳定区。从动物的生产上看，外界温度在等热范围内，饲养动物最为适宜，经济上也最为有利。气温过低时，机体需要通过提高代谢强度与增加热量来维持体温，因而增加饲料的消耗；反之，气温过高时，则会因为耗能散热而降低动物的生产性能。各种动物的等热范围见表 2-6。

表 2-6 各种动物的等热范围

| 动　物 | 等热范围（℃） | 动　物 | 等热范围（℃） |
|---|---|---|---|
| 犬 | 15～25 | 大鼠 | 29～31 |
| 豚鼠 | 25 | 牛 | 16～24 |
| 兔 | 15～25 | 猪 | 20～23 |
| 鸡 | 16～26 | 绵羊 | 10～20 |

动物种属、品种、年龄及饲养管理条件不同时，等热范围有差异。等热范围的低限温度又称为临界温度。耐寒的动物，如藏獒、爱斯基摩犬的临界温度较低。被毛浓密或皮下脂肪厚实的动物，其临界温度也较低。从年龄来看，幼年动物临界温度要高于成年动物，这不仅与幼年动物的皮毛比较薄，体表与体重的比例较大、较易散热有关，还与幼年动物主要以哺乳为主，产热较少有关。环境温度升高，超过等热范围的上限时，机体代谢开始升高，这时的外界温度称为过高温度。在炎热的环境中，机体的代谢率并不降低，因为机体可通过增加皮肤血流量和发汗量增强散热。

（2）恒温动物的产热机制　机体的热量来自体内各组织器官所进行的氧化分解反应。由于各种器官的代谢水平不同和机体所处的功能状态不同，它们的产热量也不同。安静状态下的主要产热器官是内脏器官，产热量约占机体总产热量的 56%，其中肝脏产热量最大，肌肉占 20%，脑占 10%。动物运动时的主要产热器官是骨骼肌，其产热量可达机体总产热量的 90%。

机体在寒冷的环境中产热增加。寒冷刺激可引起骨骼肌出现寒战性收缩，使产热量增加 4～5 倍，称为寒战性产热。寒战是机体产热效率最高的方式，温度越低越强烈。寒战是骨骼肌的反射活动，有寒冷刺激作用于皮肤冷感觉器引起。寒冷时体内肾上腺素、去甲肾上腺素、甲状腺素分泌增多，也可促进机体（特别是肝脏）产热增多；全身脂肪代谢的酶系统也被激活，导致脂肪被分解、氧化，产生热量。在哺乳动物的啮齿目、灵长目等 5 个目中发现的褐色脂肪组织，也是有效的热源。褐色脂肪组织分布在颈部、两肩以及胸腔内一些器官旁，周围有丰富的血管分布。在褐色脂肪细胞内有大量的脂滴、线粒体，褐色脂肪在细胞内氧化释放出大量热量。在低温时，由于交感神经系统的兴奋，褐色脂肪的代谢率可比平时增加一倍。从体内的分布来看，褐色脂肪可以给一些重要组织包括神经组织迅速提供充分的热量，以保证正常的生命活动。因为这部分产热与肌肉收缩无关，称为非寒战性产热或代谢性产热。

**2. 散热过程**　动物代谢过程中产生的热量，能以传导、辐射、对流、蒸发等物理方式散热，除此之外，还可以通过机体内部的生理过程来增加或减少散热。物理过程都发生在体表，故皮肤是机体主要的散热部位。只有小部分热量随呼气、尿、粪等排泄而散失。

（1）恒温动物的散热机制

①辐射散热：动物身体把热量直接发散给周围环境中，称为辐射散热。动物经该途径散发的热量约占总散热量的70%～85%，因此，辐射散热是机体散热的主要方式。当皮肤与环境温差增大以及辐射面积扩大时，辐射散热增加，反之则少；当环境温度高于体表温度时，机体不但不能通过辐射散热，反而要吸收周围环境的辐射热。所以在寒冷时，动物受到阳光照射或靠近红外线灯及其他热源，均有利于动物保温；而炎热季节的烈日照射，可使身体温度升高，发生日射病。

②传导散热：将体热直接传给与机体相接触的较冷的物体称为传导散热。传导散热量除了与物体接触面积、温差大小有关外，还与所接触物体的导热特性有关。空气是不良导体，动物在空气中活动时，只有裸露的皮肤与良导体接触时才发生有效的传导散热，如长时间躺卧在湿冷的地面上、浸泡在凉水里，或保定在金属手术台上的麻醉动物。哺乳动物和鸟类的皮肤上有毛发、羽毛，其中含有空气，在寒冷的环境中，可引起竖毛肌反射性地收缩，使毛发或羽毛竖起，增加了隔热层的厚度，减少散热量。在温热的环境中，竖毛肌舒张，隔热层厚度减薄，散热量增加。动物体脂肪也是热的不良导体，因此，肥胖者由机体深部向体表的传导散热较少。新生动物皮下脂肪薄，体热容易散失，应注意保暖。水的导热能力较强，将水浇在中暑动物的体表，可达到降温的目的。

③对流散热：紧贴体表的空气由于辐射的结果导致温度升高，体积膨胀而上升，冷空气接着来补充，体表又与新移动过来的较冷空气进行热量交换，因而不断带走热量。当周围温度与体温相近时，不发生对流。对流散热受风速影响极大，风速越大，对流散热量越高；反之，对流散热量减少。因此在实际生产中，冬季应减少动物舍内空气的对流，夏天则应加强通风。

④蒸发散热：是指体液的水分在皮肤和黏膜（主要是呼吸道黏膜）表面由液态转化为气态，同时带走大量热量的一种散热方式。每蒸发1g水可带走2.44kJ热量，因此蒸发是非常有效的散热方式。蒸发可分为不显汗和发汗两种。

不显汗（又称不感蒸发）是指体液中少量水分直接从皮肤和呼吸道黏膜等表面渗出，在未聚集成明显的汗滴之前即被蒸发的一种持续性的散热形式。这种散热方式与汗腺活动无关，一般不被人们所察觉。在中等室温（30℃以下）和湿度条件下，约有25%的热量是由这种方式散发的，其中2/3由皮肤蒸发散发，1/3由呼吸道蒸发散发。幼年动物较成年动物不感蒸发的速率高，因此在缺水情况下幼体动物更易发生脱水。

发汗是汗腺主动分泌汗液的过程，汗液的蒸发可有效地带走热量。因为发汗可以感觉得到，又称为可感蒸发。当环境温度达到 30℃，或环境温度虽低（20℃）但处于运动时，都会以发汗形式散热。

发汗是由于温热刺激作用于皮肤温感受器所引起的汗腺的反射活动。寒冷刺激作用于皮肤冷感受器可迅速抑制出汗。出汗的全身调节中枢在下丘脑，它既接受来自皮肤的温感受器的刺激，又直接接受来自自身的血液温度的信息。只有当体温达到一定限度时才出汗。如 29℃开始出汗，35℃以上出汗成了唯一的散热方式。汗腺受交感神经的支配，但引起汗腺分泌的交感神经末梢分泌的是乙酰胆碱而不是肾上腺素。情绪紧张引起的出汗是通过大脑皮层，与气温和体温无关，这就是所谓的“冷汗”。以蒸发形式散热还与空气的相对湿度有关，如果相对湿度为100％，就不会发生蒸发散热。

蒸发散热具有明显的种属特性。鸟类没有汗腺，犬虽有汗腺结构，但不发达，在高温下也不能分泌汗液，而是通过热喘呼吸由呼吸道加强蒸发散热。啮齿类动物既不进行热喘呼吸也不发汗，它们向毛上涂抹唾液或水来蒸发散热。

### （三）体温的调节

恒温动物能通过体温调节机制调节皮肤的血流量、出汗、寒战等生理反应，在正常情况下维持产热和散热过程的动态平衡，保持体温的相对恒定。这种机制称为自主性体温调节。另外，机体（包括变温动物）在不同温度环境下可通过调整姿势和行为，特别是采取人为的保温措施，如创设人工气候环境等以保持当时的体热平衡，称为行为性体温调节。后者是以前者为基础，两者不能截然分开。

自主性体温调节是通过自身体温调节系统来实现的。下丘脑体温调节中枢包括调定点在内，属于控制系统。它的传出信息控制着产热器官及散热器官等受控系统的活动使深部温度维持在相对稳定的水平。而输出的变量——体温，经常受到内、外环境因素，如代谢或气温、湿度、风速等因素变化的干扰。此时，通过温度检测器——皮肤及深部温度感受器，可将干扰信息反馈到脑，经过体温调节中枢，下丘脑调定点的整合，再调整受控系统的活动，可建立当时条件下的体热平衡，以维持相对稳定的体温。

#### 1. 神经调节

①温度感受器：分为外周和中枢感受器。

外周感受器分布在机体皮肤、某些黏膜和腹脏内脏中，由对温度变化敏感的游离神经末梢构成，有热感受器和冷感受器两种，各自对一定范围的温度敏感。例如，冷感受器在 25℃时发放冲动频率最高；热感受器在 43℃时最高。

中枢感受器主要分布在脊髓、延髓、脑干网状结构和下丘脑中。也分冷敏和热敏神经元。神经元特点：既能感受所在部位温度变化的信息，又具有对传入的温度信息实施不同程度整合的功能。

②体温调节中枢：下丘脑是体温调节的中枢。来自各方面的温度变化信息在下丘脑整合后，经神经和体液途径调节体温：通过交感神经系统控制皮肤血管舒缩反应和汗腺分泌影响散热过程；通过躯体运动神经改变骨骼肌活动（如肌紧张、寒战）；通过甲状腺和肾上腺髓质分泌活动的改变来调节产热过程。

**2. 体液调节**　最主要和最直接参与体温调节的激素是甲状腺素和肾上腺素。如果动物暴露在寒冷环境之中，它将随意或不随意地颤抖，以增强产热。此时肾上腺素分泌增加，产热量增加，同时增加摄食量。如果动物长期在寒冷环境中，会通过甲状腺素分泌增加而提高基础代谢率使体温升高。若动物长期处于热紧张状态，会通过降低甲状腺的功能，使基础代谢率下降，此时摄食量下降、嗜睡以减少产热。

### （四）恒温动物对环境温度的适应

**1. 习服**　动物数周内（通常2～3周）生存在极端温度环境中，所发生的生理性调节反应称为习服。例如，在寒冷环境中寒战常常是增加产热和维持体温的主要方式。冷习服的主要变化是，由寒战产热转变为非寒战性产热，即肾上腺素、去甲肾上腺素和甲状腺素分泌增加，糖代谢率提高，褐色脂肪贮存增多。动物经冷习服后，可以延长在严寒中的存活时间。

**2. 风土驯化**　随着季节性变化，机体的生理性调节逐渐改变，称为风土驯化。例如，由夏季到冬季气温逐渐下降，动物在这种条件下常出现冷驯化。动物通过提高保存体热能力，如被毛增厚、体脂增多、血管收缩等改善，但产热并未增加。

**3. 气候适应**　经过多代自然、人工选择，动物遗传性发生变化，动物对生存环境温度产生了适应，称为气候适应。气候适应后的动物，在严寒下，不到极冷，代谢并不升高。在极度炎热的气温下，昼夜温差加大。

## 【技能训练】

### 动物体温的触摸

**【目的要求】**在活体触摸并感觉动物体温。

**【材料设备】**健康犬、猫。

**【方法步骤】**

1. 在犬活体上触摸耳梢、腋下和腹股沟的温度。

2. 犬直肠温度的测量

**【目的要求】** 掌握直肠温度的测量方法和温度计的使用方法。

**【材料设备】** 健康犬或猫活体，兽用温度计。

**【方法步骤】**

（1）温度计的准备　将温度计的水银柱甩到刻度线以下，用酒精棉球对温度计表面消毒。

（2）将温度计插入犬或猫的肛门，深度适当，然后将温度计尾部链接的夹子夹到体毛上固定好。

（3）3～5min 后取下温度计读出读数。

**【机能考核】** 正确量出犬体温。

## 【复习思考题】

1. 试述影响机体能量代谢的因素。
2. 动物机体体温是怎样维持恒定的？

# 第三章　猫的解剖生理特征

**【学习目标】**了解猫骨骼、肌肉、皮肤及皮肤衍生物的形态、结构；掌握猫消化、呼吸、泌尿、生殖系统的组成、构造特点和生理特性；掌握猫的胃、肠、肺、肾、膀胱、睾丸、卵巢等器官的形态、位置和构造特点；了解猫的心血管、内分泌、淋巴和神经系统的组成、构造特点和生理特性。

猫是温血动物，喜欢独立自由的生活，其解剖生理特征和其他兽类很相似。猫舌面上布满无数丝状乳头，被覆有较厚的角质层，呈倒钩状，便于舔食骨头上的肉，该结构是猫科动物所特有的。猫的平衡感觉和反射功能发达，角膜反应敏锐。猫全身有被毛，成年猫在每年的春夏和秋冬交替的季节各换毛一次。本章主要从运动被皮系统、内脏系统和其他系统来介绍猫的解剖生理特征。

## 第一节　运动被皮系统解剖生理特征

猫的运动系统由骨、骨连结和肌肉组成。

### 一、骨

猫全身骨骼分为头骨、躯干骨及四肢骨和内脏骨四部分（图 3-1）。

**1. 头骨**　头骨分为颅骨和面骨。

（1）颅骨　由成对的顶骨、额骨、颞骨和不成对的枕骨、顶间骨、蝶骨及筛骨组成，共 10 块。它们围成颅腔，保护脑。

（2）面骨　由成对的上颌骨、下颌骨、颌前骨、腭骨、鼻骨、鼻甲骨、舌骨、翼骨、泪骨、颧骨和 1 块犁骨组成，共有 11 种。它们构成口腔和鼻腔。

**2. 躯干骨**　躯干骨由脊柱骨、肋和胸骨组成。

（1）脊柱　包括颈椎、胸椎、腰椎、荐椎和尾椎，共 52～53 枚，其脊柱式如下：$C_7T_{13}L_7S_3Cy_{22-23}$。

颈椎中寰椎翼宽大；枢椎较长，椎体前端形成齿突；腰椎的椎体较大；荐椎愈合为荐骨，构成盆腔的背侧壁，尾椎向后逐渐变小而失去椎骨的特征

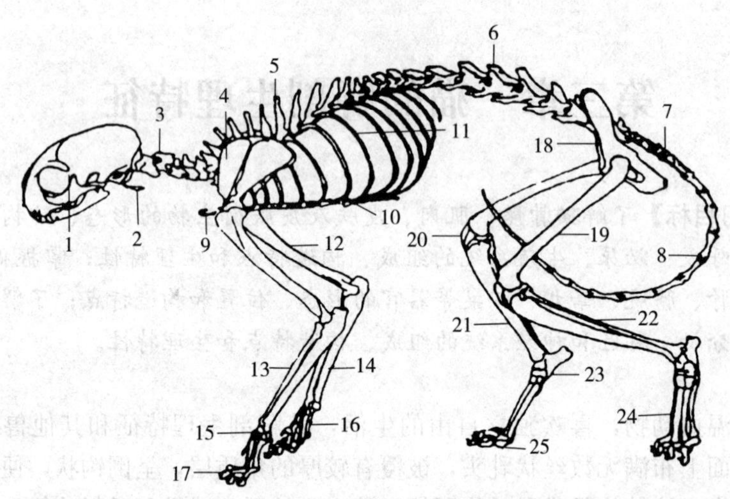


图3-1 猫的全身骨骼

1. 头骨 2. 舌骨 3. 颈骨 4. 肩胛骨 5. 胸椎 6. 腰椎 7. 荐椎 8. 尾椎 9. 锁骨 10. 胸骨 11. 肋 12. 臂骨 13. 桡骨 14. 尺骨 15. 腕骨 16. 掌骨 17. 指骨 18. 髋骨 19. 股骨 20. 髌骨 21. 胫骨 22. 腓骨 23. 跗骨 24. 跖骨 25. 趾骨

（鲁子惠，猫的解剖，1979）

结构。

(2) 肋　共13对，由肋骨和肋软骨构成，前9对为真肋，假肋3对，最后1对肋骨为浮肋。

(3) 胸骨　由9块（少数为8块）骨片构成，分为胸骨柄、胸骨体、剑突三部分。最前1枚胸骨片为胸骨柄；中间7枚骨片组成胸骨体；最后1枚骨片末端连有一薄片状软骨，称为剑突。

**3. 四肢骨**　分为前肢骨和后肢骨。

(1) 前肢骨　包括肩胛骨、锁骨（猫的锁骨已退化成一条弧形的骨棒，埋藏在肩部前方的肌肉内）、肱骨、桡骨、尺骨、腕骨、掌骨、指骨及籽骨。腕骨7枚，排成两列。5指中第一指有两枚指节骨，其余各指有三枚指节骨。

(2) 后肢骨　猫的后肢较长，包括髋骨（由髂骨、坐骨和耻骨愈合而成）、股骨、胫骨、腓骨、膝盖骨、跗骨、跖骨、趾骨和籽骨。其中跗骨7枚、跖骨5枚，第2、3、4、5趾各有三枚趾节骨。

**4. 内脏骨**　猫有1枚内脏骨，即阴茎骨。

## 二、肌　　肉

猫全身肌肉约500块，其分布及发达程度，与其身体结构以及各部位的功能活动相适应。各肌肉的收缩力都很强，尤其是后肢和颈部肌肉。猫的皮肌发达，分布广泛，几乎覆盖全身。

### 三、被 皮

被毛和皮肤不仅构成了猫漂亮的外表，也是机体的一道防御屏障，保护机体免受外界因素的损伤。猫汗腺不发达，只分布于鼻尖和脚垫，主要通过皮肤和呼吸进行散热。猫皮脂腺发达，其分泌物能使被毛变得光亮。

## 第二节 猫内脏的解剖生理特征

### 一、消化系统

猫的消化系统的组成与犬相同，也是由消化管和消化腺两大部分组成。舌的形态是猫科动物所特有的；胃是单室胃；肠管短、管壁厚。猫的消化与犬类似，具有肉食动物的消化特征。

1. 口

（1）牙齿 猫的牙齿特征与犬类似，但齿式与犬不同，成年猫有 30 枚牙齿。即：切齿 12 个，犬齿 4 个，前臼齿 10 个，后臼齿 4 个。

猫的乳齿式为 $2\times\left(\frac{3\quad 1\quad 3\quad 0}{3\quad 1\quad 2\quad 0}\right)=26$

猫的恒齿式为 $2\times\left(\frac{3\quad 1\quad 3\quad 1}{3\quad 1\quad 2\quad 1}\right)=30$

乳齿在出生后的两周内开始长出，到 30 日龄，除第一上前臼齿外的其他乳齿均长出，第 45 日龄第一上前臼齿也长出。恒齿的门齿在 3 月龄或 4 个半月时长出，生长的过程是从中间到两侧依次长出。随后更换的恒齿是第一前臼齿和犬齿。上臼齿长好后，其他的臼齿长出。5～6 月龄牙齿全部长出。

（2）唾液腺 猫为唾液腺特别发达，主要有 5 对，有腮腺、颌下腺、舌下腺、臼齿腺和眶下腺。腮腺呈小而不规则的三角形，背侧末端较宽，由一条深的切迹在耳基处分为两部分，腹侧末端小，覆盖着腭腺，腮腺管穿过咬肌前缘开口于颊黏膜，开口与第二上臼齿相对（在犬与第三上臼齿相对）。

（3）口腔壁 猫的上唇中央形成裂沟，口腔的范围是从唇延伸到咽喉，可分为口腔前庭和固有口腔。猫的颊相当薄，内表面光滑，为颊黏膜并形成一些皱褶。中间为颊肌，外覆以皮肤。颊黏膜表面有耳下腺、臼齿腺和眶下腺导管的开口。固有口腔的顶部是由硬腭与软腭构成，硬腭形成口腔顶部的前部，其后部为软腭。硬腭由上颌骨的腭突、颌前骨的腭突和腭骨所支撑，软腭两侧有短而厚的黏膜褶，分别称为舌腭弓和咽腭弓。两弓之间为扁桃体囊。扁桃体位于扁桃体囊内，扁桃体是红色、分叶状的腺体，长约 1cm，宽约为长度的三分之一。

口腔底部主要被舌占据，舌从门齿向后延伸至咽峡，几乎占满整个口腔。舌的表面有黏膜，是活动灵活的肌肉器官，呈长形，上面扁平，中间最宽，前端细长。舌腹面中部有一褶，称为舌系带。舌系带将舌固着在口腔底部。舌腹面及外侧缘光滑、柔软；背面黏膜粗糙，中央有一浅的纵沟，形成各类乳头。丝状乳头数目很多，尤以舌的游离端中部最多。角质化程度高，呈毛刷状。菌状乳头，位于舌背和舌的两侧，体积小，含有味蕾。锥状乳头，分布于近舌根处，柔软并呈点状分布。在舌背侧后部，每侧常有 2～3 个轮廓乳头。在软腭弓的表面还有一小的叶状乳头突起。

2. **咽**　在口腔的后端，为消化及呼吸的共同通道。猫的咽较长，后缘到达第三颈椎，分为鼻咽部、口咽部及喉咽部三部分。口、食管、内鼻孔、喉前口和耳咽管均开口于咽。食物经口从背面通到食管，而空气经内鼻孔从腹面通到呼吸道（喉及气管）。当吞咽时，会厌覆盖喉口，故食物不能进入喉腔。

咽向前以会厌和软腭边缘为界，并由咽峡在会厌与软腭之间与口腔相通。咽峡的底部由喉的前端构成，其后端背面通入食管，而腹面则与喉相通。

3. **食管**　是一条直管，当其适应扩张时，直径约 1cm；空虚时，背腹扁平。它位于气管的背侧，经心脏的基部，在距离背部体壁约 2cm 处，穿过膈与胃相连。食管与膈的附着点是松弛的，可供食管纵向活动，当囫囵吞下有害物质和大骨头时，可以通过逆向蠕动呕吐出来。食管通过胸腔时，位于大动脉的腹面。食管壁由外膜（浆膜）、肌层、黏膜下层和黏膜所组成，内表面有许多纵褶。

4. **胃**　为单室有腺胃，是消化管最宽大的部分，呈梨形囊状，位于腹腔的前部，大部分在体中线的左侧。胃宽阔的一端位于左背侧，左背侧与食管相通，为贲门部；胃的另一端较狭窄，伸向右腹侧，接十二指肠，为幽门部。胃的内表面从幽门部沿着胃大弯到贲门部有纵行的皱褶。纵褶的突出程度与胃的扩张有关，当充满食物时，纵褶较小。胃的幽门部与十二指肠相连接处有一缢痕，是幽门瓣的位置。幽门瓣由消化管较厚的环形肌纤维所组成。胃由大网膜及胃肝韧带（小网膜）悬挂着；由胃十二指肠韧带与十二指肠相连；由胃脾韧带与脾相连。

5. **小肠**　可分为十二指肠、空肠及回肠三部分。它们盘卷在腹腔内，占腹腔空间的大部分。小肠的长度约为猫身体长度的三倍。由肠系膜将其悬挂于腰下部。

十二指肠与胃的幽门部相连，全长14～16cm。十二指肠第一部分与胃幽门部形成一角度，在幽门部向后8～10cm处形成一个“U”形的弯曲，弯向左侧，然后向前移行，与空肠相连。十二指肠离幽门部约3cm处的黏膜上，可见一个略为突起的乳头，为十二指肠大乳头，其顶端可见一卵圆形的开口，总胆管和胰管均开口于此，距其不远处有十二指肠小乳头，副胰管开口于此。回肠被系膜悬挂在腹腔顶部，各段小肠之间无明显的分界（图3-2）。

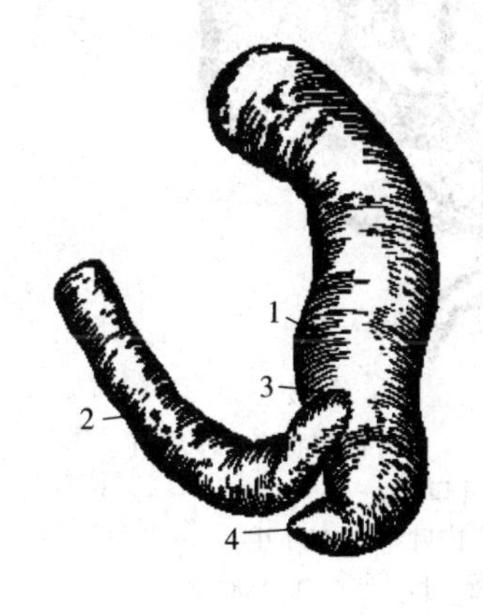


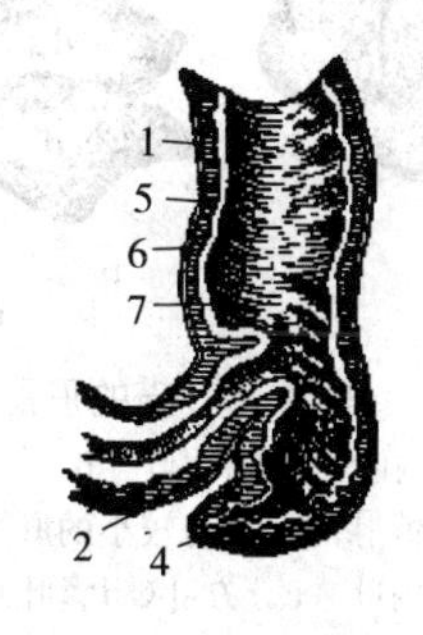


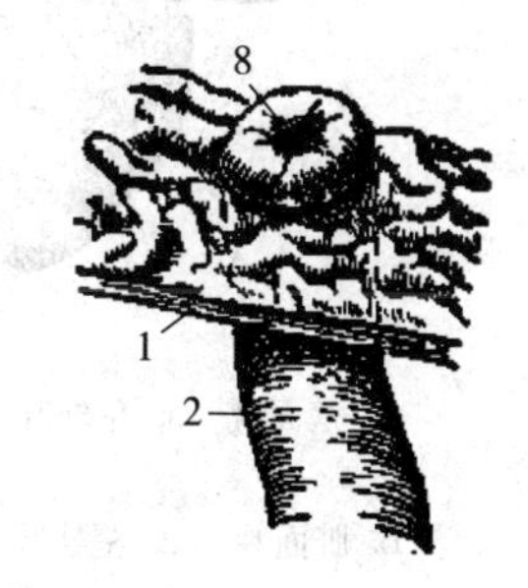


图3-2　猫的回肠、结肠

1. 结肠　2. 回肠　3. 回盲瓣的位置　4. 盲肠
5. 纵肌层　6. 环肌层　7. 黏膜　8. 回盲结口

**6. 大肠**　分为盲肠、结肠及直肠。盲肠紧接回肠后面，小，呈锥形盲囊状，其连接处有回盲瓣。结肠长度约23cm，直径约为回肠的3倍。结肠按照它的走向分为升结肠、横结肠与降结肠。直肠是大肠的最后部分，长度约5cm，位于靠近盆壁背部的中线处，在这里被短的直肠系膜所悬挂。直肠向外开口于肛门。

大肠的长度约为体长的一半，肛门两侧有两个大的分泌囊，称为肛门腺。肛门腺的直径约1cm，在肛门尾部边缘1～2mm处开口于肛门。

**7. 肝脏**　猫的肝脏是体内最大的腺体，位于腹腔前部，紧贴膈的后方，伸展至胃的腹面，遮盖整个胃的壁面（除幽门部外）。肝脏重量平均约95.5g，占体重的3.11%。肝脏被背腹悬韧带区分为左右两叶，每一叶再分为若干小叶。左叶分为左内叶和左外叶；右叶分为右内叶、右外叶和尾叶。整个肝脏被腹系膜覆盖。包围肝脏的腹系膜称为纤维囊。

从肝脏伸出的导管称为肝管。其中一个肝管是由来自肝脏左半部和胆囊叶左半部较小的导管连接而组成的。另一个肝管则由从胆囊叶的右半部、右外叶的后部和前部以及尾叶伸出的较小的导管连接而形成。这些肝管和胆管又连接而成总胆管。胆囊呈梨形，位于肝脏右中叶背面的裂隙内（图 3-3）。向着腹面的一端宽面游离，腹膜覆盖游离端并延伸至肝脏，形成一个或两个韧带状的褶；另一端较窄，与胆管相连。胆管弯曲，长约 3cm，远端与两个（或多个）肝管相通。胆管与肝管连接在一起形成总胆管，它沿着肝门静脉走向十二指肠，在十二指肠离幽门部约 3cm 处，通过十二指肠大乳头开口于十二指肠内。

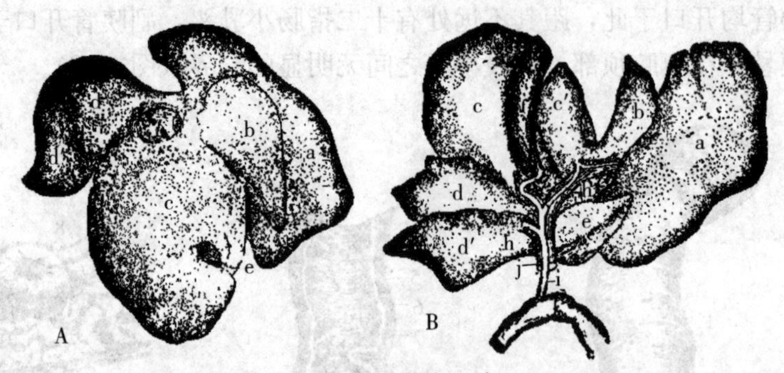


图 3-3　猫的肝脏

A. 壁面观　a. 左外叶　b. 左内叶　c. 右中叶　d. 右外叶　d′. 尾叶的尾状突　e. 方叶
f. 后腔静脉的开口与较小的肝静脉的开口
B. 脏面观　a. 左外叶　b. 左内叶　c′. 方叶(胆囊叶)　c. 右内叶　d. 右外叶
d′、e. 尾叶的尾状突和乳头突　f. 胆囊　g. 胆管　h. 肝管　i. 总胆管
j. 肝门静脉　k. 部分十二指肠

**8. 胰脏**　位于十二指肠弯曲部分，是一个扁平、致密的小叶状腺体。边缘不规则，它的中部弯曲，几乎成直角，长约 12cm，宽 1～2cm。

胰脏可分为两部（胃部及十二指肠部）（图 3-4）。胃部接近胃大弯并与其

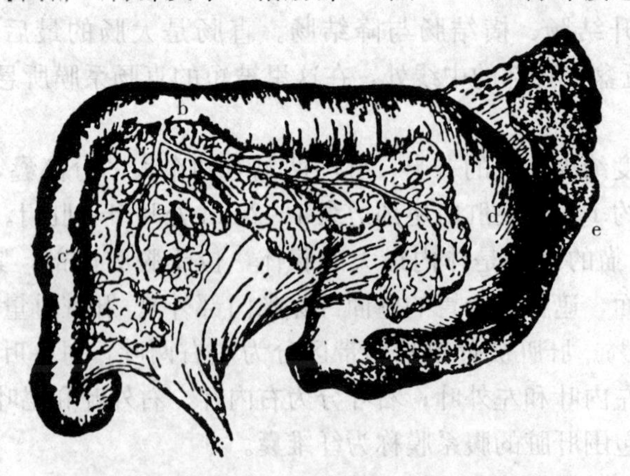


图 3-4　猫胰脏和脾脏（食管已切除，胃转向后，故可见胃的背面和十二指肠的腹面）

a. 胰脏　b. 胰管　c. 十二指肠　d. 胃　e. 脾

平行，此部游离端与脾脏相接；十二指肠部位于十二指肠“U”字形边界之间的十二指肠网膜内，同时到达“U”字形的底部。胰脏有两个导管——胰管和副胰管。胰管是一根短粗的导管，它先由十二指肠部及胃部的许多小导管联合成两个较大的导管，然后在靠近腺体部再合并成胰管。故胰管收集两部分腺体所分泌的胰液。胰管与总胆管一起开口于十二指肠大乳头。副胰管是由胰管的分支连接而成的，开口于十二指肠大乳头后方约 2cm 处的十二指肠小乳头上。副胰管一般是很明显的，但有时缺失。

## 二、呼吸系统

呼吸系统包括鼻、咽、喉、气管、支气管和肺。

1. **鼻**　包括外鼻、鼻腔和鼻旁窦。鼻腔由鼻中隔分为左右两部分。两个鼻腔几乎被筛骨鼻甲、背鼻甲和腹鼻甲所填满。背鼻甲为从鼻骨的腹面突入背面部分；腹鼻甲为从上颌骨的内侧面突入腹面部分。因此将鼻腔分为 3 个鼻道：上鼻道、中鼻道和下鼻道。猫的中鼻道仅仅是上鼻道与下鼻道之间一条狭窄的缝隙。

鼻腔的腔面衬以黏膜，它在鼻前庭处与皮肤相连；以内鼻孔与咽相通，固有鼻腔内被覆鼻黏膜，因结构和功能不同可分为呼吸区和嗅区，呼吸区位于鼻前庭和嗅区之间，有丰富的血管和腺体，呼吸时可温暖冷空气，腺体的分泌物可粘着灰尘、细菌等异物。嗅区位于呼吸区之后黏膜上皮中有嗅细胞，具有嗅觉作用。

2. **喉**　构成喉的软骨：不成对的软骨有会厌软骨、甲状软骨和环状软骨。会厌软骨位于舌根部舌骨体后约 1cm 处，呈三角形叶状，略弯曲，顶尖向前下方。此外，还有 1 对勺状软骨。从会厌两侧面的基部向后延伸到勺状软骨的基部有一黏膜褶，称为勺状会厌褶，此褶和会厌构成喉门的边界。

喉腔可分为三部分：前部的腔为喉的前庭，它的尾缘为假声带。假声带是从会厌靠基部处伸展到勺状软骨尖端的黏膜皱襞。猫由于假声带的震动而发出咕噜咕噜的声音。假声带向后又有两条黏膜皱襞从勺状软骨的顶尖延伸到甲状软骨，此为真声带。假声带与真声带之间的空腔为喉腔的第二部分。真声带之间的裂隙为声门，由于肌肉的活动而使声门变窄和变宽。喉腔的第三部分为声带与气管第 1 软骨环之间的空腔。

3. **气管与支气管**　气管为一根直管。气管壁内表面衬以假复层柱状纤毛上皮，气管壁内由“C”形的软骨环所支撑。猫有 38～43 个软骨环，软骨环的缺口向背部，对着食管，在缺口处被平滑肌及结缔组织所填充，故气管的直径能增大和缩小。气管的第 1 软骨环比其他软骨环宽些。

气管从喉伸至第 6 肋骨处分叉，成为左右两根主支气管，分叉之前，还分出一较小的右前叶支气管，进入右肺前叶；两主支气管经肺门进入肺后，首先分出三支肺叶支气管供应一个肺叶；而后再分为肺段支气管、细支气管、终末细支气管等。

4. **肺** 猫的右肺比左肺略大。右肺分为4叶，即3个小的近端叶和一个大而扁平的远端叶（尾叶），3个近端叶只是部分分开，其中最前面的一个近端叶伸到食管下端的背部而进入纵隔，故可称为纵隔叶。左肺分为3叶，其中靠头部的两个叶基部相连，故可认为左肺有一个单独的叶和两个不完全分开的叶。猫肺体积小，不宜长时间剧烈运动。

## 三、泌尿系统

1. **肾** 猫肾为表面光滑的单乳头肾，呈蚕豆状。猫两肾重量约为体重的0.34%，两肾位于腹腔背壁脊柱的两侧。右肾位于第2腰椎与第3腰椎之间，左肾位于第3腰椎与第4腰椎之间，故右肾比左肾略靠前1～2cm。猫肾只有在腹面被腹膜覆盖，即腹膜不包围肾的背面，称为腹膜后位。在肾边缘处腹膜绕过肾脏而达体壁。肾脏边缘常有脂肪堆积，以肾的头端脂肪最多。在腹膜内，肾由一层被膜完全包围着，此被膜称纤维膜（亦称肾包膜）。该膜与输尿管及肾盂的纤维层相延续。被膜内可见有丰富的被膜静脉。被膜静脉是猫肾的独有特征。

肾内缘中部有一凹陷，称为肾门，这是输尿管、肾静脉、肾动脉、淋巴管和神经共同出入肾的部位。在肾腹面的被膜内，可见从肾门向内呈放射状的沟，其中含有血管。如果从肾腹面平行地切去部分肾实质，可见一空腔，称为肾窦。肾窦内有肾盂、肾血管及其分支。肾盂中常有大量的脂肪充塞。肾实质呈锥体状，其顶端称为肾乳头。猫肾只有一个肾总乳头。肾总乳头顶端有无数尿收集管的开口。

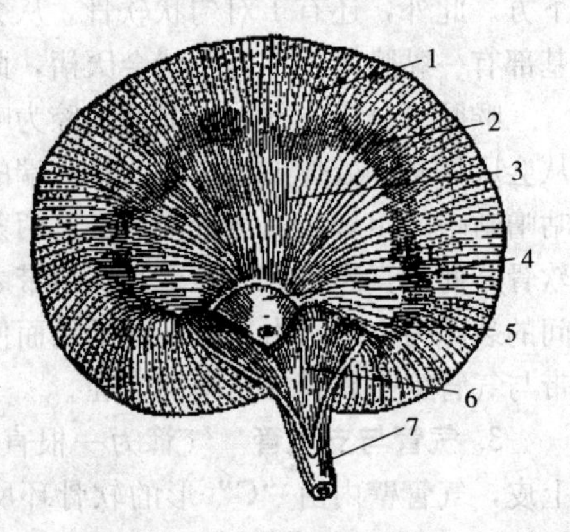

图3-5 猫肾剖面

1. 皮质部 2. 中间带 3. 髓质部 4. 肾乳头 5. 筛区 6. 肾盂 7. 输尿管

从肾腹面正中作一纵切面（图3-5），可见肾实质的外周颜色较深，中央色浅。前者为皮质部，是由许多肾小球及肾小管组成，后者为髓质部，是由许多收集管所组成。皮质部及髓质部被向乳头顶部汇集的线区分开。

**2. 输尿管**　输尿管的起始端即肾盂。尿液从肾总乳头的顶端进入肾盂，肾盂在肾门处变细。输尿管向后位于含有脂肪的腹膜褶内。输尿管在接近末端处，向背面穿过输精管，再转向前腹面，在膀胱颈部附近，斜行穿入膀胱的背壁。在膀胱的内侧，两输尿管的开口相距约 5cm，每个开口周围环绕着一个白色、环状的隆起。

**3. 膀胱**　呈梨形（图 3-6），位于腹腔后方，直肠的腹面，与耻骨联合相距很近。膀胱由 3 条腹膜褶连接，腹面的 1 条是从膀胱的腹壁穿到腹白线的下面，称为圆韧带；侧面 1 对称侧韧带，它们各自从膀胱两侧穿过直肠两侧而到达背体壁。

## 四、生殖系统

**1. 雄性生殖器官**　包括睾丸、附睾、输精管、前列腺、尿道球腺、尿道、阴茎、阴囊和包皮等（图 3-6）。猫无精囊。

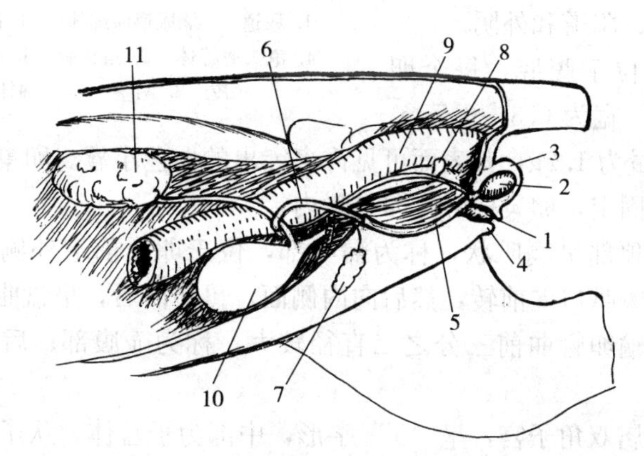


图 3-6　雄性猫的生殖系统模式图

1. 阴茎　2. 睾丸　3. 阴囊　4. 包皮　5. 精索　6. 输精管
7. 浅表腹股沟　8. 尿道球腺　9. 直肠　10. 膀胱　11. 肾脏

阴囊是 1 对皮肤囊，位于肛门的腹侧，对着坐骨联合的中线。它的正中缝很明显，阴囊内沿正中缝有一隔膜将其空腔分隔为两半，其中各有 1 个睾丸。2 个睾丸的重量为 4～5g。睾丸由致密的纤维形成的白膜包围着，睾丸白膜伸入睾丸内形成隔膜。睾丸内可见许多弯曲的曲细精管，精子是由曲细精管的上皮产生的，许多曲细精管汇集而成输出管，输出管伸出睾丸后，盘曲而成附睾，附睾再延伸成一个细长的管道，即输精管。输精管的始端盘曲，它从附睾的尾部与睾丸动脉、睾丸静脉一起走向精索，越过输尿管，向前弯曲，接近膀胱颈的背面，穿过前列腺。然后在膀胱颈背壁的内侧面开口于尿道。

前列腺是一个双叶状的结构，它位于尿道起始部背面，并与输精管相通，它通过几个小孔将分泌物注入尿生殖道。

尿道球腺如豌豆大，位于尿生殖道盆部后方两侧，开口于尿生殖道。

阴茎主要包括两个阴茎海绵体，其中有丰富的血窦。阴茎有背腹沟，两个海绵体在此处相连接。尿道位于腹沟，精子和尿液均从此处通过，猫的阴茎远端有一块阴茎骨。龟头朝向身体后方，在勃起时会朝向身体前方，龟头表面有许多小刺状的突起（图 3-7）。

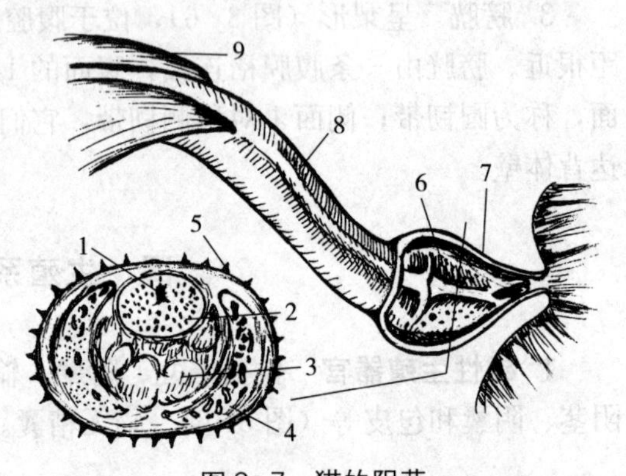


图 3-7　猫的阴茎

1. 尿道　2. 尿道海绵体　3. 阴茎海绵体　4. 龟头海绵体　5. 角状刺　6. 龟头　7. 包皮　8. 阴茎　9. 海绵体肌

**2. 雌性生殖器官**　包括卵巢、输卵管、子宫、阴道和外阴。

猫的卵巢位于腹腔，每个卵巢长度约 1cm，宽为 0.3～0.5cm。1 对卵巢的重量为 1.2g，其表面可见许多突出的白色小囊。卵巢由子宫阔韧带及卵巢韧带所固定，卵巢横卧在卵巢囊内。

输卵管的顶部呈喇叭状，称为漏斗部，位于卵巢前端外侧面，紧贴着卵巢。输卵管从喇叭口向前转，然后向内侧面，再转向后，呈盘曲状，其后端与子宫角相连。输卵管曲前三分之二直径较大，称为壶腹部；后三分之一则较小，称为峡部。

猫的子宫属双角子宫，呈“Y”字形，中部为子宫体。从子宫向两侧延伸至输卵管的部分即为子宫角。子宫体位于盆腔前口直肠的腹面，长约 4cm。向后延续为子宫颈，以子宫颈管外口与阴道相通。阴道向后延伸形成尿殖窦，长约 1cm。尿殖窦再向后为阴门。

**3. 猫的生殖生理特点**　雌性猫的性成熟年龄在 5～8 月龄，雄性猫的性成熟期在 7～9 月龄。在 10～12 月龄达到体成熟，是适宜繁殖的年龄。

雌性猫的性周期平均为 14d（14～18d），猫属于“季节性多次发情”动物，每次发情持续时间 4d（3～10d），猫的排卵属于诱发性排卵，只有经过交配的刺激，才能进行排卵。妊娠期 63d（60～88d），每胎 3～6 只，哺乳期为 60d。

# 第三节　猫的其他系统解剖生理特征

## 一、心血管系统

猫的心血管系统由心脏、动脉、静脉和血液组成。

1. **心脏**　猫的心脏有4个腔，呈梨形，为一中空的肌质器官。心脏位于胸腔纵隔内，在第4或第5到第8肋骨之间。其心尖部稍向左偏，并接触膈。整个心脏为心包所环绕，内部构造与犬相似。

2. **动脉**　从心脏发出的大动脉有肺动脉和主动脉。

（1）肺动脉　由右心室发出的肺动脉干，从动脉圆锥的头端稍向左弯。肺动脉从动脉圆锥开始经1～1.5cm，分为左右两支肺动脉。在分支之前，肺动脉的背部表面以短的动脉韧带连接主动脉，是动脉导管退化的结构（此结构在成年猫几乎消失）。肺动脉的左支横过胸主动脉腹侧至左肺。右支通过主动脉弓的下方到右肺。

（2）主动脉　体循环动脉的主干。由左心室发出的主动脉，呈弓状延伸至胸椎偏左侧；然后沿胸椎的左侧向尾端行走至膈，此段称为胸主动脉；主动脉穿过膈的主动脉裂孔进入腹腔，称为腹主动脉。其分支情况与犬的大体相似。

3. **静脉**　猫的静脉分为体静脉和肺静脉。体静脉主要有心静脉、前腔静脉及其分支和后腔静脉及其分支三大部分，另外门脉系统也和后腔静脉一起进入右心房。肺静脉由肺内毛细血管网汇合而成，最后汇合成3组，每组静脉均注入左心房。

猫的前腔静脉是一个大静脉，从头部、前肢和躯干前部来的血液返回到此静脉。它从脊柱右侧第1肋骨的水平处延伸至右心房，其尾端位于主动脉弓的背面。

## 二、内分泌系统

1. **甲状腺与甲状旁腺**　甲状腺位于喉后前几个气管软骨环的两侧和腹侧，包括两个侧叶和两叶之间的峡部。峡部是一个细长的带，连接两个侧叶的尾端而横跨气管的腹面。甲状腺的主要功能是分泌甲状腺激素。

甲状旁腺是2对小腺体，呈黄色，近似球形，位于甲状腺前上方（图3-8）。

**2. 肾上腺** 位于肾脏前端内侧，靠近腹腔动脉基部及腹腔神经节，但经常不与肾脏相接。呈卵圆形，黄色或淡红色，常被脂肪包埋。

**3. 脑垂体** 是一个结节状的突出物，在视交叉的后方，位于颅底蝶骨的蝶鞍内，其背部以漏斗与丘脑下部相连。脑垂体能分泌多种激素，对机体的生长发育及新陈代谢起着重要的调节作用。

**4. 松果体** 是一个小的圆锥体，位于四叠体前上方。是构成第三脑室顶部（背壁）的一部分。

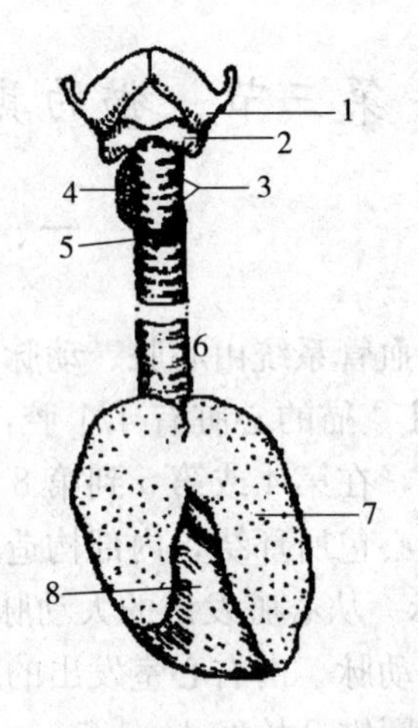


图3-8 小猫的胸腺、甲状腺和甲状旁腺

1. 甲状软骨 2. 环状软骨 3. 甲状旁腺 4. 甲状腺 5. 甲状腺峡部 6. 气管 7. 胸腺 8. 心脏

## 三、淋巴系统

猫的淋巴系统是一个单程向心的管道系统，其淋巴液仅向心脏一个方向流。淋巴系统由淋巴管、淋巴组织和器官所组成。

**1. 淋巴管** 淋巴管是贯穿全身的细长的管道，由结缔组织内的毛细淋巴管逐渐汇合形成。淋巴管再逐步汇合成淋巴导管。淋巴管内具有瓣膜。淋巴管内有淋巴，最后汇入静脉系统。

**2. 淋巴组织和器官**

（1）胸腺 位于纵隔内，两肺之间并对着胸骨，横卧在前胸腔心脏腹面。呈细长扁平而不规则状，淡红色或灰白色。幼猫胸腺发达，成猫则部分或完全退化，故其大小差异很大。

（2）脾 位于胃的左后侧，深红色。呈扁平细长而弯曲状，悬挂在大网膜的降支内。

（3）淋巴结 猫的淋巴结数目很多，分布广，在颈部、腹股沟和腹腔内有很多淋巴结。

## 四、神经系统

**1. 中枢神经系统**

（1）脊髓　位于椎管内，略扁，呈圆柱状。其前端在枕骨大孔处与延髓相接，向后延伸至荐部。

脊髓粗细不一，颈胸部和腰荐部形成颈膨大和腰膨大。第7腰椎以后，到荐椎处，它的直径逐渐变细，末端细长，称为终丝。终丝可追溯到尾部。

脊髓表面有许多纵沟和裂，其中最显著的是腹正中裂和背正中沟（图3-9）。

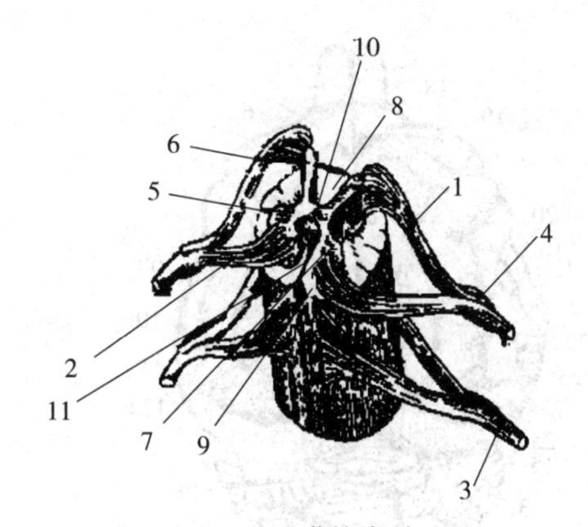

图3-9　猫的脊髓

1. 背根　2. 腹根　3. 脊神经　4. 脊神经节　5. 中央管　6. 背角　7. 腹角　8. 背索　9. 腹索　10. 背正中沟　11. 腹正中裂

（2）脑　猫的大脑和小脑较发达，其头盖骨和脑具有一定的形态特征，对去脑实验和其他外科手术耐受力也强。平衡感觉，反射功能发达，瞬膜反应敏锐。猫的嗅球呈卵圆形，嗅束发达（图3-10、图3-11）。

延髓：猫的延髓呈扁平的锥形，前宽后窄。背面前部被小脑覆盖。脊髓与延髓的分界点在第1对颈神经根部的起点，但在外形上，两者的分界没有明显的标志。

桥脑：位于小脑的腹面，延髓和中脑之间。桥脑的最大特征是底部有大量的横行纤维。

小脑：小脑是由原始后脑的前部扩大面形成的。小脑在生长过程中表面形成许多皱褶，因而小脑表面很不规则，且不同的标本皱褶形式各异。猫脑的背面观，可见小脑遮盖了中脑和桥脑，向后则覆盖延髓的较大部分。

中脑（图3-11）：中脑包括四叠体、大脑脚和中脑导水管。脑的背面观中脑被小脑和大脑遮盖；腹面观可见中脑的底部与桥脑相接。

间脑：丘脑为间脑的主要部分，此外还包括视束、视交叉、漏斗、脑垂体、松果体、乳头体、第三脑室及其脉络丛。

丘脑呈卵圆形，被大脑半球后面突出部分所覆盖。丘脑内侧边缘靠近中线处，其外侧端隆起形成一个尖的圆形突出物，称为外侧膝状体，与视觉有关。在它的正腹面还有一个很显著的圆形隆起即内侧膝状体，与听觉有关。

大脑：由两个大脑半球和连接左右两个大脑半球的胼胝体组成。大脑半球外部的颞叶与额叶之间有一条短而深的裂隙，称为大脑外侧裂（薛氏裂）。大脑外侧裂在发育期间形成最早。在人类，此裂覆盖在脑岛上，而猫的脑岛则退化。

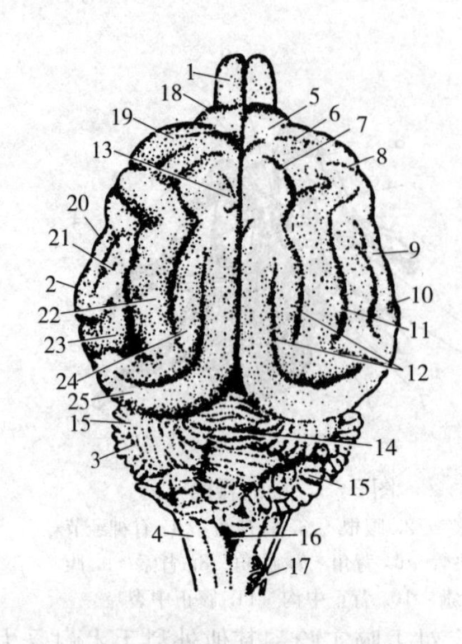


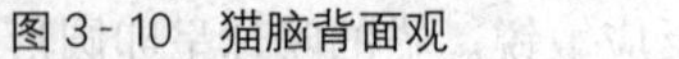
图3-10 猫脑背面观

1. 嗅球 2. 左半球 3. 小脑 4. 延髓 5. 前薛氏沟（眶沟） 6. 十字沟 7. 柄状沟 8. 冠状沟 9. 外薛氏前沟 10. 外薛氏后沟 11. 上薛氏沟 12. 外侧沟 13. 胼端沟 14. 蚓部(小脑) 15. 小脑半球 16. 第四脑室 17. 第1颈神经 18. 眶回 19. 乙状回 20. 前薛氏回 21. 外薛氏回 22. 上薛氏回 23. 后薛氏回 24. 缘回 25. 后聪回

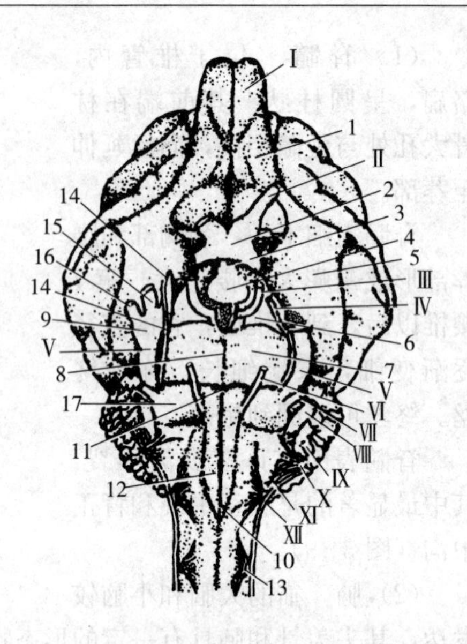


图3-11 猫脑腹面观

1. 嗅束 2. 视（束）交叉 3. 漏斗 4. 垂体 5. 梨状叶 6. 大脑脚 7. 桥脑 8. 桥脑底动脉沟 9. 半月神经节 10. 腹正中裂 11. 盲孔 12. 延髓锥体 13. 第1颈神经 14. 下颌神经 15. 上颌神经 16. 眼神经 17. 斜方体 Ⅰ. 嗅球 Ⅱ～Ⅻ. 脑神经

## 2. 外周神经系统

（1）脑神经　12对，结构和分布与犬的大体相似。

（2）脊神经　猫的脊神经有38或39对。其中颈神经8对；胸神经13对；腰神经7对；荐神经3对，尾神经7或8对，从颈膨大和腰膨大发出的脊神经较其他的脊神经粗大。每个脊神经离开椎间孔后立即分为背支和腹支。背支较小，分布到背部的肌肉和皮肤；腹支较大，并由一个短的交通支与交感神经相连，每个腹支分布到脊柱腹侧（包括四肢）的肌肉和皮肤。分布于四肢的腹支较其他分支大些。腹支彼此连结而形成神经丛。

（3）植物性神经

①交感神经：主要由脊柱腹面两侧一连串的神经节及节间支所组成。神经节通过神经纤维连接成交感干。同时，交感干发出分支到腹部与胸部的内脏、淋巴管和血管等形成复杂的神经丛。

②副交感神经：副交感神经是植物性神经系统的第二部分，其节后神经元在邻近其所支配器官的神经节内，节后纤维很短，这一点与交感神经有显著的区别。

颅部副交感神经的节前神经纤维伴随于第Ⅲ、第Ⅶ、第Ⅸ和第Ⅹ对脑神经内，荐部的副交感神经形成盆神经。

副交感神经的功能是扩张血管；促进唾液腺和胃液的分泌；促进胃和肠蠕动等。一般说来，副交感神经与交感神经的作用相拮抗。

## 【技能训练】

### 猫各个系统器官的形态和结构

**【目的要求】**了解猫运动系统与被皮系统的形态构造特点，掌握其内脏系统的组成、形态位置、构造特点和生理特性。

**【材料设备】**猫骨骼标本、肌肉标本、内脏浸制标本及解剖器械等。

**【方法步骤】**

（1）仔细观察各种标本，注意其特征及区别。

（2）消化系统器官的观察：口腔、食管、胃、肠、大网膜。

（3）呼吸系统器官的观察：鼻、气管、肺。

（4）泌尿生殖系统：肾、输尿管、睾丸（卵巢）。

**【技能考核】**在标本和活体上识别内脏主要器官的形态特征。

## 【复习思考题】

1. 猫的躯干骨骼主要有哪些？

2. 猫的消化系统的组成和特征？

3. 猫生殖系统的组成和特征？

# 第四章　观赏鸟的解剖生理特征

【学习目标】了解常见观赏鸟骨骼、肌肉、皮肤及皮肤衍生物的形态、结构；了解常见观赏鸟的消化、呼吸、泌尿、生殖系统的组成和生理特点；掌握观赏鸟的嗉囊、胃、肠、肺、肾、膀胱、睾丸、卵巢、法氏囊等器官的形态、位置和构造特点；了解观赏鸟的生活习性。

观赏鸟属于脊椎动物的鸟纲，其种类繁多，形态多样，深受人们喜爱。常见的观赏鸟有鹦鹉、百灵、八哥、画眉等。观赏鸟大多数飞翔生活，身体呈梭形，体表被覆羽毛；一般前肢变成翼（有的种类翼退化），有坚硬的喙。骨骼轻而坚固，内有充满气体的腔隙；体温恒定、较高，通常为42℃。呼吸器官除肺外，还有由肺壁凸出而形成的气囊。卵生，亲鸟有占区、营巢、孵卵、育雏或寄卵等行为。

## 第一节　观赏鸟的骨骼、肌肉与被皮

### 一、骨　骼

观赏鸟的骨骼轻而坚固，适应飞翔，主要表现为骨片薄、含气骨及骨骼发生愈合。观赏鸟的骨骼按部位分为头骨、躯干骨和附肢骨（图4-1）。

**1. 头骨**　头骨薄而轻，骨内有大量蜂窝状小孔；呈圆锥形，以眼眶为界，分为面骨和颅骨。成年鸟颅骨大部分愈合，颅腔大，顶部呈圆拱形。两眼窝深而大，与眼球发达有关。上、下颌骨前伸，外套以角质鞘，称为喙。无牙齿，可减轻飞行的体重。

**2. 躯干骨**　由脊柱、胸骨和肋骨构成。

脊柱由一系列关节面呈马鞍形的椎骨连接而成，共35～38枚。分为颈椎、胸椎、腰椎、荐椎和尾椎五部分，但有愈合现象。

鸟类颈椎数目多，常见14～15枚，第一颈椎特化为寰锥，第二颈椎特化为枢椎。

胸椎常见为4～6枚，为肋骨的支柱，最后1～2枚胸椎与其后全部腰椎、荐椎、部分尾椎共同构成愈合荐椎，最后几块尾椎愈合成一块尾综骨。

胸骨发达，形状多样，中间高耸突起称为龙骨突。肋骨数目与胸椎数目相等，每个胸椎都有一对肋骨与胸骨连接成胸廓。

3. **附肢骨** 包括前肢的肩带骨和游离部骨、后肢的盆带骨和游离部骨，它们都有愈合、减少的现象，其中前肢演化成了翼。

肩带由肩胛骨、鸟喙骨和锁骨构成，三骨的连接处形成肩臼与前肢骨的肱骨成关节。前肢骨由肱骨、桡骨、尺骨和腕骨、掌骨、指骨组成，其中腕骨仅留两块，其余与掌骨愈合为腕掌骨。指骨仅留三指，其余退化。

后肢的骨骼发达，支持机体后躯的体重。盆带骨由髂骨、坐骨和耻骨构成，合称为髋骨。髋骨宽大，上接愈合荐椎，下接坐骨，髋骨与坐骨之间有坐骨孔。两耻骨向后延伸，不在腹中线处愈合，形成“开放式骨盆”。后肢骨由股骨、膝盖骨、胫跗骨、跗跖骨和趾骨组成。后肢一般有四趾，一趾向后，三趾向前。

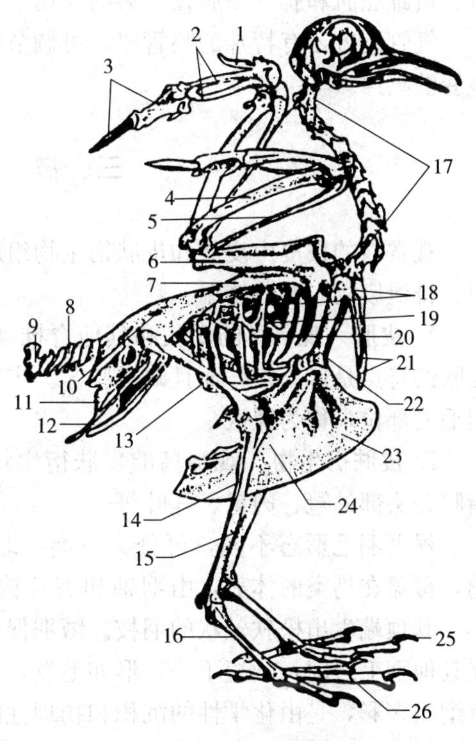


图 4-1 鸟的骨骼

1. 指骨 2. 掌骨 3. 指骨 4. 尺骨 5. 桡骨 6. 上膊骨 7. 肩胛骨 8. 尾椎 9. 尾综骨 10. 肠骨 11. 坐骨 12. 耻骨 13. 股骨 14. 腓骨 15. 胫骨 16. 跗蹠骨 17. 颈椎 18. 胸椎 19. 钩状突 20. 肋骨 21. 锁骨 22. 喙骨 23. 龙骨突 24. 胸骨 25. 爪 26. 趾骨

（自郑作新）

## 二、肌 肉

鸟类的肌肉系统包括横纹肌（骨骼肌）、平滑肌（内脏肌）和心脏肌，由175块不同的肌肉组成。

背部肌肉退化，颈部、胸部和腿部肌肉发达。

胸肌分为胸大肌和胸小肌。胸肌发达，与飞翔有关；胸大肌收缩时使翼下降。胸小肌收缩时使翼上升。

后肢的股部和胫跗部上方的肌肉很发达，这与行走和支持身体有关；栖肌、贯趾屈肌和腓骨中肌在重力的作用下拉紧，能使足趾自动握紧树枝。

气管下方还有特殊的鸣管肌，可调节鸣管的形状和紧张程度，使鸟类发出多变的鸣声。

### 三、被　　皮

观赏鸟的被皮由皮肤和皮肤衍生物组成。主要作用是保护体内的器官和组织，排泄废物，调节体温。

1. **皮肤**　观赏鸟的皮肤和其他脊椎动物一样由表皮和真皮构成，但鸟类皮肤的特点是薄、松，而且缺乏腺体。皮肤大部分有羽毛着生，称为羽区。无羽毛的部位，称为裸区。

2. **皮肤衍生物**　观赏鸟的皮肤衍生物主要包括羽毛、喙、鳞片、爪、尾脂腺和头部的冠、肉髯、耳叶等。

根据羽毛形态不同，可分为三类：即正羽、绒羽和纤羽。正羽也称为廓羽，覆盖在鸟类的体表，由羽轴和羽片构成。绒羽生在正羽的下面，羽轴短小，其顶端生出松软丝状的羽枝。绒羽保温性能好，水鸟尤为发达。纤羽夹杂在其他羽毛之间，长短不一，形如毛发，拔掉其他毛后才可以发现。鸟羽的颜色绚丽多彩，是由化学性的沉积和物理性的折光所产生。羽毛颜色因性别、年龄、季节的不同而异，一般雄性、性成熟期和夏季的羽毛颜色较鲜艳。

鳞片是分布在跖、趾部的高度角质化皮肤。鳞片的形状在不同种类中有些变化，可作为分类特征之一。

爪位于观赏鸟的每一个趾端，仅少数种类的翼还保留，一般呈弓形，由坚硬的背板和软角质的腹板形成。

多数观赏鸟唯一的皮肤腺为尾脂腺，位于尾综骨的背侧。它能分泌油脂等以保护羽毛，并可放水，水鸟的尾脂腺特别发达。

## 第二节　观赏鸟的内脏解剖生理特征

### 一、消化系统

观赏鸟的消化系统包括消化管和消化腺（图 4-2）。

消化管由喙、口咽、食管、嗉囊、胃、肠、泄殖腔组成；消化腺主要由唾液腺、胃腺、肝脏、胰腺等组成。

喙是消化道的最前端，是上、下颌周围表皮角质层增厚，角蛋白钙化而成，是鸟类的特征之一。喙的形状、结构随食性和生活方式的不同而有差异。鸟无牙齿，食物靠吞进消化道内贮存和碎解。

口腔底部有一活动的舌，舌尖角质化，一般呈箭头形。

咽不明显，位于口腔后部，有耳咽管、喉门和食道的开口。

食道较长，具有很大的延展性，在胸腔前口处有膨大的嗉囊，是临时贮存和软化食物之处。

胃分为两部分，腺胃和肌胃。腺胃的胃壁较薄，富有消化腺，分泌的消化液含有蛋白酶和盐酸。肌胃又称砂囊，有肌肉质的厚壁，内壁衬有一层黄色的角质层。肌胃内借助砂砾，有研磨食物进行机械消化的作用。肉食性观赏鸟的肌胃不发达。

小肠较长，在与大肠交界处有一对盲肠，杂食性鸟类很发达，具有吸收水分、分解纤维，合成和吸收维生素的功能。结、直肠很短，不贮存粪便，有利于减轻飞行重量，还具有吸收水分的功能。

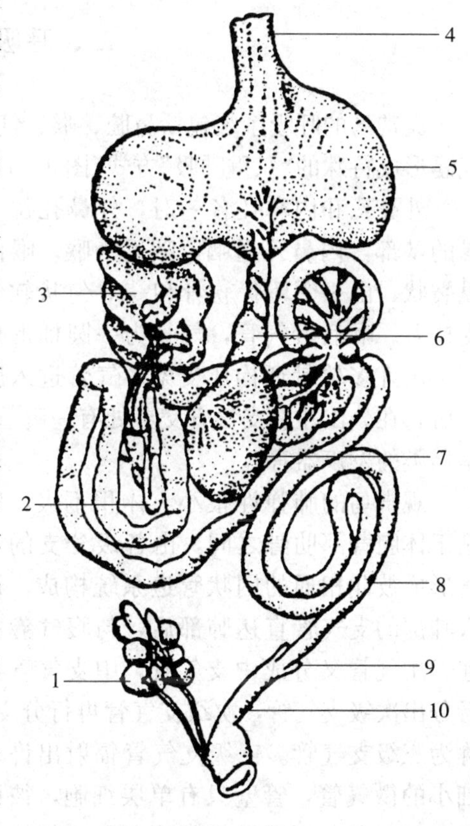


图 4-2　鸟的消化系统

1. 肾脏　2. 胰脏　3. 肝脏　4. 食道　5. 嗉囊
6. 腺胃　7. 肌胃　8. 小肠　9. 盲肠　10. 直肠
（自丁汉波）

肛门开口于泄殖腔，泄殖腔的背面有一特殊的腺体，称为腔上囊，性成熟后随年龄增长而缩小，可作测定年龄的指标，它同时也具有一定的免疫功能。

唾液腺主要分泌黏液润湿食物，便于吞咽，一般不含消化液。

肝脏一般分两叶，右叶大于左叶，但有个体差异。右肝叶的肝管与胆囊管汇合成胆管，开口于十二指肠末端，左肝叶的肝管直接开口于十二指肠末端。

胰脏呈带状，沿着 U 形的十二指肠内弯处向两端延伸附着，通过两条或三条胰管通入十二指肠。胰液含有混合酶，包括分解蛋白、脂肪的酶。

观赏鸟消化能力强，过程快速，这与其飞翔运动量大、代谢旺盛的特点相适应。

## 二、呼吸系统

观赏鸟的呼吸系统包括鼻腔、喉、气管、鸣管、支气管、肺和气囊。肺和气囊形成特殊的“双重呼吸”方式(图 4-3)。

外鼻孔和内鼻孔各一对，外鼻孔位于喙的基部，内鼻孔通咽，咽后为喉。喉门纵裂状，由一个环状软骨和一对勺状软骨支持着。喉后接气管，气管为一圆桶形长管，由许多软骨环构成支架。气管进入胸腔后，在分出左右支气管交界处有一鸣管，是鸟类的发声器官。

观赏鸟的肺弹性很小，体积不大，紧贴于体腔背部肋骨之间，由各级分支的气管形成彼此相通的网状管道系统构成。进入肺部的支气管直达肺部后，与腹气囊相连。主气管又分成中支气管，中支气管再行分出次级支气管，次级支气管再行分支，称为三级支气管。三级支气管辐射出许多细小的微气管，管壁只有单层细胞，彼此联通成网状，周围被毛细管包围。气体交换就在微支气管和毛细管间进行，其呼吸面积比其他脊椎动物大得多。

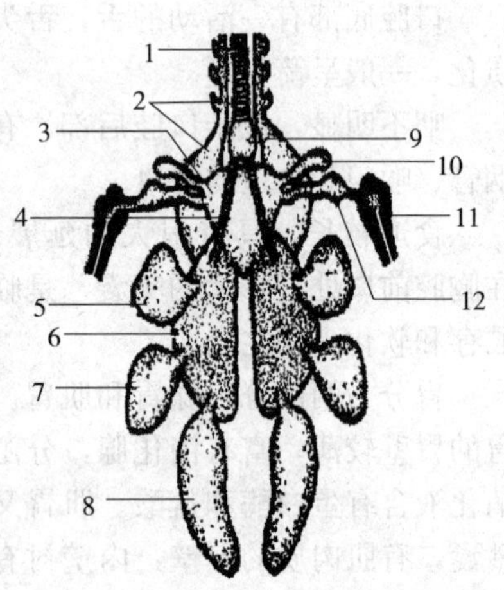


图 4-3 鸽呼吸系统和气囊模式突
1. 气管 2. 颈气囊 3. 锁间气囊 4. 支气管 5. 前胸气囊 6. 肺 7. 后胸气囊 8. 腹气囊 9. 鸣管 10. 胸肌间气囊 11. 肋骨中的气囊 12. 腋气囊
(仿 Wallace)

鸟类特有的气囊共 9 个，均为各级气管末端膨大的薄膜，分别为颈气囊 1 对、锁间气囊 1 个、前胸气囊 1 对、后胸气囊 1 对和腹气囊 1 对。气囊分布于内脏器官之间，还有气囊分出的小管通入肌肉、皮下和骨腔内。

鸟的呼吸过程，当吸气时，大部分新鲜空气沿初级支气管进入气囊，未经气体交换而富有氧气。一部分新鲜空气经过肺内的微支气管时，进行了一次气体交换，当呼气时，后群气囊的新鲜空气被挤入肺内的毛细管，又进行了一次气体交换。这种在吸气和呼气时，都在进行气体交换的现象，称为“双重呼吸”。

## 三、泌尿生殖系统

**1. 泌尿系统** 观赏鸟的泌尿器官在胚胎发育时为中肾，成体后为后肾。

肾脏一对，约占体重的0.5%～2.6%，一般为不规则的扁平状，每块多数分三叶，但也有见分两叶和五叶。和哺乳动物一样，以肾小球为基本单位，但由于其排泄过程快，其数量是哺乳动物的两倍。

输尿管一对，为后肾管，是胚胎期由中肾导管基部长出连接肾脏而成。鸟没有暂时贮尿的膀胱，这与飞行减轻体重有关。输尿管开口于泄殖腔。

**2. 雄性生殖系统**　雄性生殖腺为一对睾丸，一般位于肾脏的腹侧偏前方，是形成精子的器官。其形状为椭圆形至圆柱状，左右两个往往大小不对称。平时萎缩，在生殖期时体积可增大几百倍到1 000倍。从睾丸发出一对弯曲的输精管，近末端膨大为贮精囊，最后开口于泄殖腔。大多数观赏鸟无交配器，只靠雌、雄鸟的泄殖腔相互吻合完成输精作用的。

**3. 雌性生殖系统**　雌鸟生殖器官只有左侧卵巢和输卵管发达，右侧退化。卵巢在非生殖期很小，生殖期增大。

输卵管末端开口于泄殖腔。整条输卵管不同区域因适应不同功能而特化，根据其形态结构和功能特点分为漏斗部、壶腹部、峡部、子宫部和阴道部五个区段。

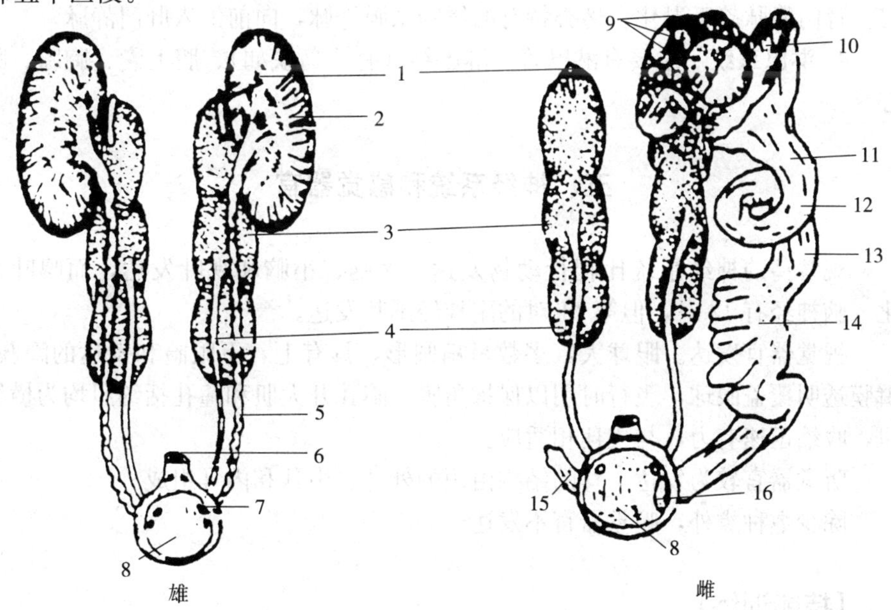


图4-4　鸽子的泌尿、生殖系统

1. 肾上腺　2. 睾丸　3. 肾脏　4. 输尿管　5. 输精管　6. 肠　7. 输尿管开口　8. 泄殖腔　9. 卵巢内的卵　10. 输卵管喇叭口　11. 输卵管（喇叭管）　12. 输卵管本体　13. 峡部　14. 子宫　15. 退化的右输卵管　16. 输卵管开口

（自丁汉波等）

未性成熟的整条输卵管为白色细管状。产卵后的输卵管虽萎缩，但其上、下段粗细不等，这一特征可以区别成体和幼体（图 4-4）。

## 四、循环系统

观赏鸟的循环系统特点：心脏分为四腔（二心房二心室），为完全双循环，只留一条右体动脉弓，心跳频率快，血压较高，新陈代谢旺盛，体温高而恒定，这与鸟飞翔生活所需要的高能量、高消耗相适应。

1. **心脏** 观赏鸟的心脏分化为左心房、左心室和右心房、右心室，静脉窦已消失。心房和心室间有房室孔，左房室孔有瓣状的二尖瓣。右房室孔处有一肌肉质瓣，为鸟类的特点。鸟类的心脏比例大，占体重 0.95%～2.37%，一般体温在 38～45℃。鸟类体循环和肺循环完全分开，称为完全双循环。

2. **动脉** 右体动脉弓由左心室发出输送血液至全身，左体动脉弓消失。

3. **静脉** 前腔静脉、后腔静脉、锁骨下静脉和胸静脉来的血液流入右心房。肾门静脉趋于退化。鸟类特有的尾肠系膜静脉，向前汇入肝门静脉。

4. **淋巴系统** 主要有淋巴管、淋巴结（有些鸟缺如）、腔上囊、胸腺、脾脏等。

## 五、神经系统和感觉器官

观赏鸟的神经系统比爬行动物发达。大脑、小脑和视叶发达，而嗅叶退化。脑神经有 12 对，但第 11 对的副神经不甚发达。

视觉器官发达。眼球大，多数呈扁圆形，具有上、下眼睑和发达的瞬膜，瞬膜透明覆盖眼球，飞行时用以保护角膜。瞳孔开大肌和瞳孔括约肌均为横纹肌，收缩迅速有力，与飞翔相适应。

听觉器官较为发达。耳的结构由短的外耳、中耳和内耳组成。

除少数种类外，嗅觉器官不发达。

**【技能训练】**

## 宠物鸟内脏系统器官的形态和结构

**【目的要求】**了解常见宠物鸟运动系统与被皮系统的形态构造特点，掌握其内脏系统的组成、形态位置、构造特点和生理特性。

**【材料设备】** 宠物鸟骨骼标本、肌肉标本、内脏浸制标本及解剖器械等。

**【方法步骤】**

（1）仔细观察各种标本，注意其特征及区别。

（2）消化系统器官的观察：口腔、食管、腺胃、肌胃、肠。

（3）呼吸系统器官的观察：鼻、气管、肺。

（4）泌尿生殖系统：肾、输尿管、睾丸（卵巢）、泄殖腔。

**【技能考核】** 在标本和活体上识别内脏主要器官的形态特征。

## 【复习思考题】

1. 列出观赏鸟和犬骨骼的不同点？
2. 宠物鸟内脏系统的组成？
3. 简述宠物鸟生殖系统的组成？

# 第五章　观赏鱼的解剖生理特征

**【学习目标】**了解常见观赏鱼骨骼、肌肉、皮肤的形态、结构；了解常见观赏鱼的消化、呼吸、泌尿、生殖、循环、神经系统的组成和生理特点；掌握观赏鱼的口腔、胃、肠、鳃、肾、膀胱、精巢、卵巢等器官的形态、位置特点；了解观赏鱼的生活习性。

观赏鱼是典型的水生脊椎动物，品种繁多，形态多样，深受人们喜爱。按其对水温的适应性可分为热带观赏鱼、温带观赏鱼和冷水观赏鱼。常见的观赏鱼有红鲫鱼、中国金鱼、日本锦鲤、神仙鱼、龙鱼等。观赏鱼营水生生活，体形差异大；体表覆盖鳞片，体色多样。有鳍，不同的鳍在游泳时发挥着不同的作用。呼吸器官主要为腮，多数鱼有鳔用于调节身体比重。体温与周围水温相适应。

## 第一节　观赏鱼的外形、骨骼、肌肉与皮肤

### 一、外　　形

观赏鱼的身体可分为头部、躯干部和尾部。头部和躯干部的分界线为最后一对鳃裂或鳃盖后缘，躯干部和尾部的分界线是肛门或泄殖腔（图 5-1）。

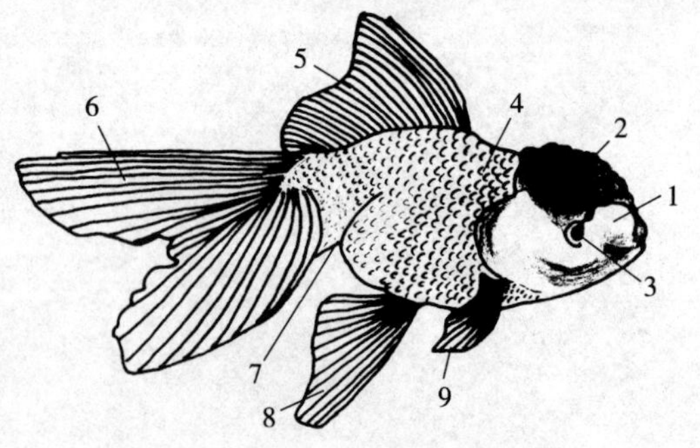


图 5-1　观赏鱼

1. 绒球　2. 肉瘤　3. 眼睛　4. 侧线　5. 背鳍　6. 尾鳍　7. 臀鳍　8. 腹鳍　9. 胸鳍

观赏鱼的体形一般左右对称，常见体形有纺锤形、侧扁形、平扁形和圆筒形等，也有一些特殊的体形，如带形、箱形、球形、海马形等。

头部形态多种多样，但观赏鱼在头部着生的器官却无增减。头部主要的器官有口、唇、须、眼、鼻、鳃裂和鳃孔、喷水孔等。口的形态随食性的不同而略有差异。观赏鱼的眼睛一般较大，多位于头部两侧。鳍可分为奇鳍和偶鳍两大类。奇鳍位于体之正中，不成对，包括背鳍、臀鳍。偶

鳍均成对存在，位于身体两侧，包括胸鳍和腹鳍。

## 二、骨　骼

根据观赏鱼骨骼的性质可分软骨和硬骨，含软骨的为软骨鱼类，含不同程度硬骨的为硬骨鱼类。观赏鱼的骨骼系统包括中轴骨和附肢骨。

**1. 中轴骨**　包括头骨和脊柱。

（1）头骨　观赏鱼的头骨可分为脑颅和咽颅两部分。脑颅位于整个头骨的上部，用来保护脑及嗅、视、听等感觉器官。咽颅也称脏颅，位于整个头骨的下部，呈弧状排列，包围着消化道前端（口咽腔及食道前部）的两侧。

（2）脊柱　脊柱是由许多椎骨自头后一直到尾鳍基部相互衔接而成，用以支持身体和保护脊髓、主要血管等。鱼类的脊椎骨按其着生部位和形态的不同可以分为躯椎和尾椎两类。一个典型的躯椎是由椎体、椎弓、椎棘、椎管、椎体横突、关节突构成。尾椎与躯椎不同之处在于椎体腹面具有脉弓和脉棘，脉弓有血管通过，没有肋骨。

**2. 附肢骨**　包括鳍骨和带骨。

（1）鳍骨　鳍骨分为偶鳍骨（胸鳍和腹鳍）和奇鳍骨（背鳍、臀鳍）。偶鳍骨在软骨鱼类由基鳍骨、辐鳍骨和角质鳍条组成。硬骨鱼类的偶鳍骨简化。留有辐鳍骨和鳞质鳍条。

（2）带骨　带骨分为肩带和腰带，连接胸鳍为肩带，连接腹鳍为腰带。

## 三、肌　肉

观赏鱼的肌肉一般还是由横纹肌、平滑肌和心脏肌组成。但具有一些分节现象。躯干和尾部的肌肉也由一系列的肌节组成，肌节间有肌隔。这种排列有利于鱼类在水中左右屈伸运动。体壁肌肉产生了起于脊柱止于皮肤侧线位置的水平生骨隔，把肌肉分为背方的轴上肌和腹方的轴下肌。

有些观赏鱼的肌肉转化为发电器官，放电功能可用于攻击、防卫和定位等。

## 四、皮肤及其衍生物

皮肤由表皮和真皮构成，两者均含有多层细胞，皮下疏松结缔组织少，因而皮肤与肌肉连接紧密。皮肤的衍生物有黏液腺、鳞片和色素细胞。

黏液腺由表皮衍生而来，分泌黏液以保护和润滑表皮，防止微生物入侵和减少游泳时的阻力。

鳞片是一种保护性结构，大多数鱼类的体表覆盖鳞片。根据鳞片的外形、构造和发生上的特点可分为盾鳞、硬鳞和骨鳞。其中骨鳞表面有很多同心环纹，称为年轮，据此可推算鱼的年龄。

一些观赏鱼身体两侧被侧线孔所穿过的鳞片称为侧线鳞。鳞片的排列方式和数目因种而异，是分类的依据之一，用鳞式表示：

侧线鳞数＝侧线上鳞数/侧线下鳞数

此外，色素细胞、毒腺、发光器也是皮肤衍生而来的。

## 第二节　观赏鱼的内脏解剖生理特征

### 一、消化系统

消化系统包括消化道和消化腺两部分。消化道分为口腔、咽、食道、胃、肠、泄殖腔（软骨鱼类）或肛门（硬骨鱼类）。消化腺主要是肝脏和胰脏。

口由上、下颌围绕而成。上、下颌虽生有牙齿，但只有捕捉和咬住食物的作用，无咀嚼功能。牙齿的形状多样，与食性有关，肉食性鱼牙齿较尖；草食性鱼牙齿，咽喉齿有突起以切割水草。

口腔与咽无明显界线，食道也很短，胃紧接食道后面。草食性和杂食性观赏鱼的胃分化不明显，但肠管较长。肉食性鱼不仅有胃，有些硬骨鱼在胃与肠交界处还生有幽门盲囊的突起。其机能一般认为与分泌和吸收有关。幽门盲囊的数目可作分类的依据之一。观赏鱼的肠的分化多数不明显，但也可以被分为小肠和大肠两部分，小肠又可分为十二指肠和回肠，大肠可分为结肠和直肠。软骨鱼的直肠开口于泄殖腔，泄殖腔是直肠末端膨大而成，输尿管和生殖管均开口于此腔；而硬骨鱼的直肠末端有独立开口的肛门。

观赏鱼的消化腺主要有肝脏和胰腺。肝脏是鱼体内最大的消化腺。一般为黄色、黄褐色。大多数鱼类的肝脏分为两叶，有些硬骨鱼类的肝呈三叶或不分叶。有些种类的观赏鱼，如板鳃类的胰脏很发达，呈单叶或双叶，明显与肝脏分离，位于胃的末端与肠的相接处。硬骨鱼类的胰脏，大多数为弥散腺体，一部分或全部埋在肝脏中，如真鲷、黑鲷、海龙等。

### 二、呼吸系统

鳃是观赏鱼的主要呼吸器官。软骨鱼的鳃较原始，鳃裂直接通向体外，保留了鳃裂之间的鳃间隔，其前后表面各衍生出一个半鳃，两个半鳃称为全鳃，每侧有 4 个全鳃和 1 个半鳃共 9 个半鳃。硬骨鱼的鳃裂在外侧有腮盖保护，鳃隔已退化，在咽部每侧有 4 个全鳃，每一个全鳃由 2 列鳃丝（2 个鳃瓣）构成，鳃丝上布满毛细血管。鳃瓣生在鳃弓上，鳃弓内侧生有鳃耙是滤食器官。第五对鳃弓无鳃而生有咽喉齿。

大多数观赏鱼有鳔，是位于体腔背方的长形薄囊，鳔一般分两室，内含氧气、氮气和二氧化碳。鳔的功能主要是调节身体比重，来实现鱼在水中的升降。

## 三、泌尿生殖系统

1. **泌尿系统** 观赏鱼的泌尿系统由肾脏、输尿管、膀胱、尿道等部分组成。肾脏位于体腔背壁，常为暗红色的狭长状。肾脏腹面有输尿管。硬骨鱼的两条输尿管末端合并，稍为膨大形成膀胱。肾脏除了泌尿功能外，还可以调节体内渗透压、保持盐分、水分平衡。

2. **生殖系统** 观赏鱼的生殖系统由生殖腺和生殖导管组成。

（1）软骨鱼类 雄性生殖腺为精巢一对，生殖导管为输精管。输精管前端盘曲在肾脏前部，输精管后端膨大为贮精囊，是暂时贮存精液之处，贮精囊附近有一对精子囊。精子囊、贮精囊和副肾管均开口于泌尿生殖窦，最后通入泄殖腔，以泄殖孔通体外。雌性生殖系统由卵巢、输卵管构成。输卵管前端为喇叭口，前部膨大为壳腺，后端膨大为子宫。

（2）硬骨鱼 也有成对的精巢和卵巢，成对的输精管和输卵管。但有囊状膜包裹着精巢和卵巢，输精管和输卵管也是由囊状膜延长而成。这些不同于软骨类观赏鱼。

## 四、循环系统

循环系统主要包括心脏、动脉和静脉。

1. **心脏** 观赏鱼的心脏有心包包围，位于体腔前端，接近头部，腹面有肩带保护。心脏为一心房一心室的两腔心脏，心室前端有动脉圆锥（软骨鱼类）或动脉球（硬骨鱼类），心房后面连接静脉窦，窦房间、房室间和动脉圆锥内有瓣膜，防止血液倒流。心房壁薄，心室壁厚，心脏具有自动的节律性收缩和舒张，保证血液连续压出和流入心脏，使血液不断循环。

2. **动脉** 血液从心室的动脉圆锥或动脉球流出而进入腹大动脉，然后流向 5 对或 4 对入腮动脉。在鳃获得氧气后于背部汇合为一条背大动脉，再分支到身体各部和内脏器官。

3. **静脉** 一般由一对前主静脉、一对下颈静脉、一对侧腹静脉、后主静脉、肝门静脉和肾门静脉构成。但硬骨鱼无侧腹静脉。

## 五、神经系统和感觉器官

观赏鱼有明显五部分的脑和适应水生的感觉器官。

1. **神经系统** 脑由大脑、间脑、中脑、小脑和延脑五部分构成。大脑的主要功能是嗅觉，间脑有探测水深和影响观赏鱼色素细胞的功能。中脑为视觉中枢，小脑主要调节运动，延脑为脑的最后部分，有多种神经中枢，重要的有听觉、侧线感觉中枢和呼吸中枢。

脑神经有10对（图5-2）。

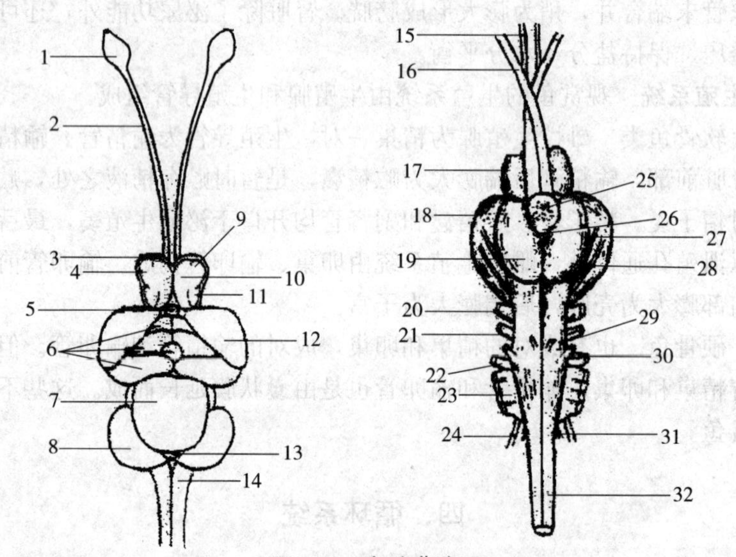


图5-2 鱼脑背腹面

1. 嗅球 2. 嗅柄 3. 脑膜 4. 大脑 5. 松果体 6. 小脑瓣 7. 小脑 8. 迷走叶 9. 侧叶 10. 中轴叶 11. 楔叶 12. 中脑 13. 面叶 14. 延脑 15. 嗅神经 16. 视神经 17. 大脑 18. 中脑 19. 下叶 20. 三叉神经 21. 面神经 22. 舌咽神经 23. 迷走神经 24. 侧线神经 25. 脑下垂体 26. 血囊 27. 动眼神经 28. 滑车神经 29. 外展神经 30. 听神经 31. 舌咽神经分支 32. 脊髓

（自杨安峰）

2. **感觉器官** 鱼类的感觉器官具有适应水栖生活的结构和机能。

（1）侧线器官 分布于鱼的头部和躯干部两侧，侧线的重要功能是感觉水流。软骨鱼的头部侧线还有感觉水压、水温和电压的功能。

（2）视觉器官　观赏鱼的角膜扁平而靠近晶状体，适于近视。观赏鱼没有防干燥的眼睑和泪腺。

（3）平衡觉和听觉器官　观赏鱼的听觉器官只有内耳，没有中耳和外耳。内耳主要功能是平衡作用，其次是听觉。

（4）嗅觉器官　观赏鱼的嗅觉器官是一对内陷的嗅囊，由大量嗅觉上皮组成。

## 【技能训练】

### 观赏鱼内脏系统器官的形态和结构

**【目的要求】**了解常见观赏鱼运动系统与被皮系统的形态构造特点，掌握其内脏系统的组成、形态位置、构造特点和生理特性。

**【材料设备】**观赏鱼骨骼标本、浸制标本、活体及解剖器械等。

**【方法步骤】**

（1）仔细观察观赏鱼的体表特征。

（2）消化系统器官的观察：口腔、食管、胃、肠、肝、胰。

（3）呼吸系统器官的观察：鳃。

（4）泌尿生殖系统：肾、输尿管、睾丸（卵巢）。

**【技能考核】**在标本和活体上识别内脏主要器官的形态特征。

## 【复习思考题】

1. 列出观赏鱼外形特征和特点？
2. 观赏鱼内脏系统的组成？

# 第六章　宠物鼠的解剖生理特征

**【学习目标】**了解常见宠物鼠骨骼、肌肉、皮肤及皮肤衍生物的形态、结构；了解常见宠物鼠的消化、呼吸、泌尿、生殖系统的组成和生理特点；掌握宠物鼠的胃、肠、肺、肾、膀胱、睾丸、卵巢等器官的形态、位置和构造特点。

宠物鼠种类较多，受到人们的喜爱，被人作为宠物饲养。主要有仓鼠科、豚鼠科、松鼠科和绒鼠科等，主要的品种有豚鼠、黄金鼠、通心粉鼠、绒鼠科、花鼠、龙猫和仓鼠等。下面以豚鼠为例来介绍其解剖生理特征。

豚鼠又名天竺鼠、海猪、荷兰猪，属哺乳纲，啮齿目，豚鼠科、豚鼠属。豚鼠为草食动物，喜食纤维素较多的禾本科嫩草。豚鼠性情温顺，胆小易惊，喜欢安静、干燥、清洁的环境。豚鼠有结群而居的特性，一雄多雌的群体构成明显的群居稳定性。

## 一、外　形

豚鼠体形粗短、身圆、颈部和四肢较短，全身被毛，前肢有四趾，后肢有三趾，趾端有尖锐的短爪。

## 二、骨骼系统

豚鼠的骨骼系统由头骨、躯干骨和四肢骨组成。

1. **头骨**　由颅骨、面骨组成。头骨多为板状扁骨，数量较多，构成脑颅和面颅两部分。

2. **躯干骨**　由脊柱、胸骨、肋骨组成。脊柱由颈椎、胸椎、腰椎、荐椎、尾椎组成。其中颈椎7块、胸椎13块、腰椎6块、荐椎4块、尾椎6块。肋骨13对，其中真肋6对，假肋骨3对，浮肋骨4对。由胸椎、肋骨、胸骨间关节、韧带等连接起来围成胸廓。

3. **四肢骨**　由前肢骨和后肢骨组成。前肢骨主要有肩胛骨、锁骨、上臂骨、前臂骨、前脚骨；后肢骨主要有髋骨、大腿骨（股骨）、小腿骨及后脚骨。

## 三、消化系统

豚鼠的消化系统由消化管和消化腺组成。

1. **消化器官**　主要由口腔、咽、食管、胃、小肠和大肠组成。豚鼠口腔内有齿，各种齿的数量为：切齿 4 个、前臼齿 4 个、臼齿 12 个。消化管管壁较薄，胃黏膜呈襞状，胃容量为 20～30ml；肠管较长，约为体长的 10 倍，其中小肠最长，盲肠发达，约占腹腔的三分之一。

2. **消化腺**　主要由唾液腺、肝脏和胰脏组成。

（1）肝脏　呈深红色，光滑、坚实而脆，由 5 个叶组成，分为外侧的左叶、外侧右叶、内侧左叶、内侧右叶和尾状叶。胆囊位于胆囊窝内，胆管长约 10cm。

（2）胰脏　呈乳白色片状物，位于十二指肠弯曲部的肠系膜上，紧贴胃大弯，可分为体部和左右两叶。其分泌的胰液经胰腺管流入十二指肠内，帮助消化。

## 四、呼吸系统

豚鼠的呼吸系统主要器官有鼻、咽、喉、气管和肺脏组成。豚鼠的气管腺不发达，仅在喉部有气管腺，支气管以下无气管腺。豚鼠的肺呈粉红色，位于胸腔内，可分为 7 叶，右肺 4 叶，分别是右前叶、右中叶、右后叶及副叶；左叶分 3 叶，分别是左前叶、左中叶、左后叶。肺组织中淋巴组织特别丰富。

## 五、泌尿生殖系统

1. **豚鼠的肾脏**　左右各一个，形如蚕豆，表面光滑，棕红色。位于腹腔前部背侧，左右肾脏不对称。肾上腺位于肾脏的顶端，呈土黄色。

2. **雌性生殖系统**　主要器官有卵巢、输卵管、子宫、阴道、外阴等组成。卵巢呈卵圆形，位于肾的后端。豚鼠有左右两个完全分开的子宫角，具有无孔的阴道闭合膜。豚鼠有早熟的性特征，雌鼠一般在 14 日龄时卵泡开始发育，约 60 日龄时开始排卵；雄鼠在 30 日龄时出现爬跨和插入的动作，90 日龄具有生殖能力的射精。雌鼠为全年多发情期动物。发情的雌鼠有以下表现：爬跨同笼的雌鼠，四条腿张开，拱背直腰，阴部抬高；其性周期为 15～16d。豚鼠的妊娠期为65～72d，平均为68d。

3. **雄性生殖系统**　主要器官有睾丸、附睾、阴囊、输精管、副性腺和阴茎。

（1）睾丸　左右各一个，椭圆形，位于腹腔内骨盆腔两侧突出的阴囊内，血管非常发达。出生后睾丸并不下降到阴囊内，但通过腹壁可以触摸到。

（2）附睾　由许多弯曲回旋的细管组成，附睾与左右输精管相连，汇合后开口于尿道基部。附睾是暂时储存精子的地方，并能分泌一种黏性物质，起营养精子的作用。

（3）副性腺　由前列腺、尿道球腺和精囊等组成，有分泌精清、稀释精子的作用。

（4）阴茎　阴茎端有两个特殊的呈圆锥形的角形物。用手指压迫包皮的前面能将阴茎挤出，包皮的尾侧是会阴囊孔。

## 六、循环系统

豚鼠的循环系统可分为血液循环和淋巴循环系统。

1. **血液循环系统**　为完全双循环，心脏位于胸腔前中央，分为左心房、左心室、右心房和右心室四腔。

2. **淋巴循环系统**　较发达。

## 七、免疫系统

豚鼠的免疫系统是由胸腺、脾、淋巴结和淋巴管等组成的。胸腺为两个光亮、淡黄色、细长成椭圆形的腺体，位于颈部淋巴结的下方。脾脏呈扁平长圆形，位于胃大弯侧。

## 八、神经系统

豚鼠的神经系统在啮齿类动物中属于较发达的，它的大脑半球没有明显的回纹，只有原始的深沟和神经，属于平滑脑组织。

豚鼠的正常生理常数：体温37.8～39.5℃，呼吸数69～104次/min，心率200～360次/min。

## 【技能训练】

### 宠物鼠内脏系统器官的形态和结构

**【目的要求】** 了解常见宠物鼠运动系统与被皮系统的形态构造特点，掌握其内脏系统的组成、形态位置、构造特点和生理特性。

**【材料设备】** 宠物鼠骨骼标本、肌肉标本、内脏浸制标本及解剖器械等。

**【方法步骤】**

（1）仔细观察各种标本，注意其特征及区别。

（2）消化系统器官的观察：口腔、食管、胃、肠、肝、胰。

（3）呼吸系统器官的观察：鼻、气管、肺。

（4）泌尿生殖系统：肾、输尿管、睾丸（卵巢）。

**【技能考核】** 在标本和活体上识别内脏主要器官的形态特征。

## 【复习思考题】

1. 列出宠物鼠（豚鼠）和犬骨骼的不同点？
2. 宠物鼠内脏系统的组成？

# 主要参考文献

[1] 周其虎．畜禽解剖生理．北京：中国农业出版社，2006
[2] 徐明．犬解剖生理学．北京：群众出版社，2001
[3] 陈耀星．畜禽解剖学．北京：中国农业大学出版社，2001
[4] 杨秀平．动物生理学．北京：高等教育出版社，2002
[5] 安铁洙，谭建化，韦旭斌．犬解剖学．长春：吉林科学技术出版社，2003
[6] 李玉谷．禽畜鱼解剖生理．广州：广东教育出版社，2002
[7] 江苏省水产局．实用淡水养鱼技术．北京：农业出版社，1983
[8] 南开大学实验动物解剖学编写组．实验动物解剖学．北京：人民教育出版社，1979
[9] 武汉大学，南京大学，北京师范大学合编．普通动物学．第二版．北京：高等教育出版社，1983
[10] 周正西，王宝青．动物学．北京，中国农业出版社，1999

**图书在版编目（CIP）数据**

宠物解剖生理/李静主编．—北京：中国农业出版社，2007.8（2023.8重印）
21世纪农业部高职高专规划教材
ISBN 978-7-109-11856-0

Ⅰ．宠…　Ⅱ．李…　Ⅲ．观赏动物－动物解剖学：生理学－高等学校：技术学校－教材　Ⅳ．S852.16

中国版本图书馆CIP数据核字（2007）第131365号

中国农业出版社出版
（北京市朝阳区农展馆北路2号）
（邮政编码100125）
责任编辑　李　萍

北京中兴印刷有限公司印刷　新华书店北京发行所发行
2007年8月第1版　2023年8月北京第13次印刷

开本：720mm×960mm　1/16　印张：16.75
字数：291千字
定价：38.00元